放射化学概論［第4版］

富永 健　佐野博敏

東京大学出版会

Nuclear and Radiochemistry [Fourth Edition]

Takeshi TOMINAGA and Hirotoshi SANO

University of Tokyo Press, 2018
ISBN978-4-13-062512-8

第4版はしがき

　『放射化学概論』の初版刊行（1983年）から35年の月日が流れた．化学や生物系の分野を志す学部学生の教科書，アイソトープや放射線の利用および取扱いに関係する入門書，さらに一般向きの自然科学の教養書となることを目的として執筆した本書が，このように長期にわたって多くの読者に支えられて来たことは，著者にとって大きな喜びであり，深く感謝申し上げる次第である．

　版・刷を重ねるごとに必要な改善に努めてはきたが，第3版の刊行以来，様々な出来事が起きた．特筆すべきは，日本で初めて新元素の合成に成功したことであろう．現在，118番元素まで29の人工元素が知られているが，そのうちの1つである113番元素は，日本の研究グループによって発見されたもので，「ニホニウム」と名付けられた．

　その他，改版にあたっては，高レベル放射性廃棄物の最終処分地や北朝鮮が行った核実験に関する話題なども簡単に追加した．

　東日本大震災による原子炉事故以降，原子力利用の安全性や，放射線の環境・健康への影響など，広く一般の方々に関心をもたれるようになった．「放射化学」が身近な話題となった昨今，基礎知識を身につけておくことは，ますます必要になってくるのではないかと思われる．本書がその一助となれば幸いである．

　これまで本書について貴重なご指示を賜った方々に深く謝意を表するとともに，第4版についても読者諸兄のご批判を仰ぎたい．

　　2018年9月

著　者

第3版はしがき

『放射化学概論』がはじめて出版されて30年に近い．本書が長期にわたって，放射化学の教科書・入門書・教養書として多くの読者に支えられて来たことは，著者にとって大きな喜びであり，感謝にたえない．

この間，版・刷を重ねるごとに必要な改善には努めてきたものの，第2版の発行以来すでに12年を経て，とくに応用面などの進歩が著しく，新しい単位や用語などの普及も大幅に進んだ．著者は本年初めに本書をこれらの進歩や発展の現状に即した第3版への改訂に着手したところであったが，その矢先に，東日本大震災と原子炉事故，放射性物質の拡散・汚染などの不幸な災害が発生し，原子力利用の安全性や，放射線の環境・健康への影響などに社会の強い関心が向けられる状況となった．第3版では，各章全体の見直しに加えて，とくにこれらの点について広く基本的な理解を深めるためにも一層の心を配った．原子力の利用は放射化学の関わる工学的な応用のひとつであるが，他方，医学・臨床分野などでの加速器・アイソトープ・放射線の応用も最近大いに発展し，一般にも身近で重要なものとなっている．これらについても第3版では新しい内容を加えた．また，巻末の核種表も大幅な改訂を行った．

科学技術の応用には光と影の部分があると言われているが，原子核や放射線の利用においてもリスクとメリットの両面がある．その利用に際しては，本質を理解し，対象について十分判断できる力を養うことが不可欠であるが，本書がそのような基本的な考え方を身につける一助となれば幸いである．

これまで本書について貴重な御教示を賜った方々に深く謝意を表するとともに，第3版についても各位の御叱正を仰ぎたい．また，本書の改訂に尽力された東京大学出版会編集部の丹内利香氏はじめ各位に心から御礼申し上げる．

2011年11月

著 者

第 2 版はしがき

　1983 年にはじめて出版された本書は，化学・生物学系の学生の教科書，アイソトープ関連の研究者や技術者の入門書，一般向けの教養書として企画されたものであったが，このような著者らの放射化学教育への熱意に対して幸い多くの読者の支援をいただき，すでに 10 刷を重ねたことは大きな喜びである．

　この間，刷を重ねるごとに多少の文言などの改善には尽くしてきたが，初版発行以来 16 年を経て，その間の放射化学やその応用分野の進歩は著しく，著者らとしては，基本的な教科書とはいえ現状に即した内容に是非改訂したいと感じていた．そこで 21 世紀を目前にした今日，放射化学とその周辺の最新の進歩をふまえて新しい内容を盛り込んだ第 2 版を送り出すことにした．もとより，平易な教科書・入門書・教養書をめざした本書の当初の意図には変りはなく，この機会にそのための検討も心がけた．

　初版のすべての章について見直しを行ったが，とくに超重元素などの人工元素や，同位体に関わる新しい分析手法などについて改訂加筆し，また原子炉・核燃料サイクルなどエネルギー利用の問題に新たな節を設けた．各章末のトピックスも大半を新しい話題に入れかえるか，書きあらためた．また，初版以来改訂していなかった巻末の核種表も，このたび数値を見直し，刷新した．

　本書の初版について貴重な御教示を賜った各位に深謝するとともに，この第 2 版についても読者諸賢の御批判を仰ぎたい．改訂に際してとくに御意見を寄せていただいた東京大学の巻出義紘・久保謙哉両博士に深く感謝する．また，本書の改訂にあたって東京大学出版会編集部清水恵氏はじめお世話になった各位に心からお礼申し上げたい．

　　　1999 年 7 月

著　者

初版はしがき

　放射能など原子核の現象の解明は，物質の基本概念に関わるものとして今世紀の物理学や化学の発展に重要な役割を果たしてきたが，その後このような原子核の現象と化学との関係分野は，放射化学の名のもとに新しい研究分野の一つとして注目されるようになった．一方，これらの現象の応用であるアイソトープや放射線の利用は，理工学からライフサイエンスまで自然科学の全分野に普及し，エネルギー問題でも重要な役割を担っている．その結果，今日では多数の研究者・技術者がアイソトープや放射線を利用するばかりでなく，一般の人々も日常生活で放射能とのつきあいが不可欠になりつつある．
　しかしこのように核現象の応用が急速に発展した反面，ともするとこれらの現象を研究する放射化学は，物理学寄りで化学との関連がうすい分野と誤解され，化学者や化学の学生から難解ととらえられがちであった．また，専門の化学者の間でさえ放射化学と放射線化学の定義が混同されることは珍しくない．これはおそらく，これまでの放射化学の教育が，基礎的事項の説明において核現象の物理的記述を強調するあまり，化学の言葉で話される努力に欠け，化学における実り多い研究や応用面に目を向けることが乏しかったためであろう．著者らは，多くの化学や関連分野を志す学生のために，放射化学という魅力ある分野の扉を開くには，原子核現象の化学的な側面，化学との関連に重点を置いた教育が是非必要であると考え，化学や生物系の学科でこれまで講義を行ってきた．本書はこのような持論と経験に基づいて，化学や生物系の分野を志す学部学生のための放射化学の教科書として書かれたものであるが，さらに，アイソトープや放射線の利用および取扱いに関係する各分野の研究者や技術者の入門書，あるいは一般向きの自然科学の教養書としても役立つであろう．
　本書を手頃でわかりやすい書物とするため，物理的な記述や数式は核現象の

基礎と応用の理解に必要な最小限にとどめ，一方，化学としての重要事項や，化学と重なるさまざまな領域への応用については，なるべく詳しくふれるように努めた．たとえば第 1 章では，放射化学の現状と将来の展望を概説したが，これはふつうの教科書には見られない試みであり，この分野を志す読者に役立つであろう．また全体は平易に書かれているが，各章の終りには放射化学における最新の研究や，専門的なトピックスを，程度の高い読者のために"余談"として紹介してある．これも本書の工夫の一つである．

　本書は，著者らの新しい放射化学教育への熱意から，浅学菲才をも省みず企画されたものであるが，もとより完全なものとはいいがたい．読者諸賢の御批判や御教示を仰ぎながら，この分野を志す若い人々の手引として，また一般の読者の核現象についての理解と認識を深めるために，いささかなりとも役立つならば幸いである．

　終りに，著者らを放射化学への途に導かれた恩師である木村健二郎先生，斎藤信房先生をはじめ諸先輩各位に深く感謝申し上げる．本書のための貴重な資料の提供を快諾された方々の御好意にも感謝の意を表したい．また，本書の企画・編集から刊行まで努力された清水恵氏はじめ東京大学出版会の各位にも御礼申し上げたい．

　　　　1982 年 11 月

著　者

目　次

第 4 版はしがき
第 3 版はしがき
第 2 版はしがき
初版はしがき

1 核化学と放射化学 ・・ 1
　1.1 核化学・放射化学の歩み ・・・・・・・・・・・・・・・・・・・・・・・・・・・・・・・・・・・・・・ 1
　1.2 現状と今後の展望 ・・ 4
　　1.2.1 原子核現象の化学効果と状態分析 ・・・・・・・・・・・・・・・・・・・・・・・・ 5
　　1.2.2 微量分析とプローブ ・・・・・・・・・・・・・・・・・・・・・・・・・・・・・・・・・・・・・ 5
　　1.2.3 核医学 ・・ 6
　　1.2.4 核化学 ・・ 7
　　1.2.5 エネルギー・環境化学 ・・・・・・・・・・・・・・・・・・・・・・・・・・・・・・・・・・・ 7

2 原子核のなりたちと壊変現象 ・・・・・・・・・・・・・・・・・・・・・・・・・・・・・・・・・・・ 9
　2.1 原子核のなりたちと安定性 ・・・・・・・・・・・・・・・・・・・・・・・・・・・・・・・・・・ 9
　　2.1.1 原子核 ・・ 9
　　2.1.2 原子量と同位体存在度 ・・・・・・・・・・・・・・・・・・・・・・・・・・・・・・・・・・ 11
　　2.1.3 原子核の安定性 ・・ 12
　　2.1.4 原子核の模型 ・・ 14
　2.2 原子核の壊変現象 ・・・ 16
　　2.2.1 原子核の壊変 ・・ 16
　　2.2.2 壊変の様式 ・・ 18
　　2.2.3 壊変図式 ・・ 21
　2.3 放射能と平衡 ・・・ 22
　　2.3.1 壊変の法則と放射能 ・・・・・・・・・・・・・・・・・・・・・・・・・・・・・・・・・・・ 22

2.3.2 放射平衡 ··· 24
　2.4 天然の放射性核種 ··· 26
　　　2.4.1 放射壊変系列に属する核種 ································· 26
　　　2.4.2 系列をつくらない天然放射性核種 ··························· 29
　　　2.4.3 宇宙線で生成する放射性核種 ······························· 30
　　身のまわりの天然の放射能 ··· 31

③ 原子核現象と化学状態 ··· 33
　3.1 壊変現象に及ぼす化学効果 ··· 33
　3.2 メスバウアー分光学 ··· 35
　　　3.2.1 核γ線共鳴 ··· 36
　　　3.2.2 無反跳核γ線共鳴 ·· 37
　　　3.2.3 メスバウアースペクトル ··································· 39
　3.3 ポジトロニウム化学 ··· 42
　3.4 中間子化学 ··· 43
　　　3.4.1 π中間子とμ中間子（ミュオン） ······························· 43
　　　3.4.2 ミュオンスピン回転法（μSR） ·································· 44
　　　3.4.3 ミュオニウム化学 ··· 45
　　　3.4.4 中間子原子とX線 ··· 46
　　　3.4.5 ミュオン触媒核融合 ······································· 47
　　　3.4.6 π^-中間子の医学的応用 ····································· 47
　3.5 ホットアトム化学 ··· 48
　　　3.5.1 ホットアトムとは ··· 48
　　　3.5.2 ホットアトムの検出方法 ··································· 51
　　　3.5.3 気相のホットアトム反応 ··································· 52
　　　3.5.4 凝縮相のホットアトム反応 ································· 54
　　　3.5.5 ライフサイエンスとホットアトム化学 ······················· 55
　　ホウ素中性子捕捉療法（BNCT）——がんを治療する核反応 ················· 56

④ 放射線と物質 ··· 59
　4.1 放射線の特性と物質との相互作用 ··································· 59
　　　4.1.1 α線 ··· 59

4.1.2 β線 ・・61
　　4.1.3 γ線 ・・64
　　4.1.4 中性子 ・・・67
　4.2 放射線による化学反応 ・・・67
　　4.2.1 放射線エネルギーの物質による吸収 ・・・・・・・・・・・・・・・・・・・・・・・・・67
　　4.2.2 放射線量の単位 ・・69
　　4.2.3 放射線によって起こる反応 ・・・・・・・・・・・・・・・・・・・・・・・・・・・・・・・・・70
　4.3 放射線の生体に及ぼす効果 ・・・・・・・・・・・・・・・・・・・・・・・・・・・・・・・・・・・・・・72
　　4.3.1 等価線量 ・・73
　　4.3.2 実効線量と預託実効線量 ・・・・・・・・・・・・・・・・・・・・・・・・・・・・・・・・・・・74
　放射線障害：その防護と障害の程度 ・・・・・・・・・・・・・・・・・・・・・・・・・・・・・・75

5　放射線の測定 ・・・77
　5.1 放射線の検出 ・・・77
　5.2 電離箱 ・・・79
　　5.2.1 ローリッツェン検電器 ・・・・・・・・・・・・・・・・・・・・・・・・・・・・・・・・・・・・・・80
　　5.2.2 直流電離箱 ・・81
　　5.2.3 パルス電離箱 ・・81
　5.3 計数管 ・・・82
　　5.3.1 比例計数管 ・・83
　　5.3.2 GM 計数管 ・・84
　5.4 半導体検出器 ・・86
　　5.4.1 Si 半導体検出器 ・・・87
　　5.4.2 Si(Li), Ge(Li) 半導体検出器 ・・・・・・・・・・・・・・・・・・・・・・・・・・・・・・88
　5.5 シンチレーション検出器 ・・・・・・・・・・・・・・・・・・・・・・・・・・・・・・・・・・・・・・・89
　5.6 液体シンチレーションカウンター ・・・・・・・・・・・・・・・・・・・・・・・・・・・・・・90
　5.7 飛跡による検出 ・・・91
　　5.7.1 原子核乾板法 ・・・91
　　5.7.2 固体飛跡法 ・・・92
　5.8 化学線量計 ・・・93
　5.9 放射線のエネルギー測定 ・・・・・・・・・・・・・・・・・・・・・・・・・・・・・・・・・・・・・・94

5.9.1 波高解析器と放射線スペクトロメトリー ……………………… 94
　　5.9.2 β線の最大エネルギー測定 ……………………………………… 95
　5.10 計数効率と計数値のゆらぎ ………………………………………… 97
　ニュートリノの謎 …………………………………………………………… 99

6 原子核反応と放射性同位体 …………………………………………… 101
　6.1 核反応と核分裂 ……………………………………………………… 102
　　6.1.1 核反応 …………………………………………………………… 102
　　6.1.2 核分裂 …………………………………………………………… 105
　6.2 加速器および中性子源 ……………………………………………… 107
　　6.2.1 加速器 …………………………………………………………… 107
　　6.2.2 中性子源 ………………………………………………………… 110
　6.3 人工放射性元素 ……………………………………………………… 111
　　6.3.1 テクネチウム …………………………………………………… 111
　　6.3.2 プロメチウム …………………………………………………… 111
　　6.3.3 超ウラン元素 …………………………………………………… 112
　　6.3.4 超重元素 ………………………………………………………… 114
　光をつくる工場——シンクロトロン放射光(SOR) ……………………… 119

7 同位体の化学 ……………………………………………………………… 121
　7.1 核・放射化学的分析 ………………………………………………… 121
　　7.1.1 放射化学的分離法 ……………………………………………… 122
　　7.1.2 放射化分析 ……………………………………………………… 130
　　7.1.3 放射分析 ………………………………………………………… 139
　　7.1.4 同位体希釈分析 ………………………………………………… 141
　　7.1.5 ラジオイムノアッセイ ………………………………………… 144
　7.2 同位体交換 …………………………………………………………… 145
　　7.2.1 同位体交換平衡 ………………………………………………… 146
　　7.2.2 同位体交換速度 ………………………………………………… 147
　　7.2.3 同位体交換と化学 ……………………………………………… 148
　7.3 同位体効果 …………………………………………………………… 150
　　7.3.1 結合エネルギーの同位体効果 ………………………………… 150

7.3.2　原子・分子のスペクトルの同位体効果 ……………………… 152
　　　7.3.3　同位体効果と化学 …………………………………………… 153
　7.4　同位体の分離と濃縮 ……………………………………………… 153
　　　7.4.1　同位体の濃縮 ………………………………………………… 154
　　　7.4.2　同位体の分離 ………………………………………………… 158
　安定同位体でむかしを探る ………………………………………… 160

8　放射能現象の応用——現状と将来 ……………………………… 163
　8.1　アイソトープの利用の分類 ……………………………………… 164
　8.2　理工学における応用 ……………………………………………… 166
　　　8.2.1　化学における応用 …………………………………………… 166
　　　8.2.2　地球化学および考古学における応用 ……………………… 168
　　　8.2.3　工学における応用 …………………………………………… 174
　8.3　ライフサイエンスにおける応用 ………………………………… 176
　　　8.3.1　生物学における応用 ………………………………………… 177
　　　8.3.2　医学における応用 …………………………………………… 177
　　　8.3.3　農学における応用 …………………………………………… 181
　8.4　原子炉 ……………………………………………………………… 181
　　　8.4.1　実用原子炉 …………………………………………………… 184
　　　8.4.2　核燃料サイクル ……………………………………………… 187
　　　8.4.3　転換炉と高速増殖炉 ………………………………………… 190
　8.5　核融合炉 …………………………………………………………… 191
　8.6　核兵器と核軍縮 …………………………………………………… 193
　天然原子炉（オクロ現象） ………………………………………… 195

付表1　核種表 …………………………………………………………… 197
付表2　原子量表(2017) ………………………………………………… 232
参考文献 …………………………………………………………………… 233
索　引 ……………………………………………………………………… 235

1 核化学と放射化学

　現代は "nuclear age" とも呼ばれるように，原子核の性質や現象の解明が，物理学や化学の基本概念の発展に大きな役割を果たしている．放射能の発見にはじまり，核分裂や新しい人工元素の発見，トレーサーの利用，原子力エネルギーの利用などに化学者がきわめて重要な寄与をしてきたことはよく知られている．このような原子核そのものの性質や，原子核に関するさまざまな現象を研究するのが核化学・放射化学と呼ばれる分野である．

　原子核現象の基礎的な研究が進むとともに，その応用は核化学や放射化学の枠を越えて周辺の関連分野へと広がっていき，今日では生物学・医学・薬学・農学・工学などの広い領域でごく日常的な手法として用いられるようになっている．核化学・放射化学の分野において最も重要な課題は，これらの応用の源泉となるべき新たな基礎的研究の開拓であることはいうまでもないが，一方，このような境界領域において多様な問題の解決に役立つことは，核・放射化学の大きな特色であり，強みともいえる．

　本章では，核化学・放射化学の歩みを振り返るとともに，その現状と今後の展望についても述べることにする．

1.1 核化学・放射化学の歩み

　原子核の壊変や放射線などいわゆる原子核現象がはじめて見出されたのは19世紀末から20世紀初頭にかけてである．核化学・放射化学の歴史もそこにはじまるわけであるが，放射能の発見と研究は同時に原子の構造から原子核の

なりたちに至る現代物理学・化学の基本概念の発展を促す役割を果たしたのである.

1896年，ベクレル（Becquerel）がウラン化合物から写真乾板を感光させる放射線が出てくることを見出し，その後トリウム化合物でも同様な現象が認められたが，これが放射能の発見である．ほぼ同じころに，レントゲン（Röntgen）によるX線の発見や，トムソン（Thomson）による電子の存在の確認など原子構造の理解にとって重要な発見があった．1898年にはキュリー（Curie）夫妻がウランの鉱物ピッチブレンドから放射能をもつ新しい元素（天然放射性元素）ラジウム，ポロニウムを発見し，その後ウランやトリウム系列の天然放射性元素（核種）がつぎつぎに見出された．これらの放射性元素（核種）と周期表の関係から，同位体（isotope，周期表の同じ位置を占める意）の概念がソディ（Soddy）によって提案され，放射性でない元素についても，トムソンやアストン（Aston）によって同位体の存在が明らかにされた．

放射能とは放射性元素が壊変によって変化していく現象であり，壊変によって周期表上を規則的に変位していくことや，放出される放射線の実体が α 線はHe原子核, β 線は電子, γ 線は電磁波であることがラザフォード（Rutherford）やソディらの研究によって明らかにされた．1910年ごろに，ラザフォードは薄い箔による α 線の散乱実験から原子の中心に原子核をおいた模型を考えたが，まもなくボーア（Bohr）が量子論を取り入れた原子模型を提案し（1913），これが今日の量子化学，原子構造論のもととなった．

放射能現象や原子構造の研究の発展と並んで，放射性元素を応用したトレーサー実験もすでに1910年代にヘベシー（Hevesy）やパネット（Paneth）によって天然の放射性同位体を用いて試みられている．1930年代にサイクロトロンなどの加速器が開発されると，核反応による元素の人工的な変換が容易になり，多くの放射性同位体が人工的に製造され，化学のみならず自然科学の各分野でトレーサーとして広く応用されることになる．

1930年代には中性子や陽電子のような重要な素粒子が実験的に見出され（1932），またニュートリノの存在が予言され（1931），原子核のなりたちが明らかとなり，原子核内の結合力（核力）を説明するために中間子理論が湯川に

よって提案される（1934）など，原子核についての理解はさらに進んだ．また，中性子による核反応の研究もフェルミ（Fermi）らによってさかんに行われたが，やがてウランを中性子照射したさいに，はるかに質量数の小さい放射性核種が生成する現象，すなわち核分裂が，ハーン（Hahn）とシュトラスマン（Strassmann），マイトナー（Meitner）によって発見された（1938）．核分裂の発見は，今日の原子力利用の出発点としてきわめて重要な意義をもっている．フェルミらが，ウランの核分裂の連鎖反応によって大きなエネルギーを取り出すための原子炉をはじめてつくったのは1942年のことである[†]．

1940年代には，加速器などによる核反応を利用して新しい放射性元素が人工的に合成された．1940年に最初の超ウラン元素として93番元素ネプツニウムが得られたが，その後主として米国カリフォルニア大学のシーボルグ（Seaborg）らによって94番以降の多数の超ウラン元素がつぎつぎと人工的に合成された．また，このほかにもテクネチウム（1937）やプロメチウム（1945）などの人工放射性元素が発見された．このような新元素の発見・合成への努力は今日も続けられており，超重元素の合成へと一歩一歩進んでいる（第6章参照）．

このように核化学・放射化学が現代科学をリードしてきた陰には，放射能現象を的確にとらえるための測定機器の開発も見逃せない．研究者は自ら新しい測定手段を工夫し，自ら製作あるいは改良しなくては前進できなかった．事実，乱雑な放射能現象の観測にはパルス回路が必要であり，世の中がアナログの時代にこの分野だけはすでにディジタル化されていたし，電算機のプロトタイプともいうべき記憶装置をもつマルチチャネル波高解析器もこの分野では長い歴史がある．質量分析器やβ線分光器などの原理は，現在の電子分光法にそのまま生かされており，サイクロトロンなどの加速器もSOR（シンクロトロン軌道放射光）を用いるフォトンファクトリーとして，放射化学以外の分野にも広く応用されつつある．学問の1つの分野の先導的な発展が，一見関係のないような方面にまで，計り知れぬほどの影響を与えるよい例をいくつも見ることができるのである．

[†] この原子炉は^{239}Pu原子爆弾開発を目的とし，1945年米国ニューメキシコではじめて原爆実験が行われた（8.4，8.6節参照）．

1.2 現状と今後の展望

　原子核現象の化学（核・放射化学）の応用面が多くの関連分野に拡大したために，今日では基礎研究としての核化学・放射化学のイメージが，明確にはつかみにくくなっている．原子核現象は，もともと一般の化学者からは物理学寄りと見なされ，なじみが薄いもののように受け取られがちであるので，ここで核化学・放射化学とはいかなる分野であるかを明らかにしておこう．

　核化学・放射化学の定義は，米国では National Research Council の核・放射化学分科会で討議されている．わが国では，このような試みがまだ行われていないので，この米国の報告に基づいて定義すると，放射化学（radio-chemistry）は，放射能や放射性元素の分離・測定を行い，また放射能の起源やその効果を明らかにする分野である．また，放射化学の手法はさまざまな周辺領域に応用されているけれども，放射化学者はこのような応用面のみでなく，原子核理論の基礎や，ごく少数の原子の分離に関する問題，放射性物質の化学的取扱い，測定技術などにも通じていることが必要とされる．放射化学が放射能（あるいは放射性核種）を対象とするのに対し，核化学（nuclear chemistry）は，放射性でないものも含めて，原子核一般についての研究を目的としており，原子核構造や励起，壊変様式，核子の相互作用，核質量と安定度，人工的な核変換や反応断面積，核反応機構などの問題を取り扱うことになっている．

　本書の前半は，おもにこのような核化学の基礎について述べ，また後半ではおもに放射化学の基礎と応用面を取り扱っている．

　原子核現象は，放射線という個々の原子（核）に 1 対 1 に対応した固有のシグナルを伴っており，時間と空間についての情報を同時に伝えることができるので，核・放射化学は化学の他の分野に見られない著しい特色をもつことになる．化学や関連分野ですでにおなじみの手法となっている放射性同位体のトレーサーとしての応用や，オートラジオグラフィー，放射性同位元素年代決定法などは，核現象のこのような特色を利用したものである．核物理学や核・放射化学の基礎研究が進歩すると，核現象の化学にも新しい展望がひらかれ，新た

な応用が開拓されることになる．ここにそのおもな例を紹介しよう．

1.2.1 原子核現象の化学効果と状態分析

　原子核現象は，これまでは核外の電子系の影響——すなわち化学効果——を受けないものと考えられてきた．核現象に関与するエネルギーが通常の化学的相互作用のエネルギーよりはるかに大きいことを考えれば，これは無理からぬことである．けれども，放射能測定の精度が進むにつれて核現象にも厳密にはいろいろな化学的影響のあることがわかり，逆にその核現象を手がかりとして，化学状態についての情報を引き出す状態分析の方法が開発されるようになった．原子核に固有・不変と考えられていた放射能の性質，すなわち半減期やエネルギーは，実は化学環境によってわずかに変動することがある．よく知られた例は，メスバウアー効果であり，これを応用した状態分析法であるメスバウアー分光法は，今日化学をはじめさまざまな分野で利用されている（第3章）．ただし，この方法によって分析できる元素や物質の状態は限られていて，たとえば軽い元素や気・液相には応用できない．このほかにも，化学効果によって，放出される放射線が影響を受ける例は知られているが，それを介して得られる情報はあまり多くない．元素分析に関しては放射化分析というすぐれた核的手法が確立されているので，メスバウアー分光法以上に広く状態分析に応用できるような新たな核現象の化学効果を見出すことが，核・放射化学者にとっての1つの夢である．近年，ミュオン，π中間子などを用いる中間子化学の研究がわが国でも行われるようになり，新しい手法としての可能性が注目されている．

1.2.2 微量分析とプローブ

　原子核現象の分析的応用は，放射能を個々の原子核が発するシグナルとしてとらえることである．1個1個の原子が数えられるということは，きわめて少数の原子を検出すること，すなわち超微量分析を意味する．核反応によって目的元素に放射能を与え，きわめて高い感度と，すぐれた選択性をもって超微量分析を行う放射化分析は代表的な例である（第7章）．また，化学や生物学，医学その他多くの領域ですでに標準的な研究手段となっているRIトレーサー

法では，放射性核種あるいはその標識化合物を対象系に注入し，放射能によってその行方を追跡するが，この場合トレーサーは極微量であるため（放射線効果を除けば）対象系を乱すことが少ない（第 8 章）．また極微量のプローブを対象中に入れて周囲の化学環境に関する情報を取り出すための核的手法として，陽電子消滅，発光メスバウアー分光法や，ミュオンをプローブとする μSR 法など種々な方法が最近開発されている（第 3 章）．

1.2.3 核医学

空間分析，すなわち放射能を手がかりとして放射性核種の空間分布を調べる手法の例は，生体内の放射性トレーサーの分布を写真フィルム上に位置づけるオートラジオグラフィーである．このほか，粒子トラック法や固体表面・界面などの局所分析法（内部転換電子メスバウアー分光法その他）も知られているが，核現象を用いた空間分析の最もみごとな応用例は，核医学における陽電子放出断層検査法（PET: positron emission tomography）である（第 8 章）．核医学は放射性医薬品（radiopharmaceuticals）を用いて臨床診断や治療を行う医学の分野であり，放射性の標識化合物を生体内に注入してシンチレーションカメラなどにより測定を行う．このような検査では，生体内での標識化合物を γ 線を手がかりに追跡するが，このための放射性核種の選択・製造や標識化合物の合成は，主として放射化学の役割である．近年は，^{11}C, ^{13}N, ^{15}O, ^{18}F など陽電子放射体の利用が注目を集め，PET の発展をもたらすことになった．PET は，陽電子核種が放出する陽電子が消滅の際互いに 180°方向に出る 2 本の光子を用いて生体の外周に配置した検出器群とコンピューターにより断層撮影を行い，体軸に垂直に輪切りにしたトレーサーの分布像を得るものである．この手法によって，たとえば人間の脳の機能や知覚作用，疾患などの状況が明確に捕捉できる．このような核医学の成果を支えるものは，測定技術の進歩とともに適切な標識化合物を合成・供給することである．診断ばかりでなく，がんなどの治療分野でも，いろいろな線源や加速器からの放射線による療法が普及しているが，さらに，がん組織に選択性の高い先進的医療として放射免疫療法や重粒子線による放射線療法などの開発や実用化が期待される．

1.2.4 核化学

今後の核化学の研究は，きわめて高エネルギーにおける重イオン核反応への途を歩むものと思われるが，これらの分野では，世界的に，リチウムからウランまでのあらゆるイオンを高エネルギーに加速するため，次々に巨大な加速器が建設されており，いわゆる巨大科学の領域を形成している．化学としての興味は，このような重イオンを用いた核反応から現在に数倍する新しい核種が得られ（たとえば ^{238}U に ^{48}Ca をぶつけて中性子過剰核をつくる），さらに超重元素の発見に通じる可能性があることである．

1.2.5 エネルギー・環境化学

核・放射化学のより応用的な面としては，エネルギー問題や環境化学がある．エネルギーに関しては，原子力利用，核融合研究における炉化学の領域で放射化学の果たすべき役割は少なくないし，また放射性廃棄物処理のような問題の解決には放射化学と地球化学・環境化学の協力が必要とされるであろう．エネルギーに関連した重要な分野の1つに同位体の分離があるが，たとえばレーザー同位体分離のようにまだ開発がはじまったばかりの領域では，物理化学者や放射化学者の手でまず基礎的な研究が進められることが望ましい（第7章）．

環境化学や地球化学の分野においては，すでに放射化学分析をはじめとする核的分析手法や，放射性同位元素による年代測定法など核・放射化学の寄与は大きい（第8章）．この分野において今後望まれるのは，前述したような新しい状態分析の手法を確立することであろう．地球環境のなかで起こるさまざまな現象を完全に理解するためには，環境試料や地球化学試料の状態分析によって化学的変化（反応）のしくみを明らかにしなければならないからである．

私たちの将来におけるエネルギー供給と環境保全については多くの課題が指摘されているが，その具体的な解決策は残されたままになっている．地質時代に化学エネルギーとして貯えられた石油や石炭，あるいは天然ガスというエネルギー資源が有限であることはよく知られているところである．また，その大量消費がさまざまな環境の汚染や破壊をもたらしていることも指摘されている．

地質時代よりもさらに遡って元素の生成の時代に貯えられたというこができ

る核エネルギーは，今日では原子力発電により化石燃料に次ぐものとして利用されているが，この資源も有限であることには変りはない．また，原子力発電，原子炉の安全管理，核燃料廃棄物の保管や処理と環境に与える負荷をどう考えるかという課題がある．さらに遡って軽元素の水素に貯えられたエネルギーの利用が核融合反応の実用化をめざして進められているが，第8章で紹介するように克服すべき多くの問題を残している．

地球上に注がれる太陽エネルギーの総量は，現在の世界のエネルギー消費量のおよそ1万倍余りあるが，地上や海上を大きく覆って太陽エネルギーを私たち人類が横取りすれば，多かれ少なかれ地球の生態系を破壊もしくは攪乱し，私たちの生息する環境も直接・間接に影響を受けるから，その利用にも限界があるのは当然であり，太陽エネルギーの利用がすべての解決になることは必ずしも楽観できない．このように，エネルギー問題は環境問題に密接に関係しているが，その考察には自然科学的かつ定量的な検討が不可欠である．その場合に，核反応や核エネルギーの理解も避けて通れないのである．

環境汚染の問題は，多くが微量の物質の検出や定量が基礎になるので，微量分析に適した放射化学的な手法が役立つことが多いと同時に，今後，エネルギー問題と環境保全の問題には，上記のように化学が果たすべき役割はますます増大すると思われる．その期待に応えるために，化学者は物質の有するエネルギーとしての化学エネルギーのみならず核エネルギーについての基礎を理解し，環境物質の変遷という大きい視野をもち，さらには社会科学的な観点も併せ持つことが大切である．核・放射化学における原子核現象と化学との関わりと発展，それらと物性研究や分析手段を通しての寄与，さらに私たちの生活を豊かに保つための判断の基礎が築かれていくことが望まれるのである．これらの期待に応えるために，化学者は基礎的研究においても応用面においても関連する他分野の研究者と協力しつつ積極的に化学のフロンティアを広げ，新しい領域を開拓していく必要がある．このような今日の化学全体の流れのなかで，とくに核・放射化学のもつ学際的（interdisciplinary）な多様性は大いに生かされるべきであろう．

2 原子核のなりたちと壊変現象

　すべての物質は，きわめて多数の原子が集まってできており，原子は原子核とそれを取り巻く電子（核外軌道電子）からなりたっている．原子の性質は，おもに原子核のもつ電荷（中性の原子では核外軌道電子の数といってもよい），すなわち原子番号によって決まるので，これが等しい原子どうしは同じ種類に属するものと見なすことができる——これが元素である．一般の化学では，物質のふるまいを元素のレベルまで考えるので，核外軌道電子などの電子が重要な役割を果たすことになるが，原子核そのものが研究対象になることはむしろ稀である．これに対して核化学や放射化学では放射能のような核現象を取り上げるので，原子核そのものの性質やふるまいが研究対象となり，まず原子核のなりたちや安定性を理解することが必要になる．本章では，このような原子核についての基本的な事柄のあらましを述べることにしよう．

2.1 原子核のなりたちと安定性

2.1.1 原子核

　原子の大きさはおよそ 10^{-8} cm 程度で，その中心にはほぼ 10^{-13} cm 程度の大きさの原子核があり[†]，これを電子雲が取り巻いている．原子核の密度は非常に大きく，かつ原子核の種類によらずほぼ一定である（およそ 3×10^{14} g

---

[†] 原子核の半径 r は近似的に次式で示される．
$$r = r_0 A^{1/3}$$
ただし r_0 は定数で $(1.2\sim1.5)\times10^{-13}$ cm，A は質量数である．

表 2.1 おもな素粒子の固有の性質*

名 称	記 号	スピン($\hbar$)	磁気モーメント**	電 荷	静止質量***	寿 命(s)
中性微子	ν	1/2	～0	0	～0	安 定
電 子	e^-	1/2	-1836	-1	0.0005486	安 定
陽電子	e^+	1/2	1836	$+1$	〃	安 定
ミュオン	μ^+, μ^-	1/2	± 8.891	$+1, -1$	0.1134	2.2×10^{-6}
π 中間子	$\begin{cases} \pi^0 \\ \pi^+, \pi^- \end{cases}$	0 0	0 0	0 $+1, -1$	0.1449 0.1498	8.4×10^{-17} 2.6×10^{-8}
陽 子	p	1/2	2.793	$+1$	1.0072765	安 定
中性子	n	1/2	-1.913	0	1.0086649	9.0×10^2

*素粒子には，このほか 10^{-8} 秒程度より短寿命の粒子が多数知られているがここでは省略した．最近はこれら素粒子のうち中間子や中性子，陽子などがさらにクォークという基本粒子とその反粒子により構成されると考えられている．
**単位は核磁子 : $e\hbar/2m_\mathrm{p}c$ (m_p は陽子質量)．
***単位は統一原子質量単位 u (^{12}C 1 原子の質量の 12 分の 1)．

cm^{-3})．原子核は，陽電荷をもつ陽子（proton）と，電荷をもたない中性子（neutron）から構成されている．電子，陽子，中性子など物質を構成する基本的な粒子は素粒子と呼ばれている．表 2.1 に，核化学や放射化学でよく出てくる素粒子とその性質をまとめてある．

原子核の種類は，陽子の数（Z），中性子の数（N）およびエネルギー状態によって決まり，これを核種（nuclide）という．一般の化学では元素が単位になるが，核・放射化学ではすべて核種を単位として考えることになる．$N+Z=A$ とするとき，A は質量数（mass number）と呼ばれ，原子核の相対的な質量を近似的に表す．元素記号 X の元素の質量数 A の核種は，Z, A を用いて $^A_Z X$（ふつうは Z を省略して $^A X$）と書き表す．Z, A がともに等しく（したがって N も等しく），エネルギー状態だけが異なる核種は，核異性体（nuclear isomer）と呼ばれ，$^{Am}_Z X$ のように，質量数のあとに m（metastable の略）を付記して高いエネルギー状態（励起状態）の核種を区別する†．

放射性元素を表すのによく用いられるアイソトープ（isotope）という語は，実は Z が等しい（すなわち同じ元素に属する）2つ以上の核種どうしの相互関

---

† 励起状態が2つ以上ある場合には，エネルギー状態の低いほうから m$_1$, m$_2$, ……をつける．

係を示すものであるが，またそのような関係にあるそれぞれの核種を指して用いることが多い．たとえば，^1_1H と ^2_1H（重水素，D とも書く）と ^3_1H（三重水素またはトリチウム，T とも書く）とは互いに同位体の関係にあるといい，またそれぞれの核種を水素の同位体（アイソトープ）と呼ぶことになる．同様にして，A が等しい核種どうしを同重体（isobar），N が等しい核種どうしは同中性子体（isotone）と呼んでいる．

2.1.2 原子量と同位体存在度

元素には 2 つ以上の同位体をもつものが多いから，これらは異なる質量数の原子（核種）の混合物である．このような同位体の原子がどのような割合（原子数）で混ざり合っているかを表すのが同位体存在度である．原子量は，元素 1 原子あたりの平均的な質量を表す相対的な数値であるが，原子量の数値や定義については，これまで 2 つの問題点があった．

その 1 つは，原子量のスケールの統一の問題である．以前は，化学では酸素の原子量（すなわち ^{16}O のほかに微量の ^{17}O と ^{18}O を含む天然の酸素の平均原子量）を 16.00000 と定め，これを基準としたのに対し，物理学では質量数 16 の ^{16}O の質量を 16.00000 として原子量の基準にとったので，両者の原子量値は約 0.03% ずれるという不便があった．しかし，1961 年万国純正応用化学連合（IUPAC）によって ^{12}C の質量を 12.000000 として原子量の単位に用いる統一スケールが採用されて，この問題は解決した．

いま 1 つは，もっと本質的な，原子量の定義に関するものであって，元素の同位体存在度の変動に関連した問題である．元素には，1 種類の安定核種だけからなる単核種元素がある．たとえば，ベリリウム（^9Be），フッ素（^{19}F），ナトリウム（^{23}Na），アルミニウム（^{27}Al），リン（^{31}P），スカンジウム（^{45}Sc），マンガン（^{55}Mn），コバルト（^{59}Co），ヒ素（^{75}As）などで，これらの元素では括弧内に示した核種の同位体存在度が 100% ということになる．したがって，単核種元素の原子量は，その 1 原子の質量の，^{12}C 1 原子の質量の1/12 に対する比として与えられるので簡単である．多くの元素には安定な同位体の核種が 2 種以上存在するので，その原子量は，天然の同位体組成をもつものについて

各核種の質量に同位体存在度をかけた1原子あたり平均質量の，^{12}C 1原子の質量の 1/12 に対する比として求められるはずである．ところが，元素の同位体存在度がより精密に測定されるようになり，多数の天然試料の同位体組成が明らかになってくると，「天然の同位体組成」（すなわち同位体存在度）が従来考えられていたよりも変動しやすく，はっきりと定めにくいことがわかった．同位体存在度が変動すれば，原子量も変動することになる．そこで 1975 年以降は，「天然の同位体組成をもつ」という表現をやめて，次のように定義することになった．

$$原子量(A_\mathrm{r}(\mathrm{E})) = \frac{元素の1原子あたり平均質量}{{}^{12}\mathrm{C}\,1原子の質量の1/12}$$

ただし，多くの元素の原子量は不変でなく，それを含む物質の起源や処理方法によって変わる．IUPAC では隔年に原子量表を発表し，新しいデータに基づいて原子量の値などを改訂しているが，この表にはいろいろな注があって個々の元素の原子量の変動幅に注意すべきことを示している（巻末付表2参照）．

原子量の変動の原因となるのは，同位体存在度の変動であるが，このような変動を起こすのは，天然の同位体効果（同位体効果については7.3節参照．水素や酸素など），原子核変換（天然の放射性元素の壊変で生ずる鉛）のような自然の要因のほかに，最近では原子力利用などに関連して人工的な同位体の分離（7.4節参照）がさかんに行われる結果，同位体存在度の異常な試薬などが見つかることもある（リチウム，ホウ素，ウランなど）．また，他の天体などから地球外物質が得られるようになったが，現在の原子量は地球上の元素について求められたもので，地球外物質中の元素には適用されない．

2.1.3 原子核の安定性

ヘリウムの原子核は，2個の中性子と2個の陽子（中性子と陽子は総称して核子とよばれる）からなりたっているが，この ^{4}He 原子核の質量を実測してみると，4.00151 u である．一方，2個の中性子と2個の陽子の質量の和は，

$$2\times 1.008665 + 2\times 1.0072765 = 4.031883\,(\mathrm{u})$$

であるから，^{4}He 原子核の質量はこれを構成する核子の質量の和より，およそ

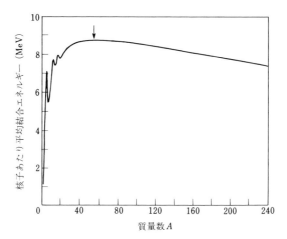

図 2.1 核子 1 個あたりの結合エネルギー
矢印は極大を示す．質量数の小さい側には ⁴He, ¹²C, ¹⁶O などのピークが見え，これらの核種がとくに安定なことがわかる．

0.03037 u 小さいことになる．この質量の減少部分は核子間の結合エネルギーに変換されたもので，これは，

$$0.03037 \times 931 = 28.27 \text{ (MeV)}^\dagger$$

に相当する．⁴He は 4 個の核子を含むので，核子 1 個あたりの結合エネルギーはおよそ 7 MeV であることがわかる．

同様にどの元素についても，安定な原子核の質量は構成核子の質量の総和よりも小さく，両者の差が原子核の結合エネルギーになっている．図 2.1 はこのような核子 1 個あたりの結合エネルギーをすべての元素について示したものである．この図から，非常に軽い核種をのぞけば，結合エネルギーは第一近似として核子あたり 8 MeV 付近というほぼ一定な値になることがわかる．原子核内の核子を結合する力は核力と呼ばれ，たとえば，

$$p \rightleftarrows n + \pi^+ \qquad n \rightleftarrows p + \pi^-$$

---

† 電位差 1 V の自由空間内で電子 1 個の得るエネルギーを 1 eV（電子ボルト）とするエネルギー単位で，$1.602176565(35) \times 10^{-19}$ J に相当する．SI 単位系と併用される．

のように陽子と中性子の間のπ中間子（π^+, π^-）のやりとりによって生ずる近距離の強い引力である．このような中間子による核の結合の理論は湯川秀樹（1934）によって考え出されたものである．

図2.1では，質量数が55～60付近に結合エネルギーの極大（約8.7 MeV）があり，これより軽い側ではやや不規則な減少，またこれより重い核種側でも徐々に減少を示すことになる．これは，元素のなかで質量数55～60付近の鉄やニッケルがエネルギー的に最も安定であることを意味するが，実際，地球の中心部が鉄やニッケルでできているように，これらの元素は天然に多く存在している．また，質量数が200を越える重いウランなどの原子が核分裂（6.1節参照）によって質量数が100前後の核を生じたとすると，核子1個あたりの結合エネルギーに1 MeV近くの差があるため，1原子あたり200 MeVに近いエネルギーが放出されることになる．これが原子炉などで取り出される原子力のエネルギーに相当する．同様にごく軽い原子核を材料として，たとえば$4^1H \rightarrow {}^4He + 2e^+ + 2\nu$のようにより重い原子核を合成したとすると，やはり結合エネルギーの差にあたるエネルギーが解放されることになる．^1Hから^4Heを生ずる過程は太陽のおもな放射エネルギー源であり，将来の核融合炉計画のモデルとなっている（8.5節参照）．^1Hから^4He, ^{12}Cなどへの合成過程は多くの恒星の元素の合成過程として知られている（ベーテのサイクル）．3個の^4Heが結合して^{12}Cを作るなど重い元素の生成が進むが，恒星内部の核融合生成核種は^{56}Feまでで，さらに重い核種は主に中性子捕獲で作られる．

2.1.4 原子核の模型

原子核は陽子と中性子が集まったものであるが，原子核のさまざまな性質やふるまいを説明するためには，これらの核子がどのようにして核を形成しているかという模型を考えると便利である．このような原子核の模型には，核子を液体の分子に見たてて原子核を電荷をもった液滴で近似する液滴模型（liquid drop model）や，核外電子がエネルギー準位に応じて電子殻を形成するように核子も原子核内部で量子力学的な一定の規則に従って準位を充填していくと考える殻模型（shell model）などがある．

a）液滴模型

液滴模型では，核子は原子核の内部にランダムに分布すると考える．結合エネルギーや核分裂のしくみなど原子核の性質を大ざっぱに理解するのに都合がよい．この模型に基づいて原子番号Z，質量数Aの原子核の全結合エネルギー（B）を表す経験式はワイツゼッカー（Weizsäcker）の質量式と呼ばれている．

$$B(\text{MeV}) = 14.0A - 13.1A^{2/3} - 0.585Z(Z-1)A^{-1/3}$$
$$- 18.1(A-2Z)^2 A^{-1} + \delta A^{-1} \tag{2.1}$$

ただし最後の項のδは，陽子数（Z）および中性子数（N）がともに偶数のとき$+132$，ともに奇数のとき-132，またN, Zのうち一方のみが奇数（したがってAが奇数）のとき0となる定数である．この式の右辺の第1項は，全結合エネルギーが第一近似として核子数に比例すること（2.1.3項参照）を示している．第2項は表面張力の項で表面付近の核子は相手が少ないため結合が弱くなること，第3項は核内の陽子間のクーロン反発力により結合力が低下することを示している．第4項の$A-2Z$は$N-Z$に等しく，中性子過剰の効果を表す．核力が陽子，中性子間の中間子交換による引力とすれば，$N=Z$のときに最も安定で中性子過剰では結合エネルギーが低下する．最後の項は結合の飽和性に関するもので，n-nどうしまたはp-pどうしが結合すると結合エネルギーが増加すると考えると，Z, Nの偶，奇によって，このような差が生ずることになる[†]．式（2.1）は軽い核ではあまり近似がよくないが，A>40くらいになると結合エネルギーをかなりよく表すことができる．

b）殻模型

原子核の核子の数に注目してみると，陽子や中性子の数が2, 8, 20, 28, 50, 82, 126などのときに安定な核ができやすいことがわかる．これらの核種は，同位体存在度が大きく，また宇宙での存在度も大きなものが少なくない．これらの

[†] 自然界の安定核種の約3/5はZ, Nともに偶数，約2/5は，Z, Nの一方のみが奇数で，Z, Nともに奇数の核種はきわめてわずかしか知られていない．

数を魔法数(magic number)と呼んでいる．核子数が魔法数のとき原子核が何故安定化するのかは，液滴模型では説明できない．これはちょうど核外電子が希ガス構造の閉殻をつくるときに安定な原子になるのと同様であり，原子核内部にも核子のエネルギー準位と殻構造が存在することを示唆している．このように，動径量子数，軌道量子数，スピン量子数などの核量子数を与え，これらの核量子数によってエネルギー準位を定め，核子を充填していくのが殻模型で，魔法数の説明や核異性体の取扱いには有効である．

2.2 原子核の壊変現象

2.2.1 原子核の壊変

　天然の，あるいは人工的につくられた不安定な原子核は過剰なエネルギーを放出して安定な状態へと移行していく．このような過程を放射壊変(radioactive decay)と呼んでいる．壊変のさいには，過剰なエネルギーが電磁波や粒子すなわち放射線として放出される．不安定な核種が放射線を放出して壊変する性質を放射能(radioactivity)という．また，放射能を示す核種は放射性核種(radionuclide)または放射性同位体(radioisotope)[†]，放射能を示さない安定な核種は，安定核種(stable nuclide)または安定同位体(stable isotope)と呼んでいる[††]．

　現在知られている核種の数は非常に多いが，それらをZおよびNに対してプロットすると，図2.2のように原点から右上に向かう帯状になる．帯の中心を通る安定線に沿って安定核種が並び，この線から上下に離れたところに放射性核種が分布する．安定線はZの小さいところでは$N=Z$の直線に近いが，Zが大きくなると勾配は増大し$N/Z=1.6$に近づく．

　放射性核種は大別すると次の3種類がある．
　(1) ^{238}Uや^{232}Thのように質量数が大きすぎ，式(2.1)の表面効果のため

[†] 放射性同位元素ということもある．
[††] 放射能測定技術の進歩とともに，これまで安定と思われていた核種がきわめて長寿命の放射性核種であることが明らかになって，厳密にはこの区別が難しい場合もある．

2.2 原子核の壊変現象 —— 17

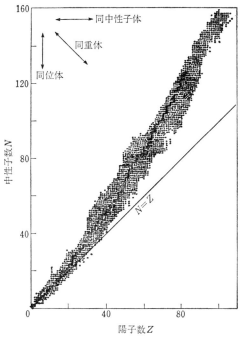

図 2.2 核種と安定性
核種の帯の中心の線に沿って安定核種が，その上下に放射性核種が分布する．Z が 80 付近，N が 120 付近を越えるとほとんど放射性核種ばかりとなる．

不安定である核種．おもに ^{4}He の原子核が放出されることが多い．これを α 壊変という．また，$Z \geq 90$ では核分裂が起こることもある．
(2) 安定核種に比べて中性子数 (N) が過剰または不足のため不安定な核種．この場合，質量数は変わらず（同重体），中性子または陽子が電子または陽電子を放出（または捕獲）して変換し，安定核種の核子組成に近づく．これを β 壊変といい[†]，変換のしかたによってさらに β^- 壊変，β^+ 壊変，EC 壊変に分類される．

[†] β 壊変は，(1)の場合にも起こりうる．

$$\left.\begin{array}{l}\mathrm{n} \longrightarrow \mathrm{p}+\mathrm{e}^{-}+\bar{\nu}_{\mathrm{e}} \quad (\beta^{-} \text{ 壊変})\\ \mathrm{p} \longrightarrow \mathrm{n}+\mathrm{e}^{+}+\nu_{\mathrm{e}} \quad (\beta^{+} \quad \prime\prime\ )\\ \mathrm{p}+\mathrm{e}^{-} \longrightarrow \mathrm{n}+\nu_{\mathrm{e}} \quad (\mathrm{EC} \quad \prime\prime\ )\end{array}\right\} \quad (2.2)^{\dagger}$$

(3) 核異性体のように，励起状態にある原子核は過剰のエネルギーを電磁波として放出し，安定な状態に転移することが多い．これをγ壊変という．

2.2.2 壊変の様式

α壊変，β壊変，γ壊変などの放射壊変の様式について，ここで説明しておこう．また，原子核で壊変が起こると，核外の軌道電子にも影響が及んで2次的な電磁波や電子の放出が続いて起こることがある．これらは，原子核の現象と核外電子（化学的な現象）を結びつけるものであるが，このような原子核と化学効果については，第3章でさらに詳しく述べる．

a) α壊変

$A \geq 140$の重い核種（$Z \geq 82$が大部分）で起こる．核から^{4}Heの原子核が放出される結果，Zは2小さくなる．Aは4減少することになる．

b) β壊変

式（2.2）に示すように3種類の壊変様式がある．図2.2で安定線の下方にある中性子不足の放射性核種ではβ^+壊変またはEC壊変††，安定線の上方にある中性子過剰の放射性核種ではβ^-壊変が起こる．質量数は変化しないで，Zが1減る（β^+壊変，EC壊変）か，1増加する（β^-壊変）．ある質量数の同重体核種間でβ壊変がどのように起こるかは，液滴模型の式（2.1）を用いてZに伴うエネルギー変化からうまく説明することができる．図2.3と図2.4にその例を示す．式（2.1）から質量（すなわちエネルギー）変化について導かれたZの2次式が図の放物線で，Aが奇数のときは1本，Aが偶数のときはδの$+$，$-$に対応して2本になる．エネルギー的に最も安定な核種に向かって

---

† ν_{e}，$\bar{\nu}_{\mathrm{e}}$は電子ニュートリノを示す（5章話題参照）．
†† EC壊変は軌道電子捕獲（electron capture）の略．

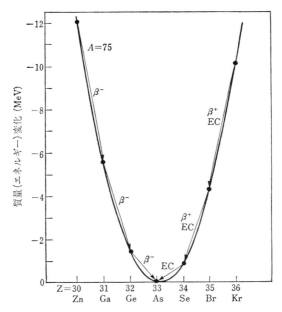

図 2.3 質量数 75 の同重体核種における Z に伴う質量（エネルギー）変化を示す質量放物線 [G. Friedlander *et al.*, *Nuclear and Radiochemistry*, 3rd ed., 1981, John Wiley and Sons, p. 46, Fig. 2-7 を一部改変]

β壊変がくり返される様子がよく理解できる．

β^- 壊変では，核から電子が放出されて核電荷が $Z+1$ になるのに，軌道電子は Z 個のままであるから，生成した原子は壊変直後は $+1$ の電荷をもつことになる．β^+ 壊変では，核が陽電子を放出するため $Z-1$ の電荷となるから，生成原子の電荷は -1 となる．

EC 壊変は，軌道電子を核内に取り込む過程であり，原子核内の存在確率の大きい K 殻電子で最も起きやすい．EC 壊変に引き続いて電子殻に起こる効果はかなり複雑である．K 殻電子の捕獲によって生じた空孔を埋めるために，外側の殻から電子が落ち込み，そのさい両殻の電子の結合エネルギーの差が特性 X 線として放出される．また，この差額のエネルギーがさらに外殻の電子

20 —— ② 原子核のなりたちと壊変現象

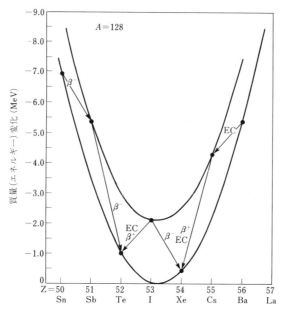

図 2.4 質量数 128 の同重体核種における Z に伴う質量（エネルギー）変化を示す質量放物線 ［出典は図 2.3 と同じ］
理論曲線は 2 本ある．

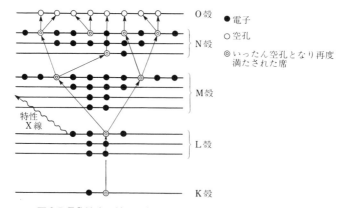

図 2.5 EC 壊変に続いて起こる電子殻の変化（オージェ過程）

雲に吸収されて電子が放出され，このような過程がくり返された結果，生成原子は外殻の電子が多数失われて正電荷を帯びることになる（3.5節参照）．これをオージェ（Auger）過程，このとき放出される電子をオージェ電子と呼ぶ（図2.5参照）．

c) γ壊変

励起状態にある核が粒子放出なしにより安定な基底状態に移行する最もふつうの過程はγ線（電磁波）の放射（γ-ray emission）である．とくに，$^{60m}Co \rightarrow {}^{60}Co$ のように核異性体である励起準位から基底準位に壊変する場合は核異性体転移（isomeric transition, IT と略記）と呼ばれる．

原子核の過剰エネルギーがγ線として放出される代りに，軌道電子が放出されることがある．これは内部転換（internal conversion）と呼ばれる現象で，そのさい放出される電子は内部転換電子である．内部転換電子のもつエネルギーは遷移エネルギー（核準位間のエネルギー差）からその電子の結合エネルギーを差し引いたものになる．内部転換はK殻だけでなく，L, M, ……殻でも起こる．また同じ準位間の遷移に対して放出される内部転換電子とγ線の個数を e, γ とするとき $\alpha = e/\gamma$ を内部転換係数と呼ぶ．内部転換が起こると内殻に空孔を生ずるから，EC壊変の場合と同様，特性X線やオージェ電子の放出が引き続いて起こり，複雑な化学効果をもたらすことがある（3.5節参照）．

2.2.3 壊変図式

放射性核種の壊変の様子を表した図式を壊変図式（decay scheme）という．壊変図式には，壊変様式，半減期，放出される放射線のエネルギー，核の励起状態のエネルギー準位，スピン，パリティなどがまとめて記されており，壊変のさいの種々の現象，とくに核のエネルギー変化と放射線について総合的に理解するのに便利である．核種のエネルギー状態は上下に並んだ平行線（エネルギー準位，MeV単位）によって示され，また各核種は原子番号の順に左から右へと配列されている．壊変による1つの状態から他の状態への変化は矢印によって示されている．図2.6に代表的な放射性核種の壊変図式の例を示そう．

22 —— 2 原子核のなりたちと壊変現象

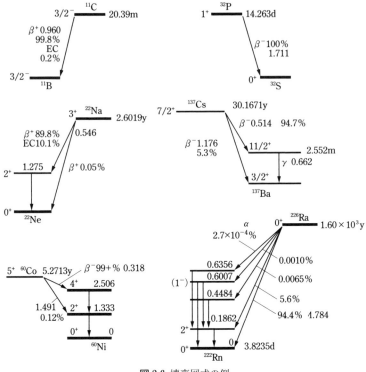

図2.6 壊変図式の例

2.3 放射能と平衡

　つぎに，放射性核種の原子数と放射能の強さとの関係や放射能の時間的変化など，壊変現象の量的な側面について説明しよう．化学反応の場合と同様，壊変現象すなわち放射能にも，壊変の速度式が考えられる．

2.3.1 壊変の法則と放射能

　不安定な核種Aが放射壊変によってより安定な核種Bに変化するとき，A

を親核種 (parent nuclide)，B を娘核種 (daughter nuclide) と呼ぶ．個々の壊変現象は，そのとき放出される放射線（すなわち放射能）を手がかりとして1対1に検出されることになる[†]．

壊変は確率的な現象であって，ある時点で存在している放射性核種の原子数 (N) に比例して起こる．このときの比例定数 λ は核種に固有なもので壊変定数 (decay constant) と呼ぶ[††]．単位時間の壊変数，すなわち放射能の強さは，

$$-\frac{dN}{dt} = \lambda N \tag{2.3}$$

と表される．これを積分して $t=0$ での原子数を N_0 とすれば，放射能の強さ $-dN/dt$ は原子数 N の変化で表され，これは，

$$N = N_0 e^{-\lambda t} \tag{2.4}$$

のように経過時間とともに指数関数的に減衰することがわかる．1/2 に減衰する時間，すなわち半減期 T も核種に特有なもので，式 (2.4) から λ との間に，

$$T = \frac{\ln 2}{\lambda} = \frac{0.69315}{\lambda} \tag{2.5}$$

なる関係があることが示される．

式 (2.3) から，放射能の強さがわかれば，その放射性核種の量 N が容易に求められる．そこで，放射能あるいは放射性物質（核種）の毎秒壊変数の単位としては，古くはキュリー (Ci) が用いられ，1 Ci は 3.7×10^{10} dps（壊変毎秒）とされた[†††]．現在は新しいSI単位系としてベクレル (Bq) が用いられていて，1 Bq = 1 dps であり，したがって 1 Ci = 3.7×10^{10} Bq に相当する．

[†] このように，原子（核）レベルで起こった現象が"1個ずつ"直接に検知できることは，放射能の特色であり，他の物理化学的な分析手段では見られない便利な点である．
[††] 壊変定数は原子核のおかれている物理的・化学的状態（温度，圧力，化学形など）には全く影響されないと考えられていたが，今日では，この考えが厳密には正しくない場合もあることがわかっている．壊変定数（半減期）が，物理的・化学的な状態によってわずかに変化する例は第3章で述べる．
[†††] 歴史的には ^{226}Ra 1g が 1 Ci と定義されたが，今日では ^{226}Ra 1g の壊変数は 3.61×10^{10} dps であり，したがって約 0.98 Ci に相当することがわかっている．

2.3.2 放射平衡

放射壊変で生じた娘核種も,放射性である場合が少なくない.このとき娘核種の半減期 (T_2) が,親核種の半減期 (T_1) よりも短いと,時間の経過とともに娘の放射能は見かけ上親核種の半減期で減衰するようになる.これを放射平衡 (radioactive equilibrium) と呼び,T_1, T_2 の大きさの関係によって過渡平衡と永続平衡に分かれる.

親・娘両核種とも放射性の場合の壊変の式は,それぞれの原子数を N_1, N_2,壊変定数を λ_1, λ_2 とすると

$$\left.\begin{array}{l} -\dfrac{dN_1}{dt} = \lambda_1 N_1 \\[2mm] \dfrac{dN_2}{dt} = \lambda_1 N_1 - \lambda_2 N_2 \end{array}\right\} \quad (2.6)$$

であり,それぞれ積分すると,

$$\left.\begin{array}{l} N_1 = N_1^0 e^{-\lambda_1 t} \\[2mm] N_2 = \dfrac{\lambda_1}{\lambda_2 - \lambda_1} N_1^0 (e^{-\lambda_1 t} - e^{-\lambda_2 t}) + N_2^0 e^{-\lambda_2 t} \end{array}\right\} \quad (2.7)$$

となる.ただし,N_1^0, N_2^0 は $t=0$ における親・娘核種の原子数である.

a) 過渡平衡

$T_1 > T_2$ (あるいは $\lambda_1 < \lambda_2$) のときには,式 (2.7) の N_2 の式で $N_2^0 = 0$ (はじめに親核種だけ分離したものとする) とおき,また十分時間が経過すると (ふつう $t = 10\ T_2$ をめやすにする) 括弧内の第2項 $e^{-\lambda_2 t}$ は $e^{-\lambda_1 t}$ に対して無視できるので,近似的に,

$$N_2 \fallingdotseq \frac{\lambda_1}{\lambda_2 - \lambda_1} N_1^0 e^{-\lambda_1 t} = \frac{\lambda_1}{\lambda_2 - \lambda_1} N_1 \quad (2.8)$$

となる.このとき娘核種は見かけ上親核種と同一の半減期で壊変することになる(図 2.7 参照).これを過渡平衡 (transient equilibrium) という.平衡状態での親娘の原子数の比は,上式のように $N_2/N_1 = \dfrac{\lambda_1}{\lambda_2 - \lambda_1}$ であるが,放射能比は $A_2/A_1 = \dfrac{\lambda_2}{\lambda_2 - \lambda_1}$ となる.

2.3 放射能と平衡 — 25

a：はじめに親のみであったフラクションの全
　　放射能（＝b＋d）
b：親の放射能（$T_1=8.0$ h）
c：新たに分離した娘の壊変（$T_2=0.80$ h）
d：新たに精製した親から生成する娘の放射能
e：親と娘のフラクション中の娘の全放射能
　　（＝c＋d）
(a, b, e の勾配は $T_1=8.0$ h に相当)

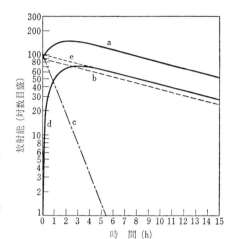

図 2.7　過渡平衡

b）永続平衡

　$T_1 \gg T_2$（または $\lambda_1 \ll \lambda_2$）の場合には，十分時間が経過すると，式（2.8）をさらに近似して，

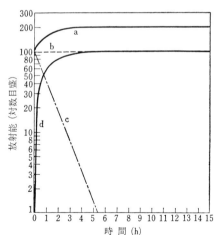

a：はじめに親のみであったフラクションの全
　　放射能（＝b＋d）
b：親（$T_1 \fallingdotseq \infty$）の放射能（＝c＋d）
c：新たに分離した娘の放射能（$T_2=0.80$ h）
d：新たに精製した親から生成する娘の放射能

図 2.8　永続平衡

$$N_2 \fallingdotseq \frac{\lambda_1}{\lambda_2}N_1 \quad \text{または} \quad \frac{N_2}{N_1} \fallingdotseq \frac{\lambda_1}{\lambda_2} = \frac{T_2}{T_1} \tag{2.9}$$

なる関係が成立する．これを永続平衡（secular equilibrium）という（図2.8参照）永続平衡にある親娘核種の放射能は等しい．

c）放射平衡が成立しない場合

$T_1 < T_2$ または $\lambda_1 > \lambda_2$ のときは，親核種のほうが先に消滅してしまうので放射平衡は成立しない．はじめに親核種だけが存在したとすると（式(2.7)で $N_2^0 = 0$），時間とともに，娘核種が生成して極大に達したのち自身の半減期 T_2 で減衰していく．娘が極大に達する時間 t_m は，式(2.6)，(2.7)から $dN_2/dt = 0$ の条件を用いて求められる．

$$t_m = \frac{2.303}{\lambda_2 - \lambda_1}\log\frac{\lambda_2}{\lambda_1} \tag{2.10}$$

2.4 天然の放射性核種

地球上に天然に存在する放射性核種が知られているが，これらは3つのグループに大別される．すなわち，①ウラン（^{235}U, ^{238}U），トリウム（^{232}Th）のように長寿命の放射性核種を親とする放射壊変系列に属するもの，②これらの系列に属さない長寿命の核種，および③宇宙線によって生成する放射性核種である．これらの天然放射性核種には，岩石，鉱物，考古遺物などの年齢を推定するのに利用されるものがある（8.2節参照）．

2.4.1 放射壊変系列に属する核種

^{235}U（半減期 7.04×10^8y），^{238}U（4.468×10^9y）および ^{232}Th（1.405×10^{10}y）は，いずれも長寿命の核種で地球の生成以来まだ生き残っている．これらを親として α あるいは β^- 壊変により多数の放射性核種がつぎつぎに生成し，最後には，いずれも鉛の同位体となって安定化する．たとえば，^{238}U から生成する ^{226}Ra や ^{222}Rn はよく知られた核種の例である．このようなシリーズを放射壊

変系列 (radioactive decay series) といい,各系列に属する核種の質量数には一定の規則性がある (図 2.9 参照). すなわち,

　ウラン系列 ($A=4n+2$, n: 整数):
$$^{238}U(UI) \to {}^{234}Th(UX_1) \to {}^{234}Pa(UX_2, UZ)$$
$$\to {}^{234}U(UII) \to {}^{230}Th(Io) \to \cdots\cdots$$
$$\to {}^{210}Pb(RaD) \to {}^{210}Bi(RaE) \to {}^{210}Po(RaF) \to {}^{206}Pb(RaG)$$

　アクチニウム系列 ($A=4n+3$):
$$^{235}U(AcU) \to {}^{231}Th(UY) \to \cdots\cdots \to {}^{207}Pb(AcD)$$

　トリウム系列 ($A=4n$):
$$^{232}Th \to {}^{238}Ra(MsTh_1) \to \cdots\cdots \to {}^{208}Pb(ThD)$$

なお,核種名のあとに括弧内に示したものは,歴史的に用いられた慣用名である.天然には,これら 3 つの放射壊変系列だけで,$A=4n+1$ の系列は見つからなかった (missing series) が,人工放射性元素である ^{237}Np (半減期 $2.144 \times 10^6 y$) を親とするネプツニウム系列がこれに相当する ($^{237}Np \to \cdots\cdots \to {}^{205}Tl$)[†].

放射壊変系列では,親核種から多くの放射性核種が子孫として生成するが,これらの放射能はベートマン (Bateman) の式という複雑な数式で与えられる.実際には,親核種の半減期が系列の他の核種よりもはるかに長いため,十分時間が経過すると永続平衡が成立し,

$$\left. \begin{array}{c} \lambda_1 N_1 = \lambda_2 N_2 = \cdots\cdots = \lambda_i N_i \\ \text{または} \\ \dfrac{N_1}{T_1} = \dfrac{N_2}{T_2} = \cdots\cdots = \dfrac{N_i}{T_i} \end{array} \right\} \quad (2.11)$$

という関係がある (ただし i は系列の i 番目の核種を示す).

[†] ^{237}Np の半減期は地球の寿命 ($4.5 \times 10^9 y$) よりはるかに短いので,地球生成時にあった ^{237}Np は現在は消滅して存在しないが,宇宙線による核反応でウラン鉱中にきわめて微量生成することがわかっている (2.4.3 項参照).

28 —— 2 原子核のなりたちと壊変現象

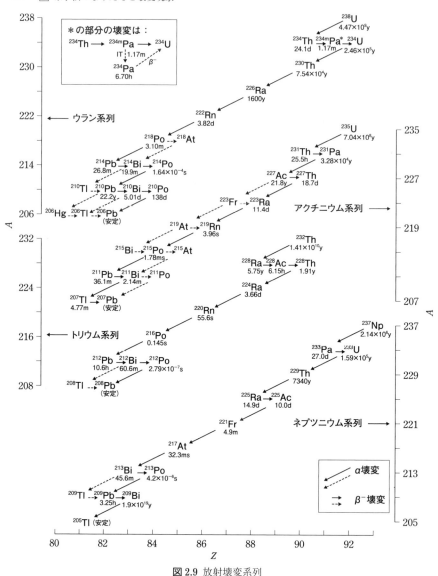

図 2.9 放射壊変系列
各系列について主壊変経路を太い実線，分岐した分岐比の小さい壊変経路を細い破線の矢印で示した．また主壊変経路の核種のみ半減期（概数）を付記した．

2.4.2 系列をつくらない天然放射性核種

放射壊変系列に属するもの以外にもきわめて長寿命の放射性核種が天然に存在する．そのおもな例を表 2.2 に示す．このなかには，^{40}K や ^{87}Rb のように岩石鉱物の年齢の推定（年代決定という）によく用いられるものがある（8.2節参照）．

^{40}K は，図 2.10 のように 2 つの壊変様式で壊変し，^{40}Ar と ^{40}Ca を生ずる．このように放射性核種が 2 つ（またはそれ以上）の様式で壊変する場合，分岐壊変（branching decay）という．親核種 A の壊変定数 λ は，B, C への部分壊変定数 λ_B, λ_C の和として表される（$\lambda = \lambda_B + \lambda_C$）†．分岐壊変する核種の例は，放射壊変系列のなかにも見出される（図 2.9）．

$$A \begin{array}{c} \xrightarrow{\lambda_B} B \\ \xrightarrow{\lambda_C} C \end{array}$$

表 2.2 系列をつくらない天然放射性核種のおもな例

核　種	壊変形式	半減期(y)	同位体存在度(%)
^{40}K	β^-, EC	1.251×10^9	0.0117
^{87}Rb	β^-	4.923×10^{10}	27.83
^{113}Cd	β^-	7.7×10^{15}	12.22
^{115}In	β^-	4.41×10^{14}	95.71
^{123}Te	EC	$>6 \times 10^{14}$	0.89
^{138}La	EC, β^-	1.02×10^{11}	0.090
^{144}Nd	α	2.29×10^{15}	23.8
^{147}Sm	α	1.06×10^{11}	14.99
^{148}Sm	α	7×10^{15}	11.24
^{152}Gd	α	1.08×10^{14}	0.20
^{176}Lu	β^-	3.85×10^{10}	2.59
^{174}Hf	α	2.0×10^{15}	0.16
^{187}Re	β^-	4.12×10^{10}	62.60
^{186}Os	α	2×10^{15}	1.59
^{190}Pt	α	6.5×10^{11}	0.014

---

† 部分半減期 T_B, T_C も $1/T = 1/T_B + 1/T_C$ で定義される．

30 —— ② 原子核のなりたちと壊変現象

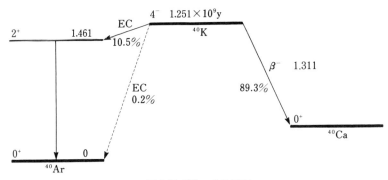

図 2.10 ⁴⁰K の分岐壊変

2.4.3 宇宙線で生成する放射性核種

地球上には，宇宙空間から飛来する高エネルギーの陽子などの粒子からなる放射線が降りそそいでいる．これは宇宙線と呼ばれている．宇宙線は地上数十 km の高層大気で，窒素，酸素，アルゴンなどの原子核に衝突して激しい核反応（破砕反応）を起こし，多数の核子 (p, n) や中間子が放出される．これらの核子は，さらに大気成分の原子と二次的な核反応を起こして放射性の核種を

表 2.3 宇宙線で生成するおもな放射性核種

核　種	半減期		生成のための核反応
³H	12.32	y	宇宙線による破砕反応，および ¹⁴N(n, ³H)¹²C
⁷Be	53.22	d	〃　　　　(N, O)
¹⁰Be	1.5×10^6	y	〃　　　　(N, O)
¹⁴C	5.70×10^3	y	¹⁴N(n, p)¹⁴C
²²Na	2.6019	y	宇宙線による破砕反応 (Ar)
³²Si	1.6×10^2	y	〃
³²P	14.263	d	〃
³³P	25.34	d	〃
³⁵S	87.51	d	〃
³⁶Cl	3.01×10^5	y	〃　　　　および ³⁵Cl(n, γ)³⁶Cl
²³⁷Np	2.144×10^6	y	²³⁸U(n, 2n)²³⁷U $\xrightarrow{\beta^-}$ ²³⁷Np
²³⁹Pu	2.411×10^4	y	²³⁸U(n, γ)²³⁹U $\xrightarrow{\beta^-}$ ²³⁹Np $\xrightarrow{\beta^-}$ ²³⁹Pu

生成することになる．

　このような宇宙線によって生成した天然の放射性核種を最初に発見したのは，リビーら（Libby, 1946）である．彼らは宇宙線で生じた中性子の ^{14}N (n, p) ^{14}C 反応により生成する ^{14}C が，大気中の CO_2 に均一に取り込まれ，地球上の生きた生物体にも一様に分布していることを実証した．大気中や天然水中のトリチウムの発見がこれにつづき，現在では表2.3のように種々の核種が見出されている．^{14}C は，考古遺物などの年代決定に広く応用されている（8.2節参照）．

身のまわりの天然の放射能

　すでに本文で述べたように，地球上にはウランやトリウムなどの天然放射性元素を含む岩石や鉱物が存在し，これらのなかにはそれらの子孫のウラン系列，トリウム系列，アクチニウム系列に属する放射性元素も存在する．これらの系列の過程で放出される α 粒子がヘリウムであり，それが蓄積されて重要なヘリウム資源になっていて，古い地層からの天然ガスから分留して供給されていることもよく知られていることである．

　また，長石や雲母などの主成分元素として，あるいは植物体に不可欠の栄養元素として存在するカリウムに長寿命の放射性同位体の存在することもよく知られているし，そのほかにも宇宙線で生成する放射性核種のあることも見てきた．私たち人類が生きてきた自然界は，わずかではあるがこのような放射性元素の共存する場所であり，これからも私たちは逃れることはできそうもないが，これら自然の放射能が私たちに及ぼす利害はどうなのであろうか．

　現在でも温泉観光地などには「ラドン温泉」の広告がしばしば見受けられる．鳥取県の三朝温泉や山梨県の増富温泉などのようにラドンの含有量がとくに高いので有名なところもある．実際に，温泉から噴出する湯やガスにはかなりのラドンが含まれ，何らかの医学的な効能のあることも示唆されている．しかし，ラドンは温泉から検出されるだけではない．微量ではあるが，どこの地面を掘っても（あるいは掘らなくても）多かれ少なかれその存在を検出することができる．これは地下の岩盤などにラドンの祖先であるウランやトリウムが存在しているからであり，これが溶け出している地下水における濃度は，地殻変動を反映すると考えられるので，多くの地点の地下水やそこで発生する気体のラドン量の継続的な観測が地震予知の1つの情報を与える可能性があり，実際にそのような研究もされている．

すでに述べたように，系列をつくる天然放射性元素の壊変にはα線を放出する過程もあるから，ラドンの存在はα線の放出も伴い，α線は電離作用も大きく生物体への影響も最も大きい．ラドンが発生する地盤では，通気性のよい家屋ではラドンが侵入する可能性があり，一方コンクリート建築には，コンクリートの材料に含まれる親核種からのラドンの発生も考えられる．省エネルギー構造の密閉建造物では，その濃度の増加する可能性もある．ラドンが気体であるために，呼吸器を通して体内に取り入れられて内部被曝を招き，たとえばウラン鉱山で働く鉱夫に肺癌の発生率が高いことが指摘されているが，鉱山の坑内のラドンの濃度に比べれば一般住居内の濃度は約1万分の1の低さである．鉱夫の坑内滞在時間が限られていることを考慮すれば，一般住居での被曝は坑内に比べて約千分の1に増すことにはなるが，私たちの健康に害があるかどうか，あるいは何らかの益があるのかどうかの結論は出されていない．

住居環境における天然放射性元素，とくにα放出核種による影響は，用いられている住宅の材料やその存在する地域に依存するので，まず信頼できる放射能の存在量の観測データが必要である．たとえば欧米諸国とわが国では，現在までの限られた観測結果の報告値の比較では，概して同程度かわが国のほうがやや低い値を示しているようである．しかし，わが国では，これら環境放射能の調査が保健上の観点からの国家プロジェクトとして行われるところまでにはなっていない．環境問題は，理由もなく不安を煽りあるいは煽られるのも避けなければならないが，客観的な観測結果が十分に用意されていることも大切であり，それによって自然のよりよい認識が深まることが望ましい．

3 原子核現象と化学状態

　放射能は本来原子核に基づく性質であり，多くの場合原子核を取り巻く核外軌道電子との関係は無視されてきた．これは電子雲と原子核の大きさの比，原子核内での核子間の結合力と核と電子または原子間の結合力の比などに見られるように，原子核の現象と核外電子の現象は大きく隔たっていて，両者は互いに独立であるとして近似しても一般には不都合は少ないからである．しかし技術の進歩と理論の進展は，われわれにこの両者の相互作用の研究を可能にしてくれつつあり，それによって電子状態や化学状態の知見が核現象を通じてしらべられるようになり，放射能に伴う一見無秩序な現象も化学的性質を考慮することにより体系化が可能になりつつある．

3.1 壊変現象に及ぼす化学効果

　放射性核種の壊変は確率的なものであり，外界の影響を受けないとされていて，このことは年代決定などに有効に利用されている．しかしいくつかの例では，わずかではあるが，化学状態の変化や加圧下で壊変定数，したがって半減期や，内部転換係数の変化することが認められている．

　現在知られているその壊変形式は，軌道電子捕獲（EC 壊変）と核異性体転移であるが，これらの壊変の場合，小さいとはいえ原子核の体積がゼロではないため，電子雲の核位置での重なりが無視できないので影響をもち，EC 壊変や，内部転換電子放出を伴う核異性体転移において，半減期，内部転換係数に差異が現れる．

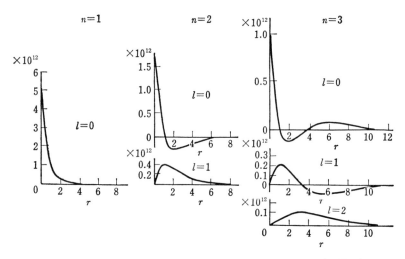

図 3.1 水素原子核のまわりの軌道電子の分布,動径波動関数 $R(r)$ [G. Herzberg, *Atomic Spectra and Atomic Structure*, 1944 より]

半減期約53日でEC壊変する ^{7}Be では,中性原子の電子配置は $(1s)^2(2s)(2p)$ が基底状態である.水素様原子のそれぞれの電子の動径分布関数は図3.1に示すようなもので,1s および 2s 電子のみが核位置に分布をもつ.EC 壊変で原子核に捕獲されるのは,核位置に最も多く分布する 1s 電子すなわち K 殻の電子であるが,L 殻のうち 2s 電子も核位置に分布をもつので,ある程度は捕獲される確率をもっている.

ベリリウム原子の化合結合には 2s,2p の軌道および電子が用いられるので,ベリリウムより電気陰性度のはるかに大きい電子,たとえばフッ素原子が結合すると,(2s)(2p) の混成軌道の電子はベリリウム原子から奪われて,結局 ^{7}Be 原子核位置に分布する 2s 電子密度が減少する.EC 壊変の確率は捕獲すべき核位置の軌道電子の密度に依存するので,^{7}Be の壊変定数は小さくなり半減期は長くなる.この可能性はセグレ (Segré) らとドーデル (Daudel) らによって予言され,その後両者のグループなどによって実験的にも示された.たとえばフッ化ベリリウム ^{7}BeF$_2$ の ^{7}Be は,金属状の ^{7}Be よりも壊変定数が約 0.074% だけ小さい.

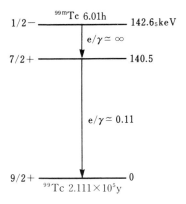

図 3.2 ^{99m}Tc の壊変図式
第 2 励起準位（142.65 keV）から第 1 励起準位（140.5 keV）への遷移エネルギー（約 2 keV）は Tc 原子の K, L 殻電子の結合エネルギーより小さい，e/γ は内部転換係数を表す．

^{99m}Tc は約 6 時間の半減期で ^{99}Tc になるが，図 3.2 のように第 2 励起準位から第 1 励起準位への遷移は内部転換係数が大きく，ほとんどが核位置の軌道電子にエネルギーを与えてしまう．このときの核の遷移エネルギーは約 2.1 keV であるが，この値はテクネチウム原子の K 殻や L 殻の電子の結合エネルギーより小さく，したがって核の励起解消エネルギーを付与して放出できるのは M 殻およびその外の殻の電子である．化学結合は N 殻および O 殻が関与するので，化学状態によって内部転換で放出できる核位置の s 電子密度の変化が ^{99m}Tc の半減期にきいてくる．実験によると，$KTcO_4$ にした場合よりも Tc_2S_7 の形にした ^{99m}Tc のほうが，壊変定数は約 0.27% 小さいという．

このほかにも ^{57m}Fe, ^{89m}Zr, ^{90m}Nb, ^{119m}Sn, ^{125m}Te, ^{235m}U などについて，化学状態や圧力の差によってわずかな半減期の変化や，内部転換係数の変化の現れることが知られている．

3.2 メスバウアー分光学

前節で，原子核の位置に重なる核外電子の密度が化学状態によって変わる場

合の効果が，壊変定数などに現れることを述べた．同様な効果は原子核のエネルギー準位にも現れる．正電荷をもつ原子核が負電荷の核外電子雲と効果的に重なるほど，エネルギー的にはより安定化するからである．

3.2.1 核γ線共鳴

白熱灯を光源として，その通路にナトリウム蒸気を入れたガラス管をおくと，光源の連続的に分布する波長の光のなかから特定の波長の光を吸収して，ナトリウム原子の電子状態は励起される．これはたとえば 3s 電子が 3p 軌道に移るからである．

白熱灯の代りに，ナトリウム原子を炎色反応のように熱的に励起して，3p の軌道の電子が安定な 3s 軌道に落ちつくときに発する光（D 線と呼ばれる特定の波長の光）を用いると，この光源からの光は通路にあるナトリウム原子の 3s 電子を 3p 軌道に励起して吸収される．この現象を蛍光共鳴吸収という．

つぎに光源と吸収体を同種の原子核に置き換えてみよう．エネルギー準位の間隔こそ異なるが，原子核のエネルギー準位も核外電子のそれと同様に量子化されているから，線源の核からの光（γ線）によって，通路にある原子核のエネルギー状態が励起すなわち蛍光共鳴によって吸収されてもよさそうである．しかし多くの場合この現象は観測されない．

これはγ線のエネルギー $h\nu$，あるいは運動量 $p=h\nu/c$ が，ふつうの可視光などに比べてはるかに大きいことによるのである．光子の出入にさいしては m を核の質量として，

$$E_R = \frac{p^2}{2m} = \frac{(h\nu)^2}{2mc^2} \tag{3.1}$$

に相当する反跳エネルギー E_R が出入核に与えられ，結局共鳴吸収を起こすには $2E_R$ だけのエネルギーが光子のエネルギー $h\nu$ に余分に必要なのである．

ではナトリウムのD線のときはどうかというと，この場合も式 (3.1) に相当する反跳エネルギーを補う必要はあるが，励起準位には自然幅 Γ すなわちエネルギーの不確定を伴う．これは不確定性原理によって

$$\Gamma\tau \simeq \hbar \tag{3.2}$$

3.2 メスバウアー分光学——37

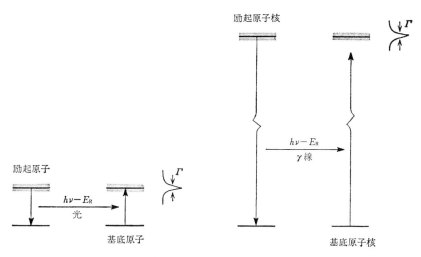

図 3.3 光および γ 線による共鳴現象の比較

で示される. τ は時間の不確定さすなわち準位の平均寿命に相当する. 上記の反跳エネルギー損失が準位幅 Γ よりはるかに小さければ, 蛍光共鳴現象が起こるわけで, これが原子や分子の場合である. 一方 $\Gamma \ll E_R$ であれば蛍光共鳴は起こらないが, これが一般に原子核の場合に相当する (図 3.3 参照).

γ 線源がコンプトン散乱や, 熱運動などによって広いエネルギーにわたって連続的な分布をもっている場合には, 吸収のさいの反跳エネルギー不足も補われて γ 線と共鳴でき, 励起準位となり, その寿命経過後ふたたび γ 線を放出する. すなわち (γ, γ') 反応が起こる.

3.2.2 無反跳核 γ 線共鳴

(γ, γ') 反応は原子核の反跳に相当するエネルギーだけ異なるので, 一般には蛍光共鳴吸収ではない. しかし式 (3.1) で原子核の質量 m がきわめて大きくなれば, 反跳エネルギー E_R が小さくなることがわかるが, 原子核を含む原子が多くの原子と化合結合を形成すると, 反跳のさいの運動量が結合されている原子の集団全体に分配されるようになり, $E_R \ll \Gamma$ の条件が満たされるよう

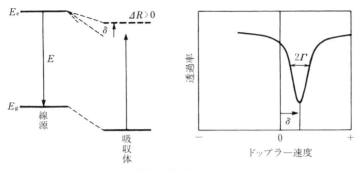

図 3.4 異性体シフト

線源よりも吸収体のほうの核位置の電子密度が小さい場合が示してある．$\Delta R<0$ (^{57}Fe など) の核では E_e の低下が E_g のそれより大きく，シフト δ は負となり，$\Delta R>0$ (^{119}Sn など) では δ は正となる．

になる．このことは，1958年メスバウアー（Mössbauer）が原子核を冷却した固体状態に保って，γ 線の蛍光共鳴を観測することによって見出した．核の励起状態の準位幅以下まで反跳エネルギー損失が無視できるように小さくなることから，彼は無反跳核 γ 線共鳴と命名した．現在ではメスバウアー共鳴あるいはメスバウアー効果と呼ばれることのほうが多い．

無反跳で放出される γ 線は，式（3.2）で示されるような自然幅しかもたない鋭い線スペクトルであるが，線源と吸収体を相対速度 v で近づけたり遠ざけたりすると，

$$\Delta E = E_\gamma \left(\frac{v}{c}\right) \tag{3.3}$$

だけのドップラー効果によるエネルギー変化を伴う．ここで E_γ は無反跳 γ 線のエネルギーである．

線源と吸収体の原子核のエネルギー準位がまったく同一であれば，このようなドップラーエネルギーの付与によって共鳴位置を極大として共鳴吸収が変化するので，蛍光共鳴の程度はローレンツ関数の吸収線として観察され，共鳴吸収スペクトルの線幅は自然幅の約 2 倍（2Γ）を与える（図 3.4 で $\delta=0$ の場合）．

3.2.3 メスバウアースペクトル

原子核が核外軌道電子の影響をまったく受けなければ，観測されるスペクトルはシングルピークとなり，しかもそのピーク位置は相対速度ゼロの点に現れる（図3.4のドップラー速度ゼロの位置にピークが観測される）．

ところが，原子核は小さいとはいっても有限の体積をもち，正電荷を有するので，これが負電荷の核外軌道電子の多少により，原子核のエネルギー準位を変化させることになり，原子価状態の相違や変化の情報を提供してくれる．

それは，線源の原子核と吸収体の原子核で，両者の化学状態が異なれば核位置の電子密度が異なるためで，観測されるスペクトル位置が相対速度 $v=0$ の位置からのシフト δ として現れ，これを核異性体化学シフト ($I.S.$) という[†]（図3.4）．核が基底状態から励起状態となったときの核半径 R の増加分 ΔR を用いて表し，線源核と吸収体核の位置の軌道電子密度をそれぞれ $|\Psi(0)|_S^2$, $|\Psi(0)|_A^2$ で表すと，$\Delta R = R_e - R_g$, $R_e + R_g \fallingdotseq 2R$ として，核異性体化学シフトは，次式で示される．

$$I.S. = (4/5)\pi Ze^2(\Delta R/R)R^2\{|\Psi(0)|_A^2 - |\Psi(0)|_S^2\} \qquad (3.4)$$

メスバウアースペクトルでは，シフトは相対速度ゼロからのスペクトルの正のシフトすなわち加えられたドップラーエネルギーに相当して観測される．

原子核のスピン（核スピン）が1/2またはそれ以上では，核の自転に相当して核磁気モーメントをもつため，核の位置に磁場があればNMRの原理と同様に核のエネルギー準位が分裂し，スペクトルも分裂するが，これが磁気分裂である（図3.5）．核のエネルギー準位 E_{IM} は，核スピン量子数 I とその Z 軸成分に相当する磁気量子数 M の比 M/I と核磁気モーメント μ_N，または核磁子 β_N と核の g 因子 g_N を用いて次式で示され，核位置の磁場の強さがわかる．

$$E_{IM} = -\mu_N HM/I = -g_N\beta_N HM \qquad (3.5)$$

核スピンが1またはそれ以上では電気的四極モーメント Q をもつので，核の位置に電場勾配があれば，NQRの原理と同様に，やはり核のエネルギー準位

[†] 原子核の基底状態と励起状態で核の体積変化があることもこのシフトを生ずる原因である．そのために単に核異性体シフトともいう．7.3.2項で述べる同位体シフトのうち原子核の体積に関係する原因と同様である．

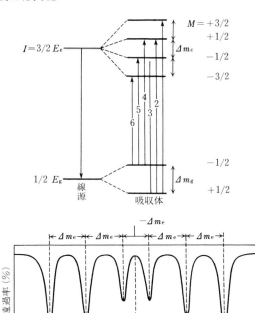

図 3.5 磁場による核のエネルギー準位の分裂と，対応するメスバウアースペクトル（^{57}Fe の場合に相当するように示してある）

E は，^{57}Fe や ^{119}Sn のような簡単な場合には，次式のように分裂する．

$$E_Q = \frac{e^2qQ}{4} \tag{3.6}$$

分裂した準位への遷移によりスペクトル上に四極分裂（Q. S.）と呼ばれる複数のピークを生ずる（図3.6）．これらも原子化状態を反映した情報を与える．

核位置の磁場は外部から磁場を与えてもつくることができるが，原子が不対電子をもてば，その電子に起因した磁場が核位置に生ずる（これを内部磁場という）ので内部磁場が磁気分裂に反映される．また核外電子の分布が立方対称からくずれると，そのために核の位置に電場勾配を生じて四極分裂として観測される．したがってこれらのことから逆に不対電子の存在や，電子配置の対称

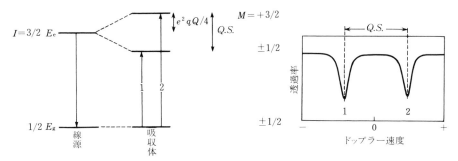

図 3.6 四極子電場勾配相互作用による核（I は 3/2 と 1/2）準位の分裂とメスバウアースペクトル
$Q>0$（^{57}Fe に相当）．

性の研究などにメスバウアースペクトルの観測が役立つのである．

　そのほか，メスバウアー原子がどの程度有効に周囲の多くの原子と結合しているかによってメスバウアー効果すなわち無反跳になる割合が変わるので，スペクトルの強度からメスバウアー原子の固体内での結合の強さやその異方性なども研究できる．

　また，一定の線源核種を基準にして，吸収体試料内のメスバウアー原子の状態の研究ができるのと同様に，一定の吸収体を基準にして線源を試料とした研究もできる．これは原子核の励起状態を与えるまでの核変換のもたらす化学的効果を研究するのにユニークな方法であり，固体化合物のホットアトム化学の研究を非破壊的に行うのに唯一で不可欠の手段となっている（3.5 節参照）．

　吸収体核が無反跳 γ 線を共鳴吸収して励起核となったあと，ふたたび基底状態に戻るとき放出される γ 線の代りに放出される内部転換電子を観測する内部転換電子散乱メスバウアー分光法（CEMS）も，近年広く行われている．この方法では転換電子の飛程の厚さの固体表面層のみの化学状態を選択的に観測できるので，表面の状態分析にも利用されている．メスバウアー分光法は，そのスペクトルから，原子価状態に直結する電子密度，電場勾配，内部磁場などの別々の情報が一挙に得られ，装置が安価に設置できる便利さから，Fe, Sn や Eu, Sb, Au, I, Te その他多くの元素の化合物について研究が進んでいる．

3.3 ポジトロニウム化学

　β^+ 壊変によって放出された高速の陽電子（ポジトロン）は，物質中で β^- 線とほとんど同様に，励起やイオン化を起こしながら急速にエネルギーを失い減速していく．低エネルギーになった陽電子が軌道電子や金属の伝導電子と衝突すると，反物質である陽電子と電子とはともに消滅してエネルギーに変わる．

$$e^+ + e^- \longrightarrow 2\gamma$$

これを陽電子消滅と呼び，そのエネルギーは運動量保存の法則のため，ふつうは互いに反対方向に 0.511 MeV の 2 本の光子（γ 線領域）として放出される．したがって，陽電子を放出する核種の検出には同時に出るこの 2 本の光子（γ 線）を測ればよい．また，この性質は，最近 PET など核医学の分野でさかんに応用されている（8.3 節参照）．

　熱平衡に達した陽電子の一部は，消滅する前にポジトロニウム（Ps）という中性粒子になることが知られている．ポジトロニウムは，水素原子のプロトンをポジトロンで置き換えたものと見なすと，水素の最も軽い放射性同位体と考えられる．3.4 節で述べるミュオニウム（Mu）はポジトロンの約 200 倍重い正ミュオン μ^+ の周囲を電子が回る構造の粒子で，Ps のつぎに軽い水素の放射性同位体ということになる．しかし，H^+ は e^- の約 1800 倍重いのに対し，e^+ と e^- の質量は等しいので水素原子とは異なり Ps の e^+ と e^- は互いに両者の重心の周囲を回ることになる．したがって，Ps の軌道半径は水素の 2 倍（1.06Å），イオン化エネルギーは水素の 1/2（6.8 eV）である．

　ポジトロニウムには，電子と陽電子のスピンの向きによってオルトポジトロニウム（スピン平行）とパラポジトロニウム（スピン逆平行）の 2 種あり，後者は 2 本の光子（γ 線）を放出して陽電子の消滅に近い寿命（10^{-10} 秒程度）で消滅するが，前者は 3 本の光子（γ 線）を放出して消滅しその寿命もおよそ 1000 倍程度長い．この長寿命のポジトロニウム（オルトポジトロニウム）は，周辺の分子などと衝突や化学反応により電子をやりとりしてパラポジトロニウムや裸の陽電子になるため，周辺の化学環境により寿命が影響されやすい．したがってポジトロニウムの寿命を測定すれば周辺の物質の電子状態や，固相で

の相転移,格子欠陥(空孔)などの状態を調べる手がかりが得られる.このような研究の分野をポジトロニウム化学と呼んでいる.

ポジトロニウムの形成には,たとえば^{22}Naのような陽電子放出核種が用いられる.^{22}Naは図2.6のようにβ^+壊変して大部分が^{22}Ne核の励起準位に達する.この準位の寿命はきわめて短く(約3×10^{-12}秒),直ちに1.275 MeVのγ線を放出して^{22}Neの基底状態になる.そこで同時計数回路を用いて,この1.275 MeVのγ線をスタート信号とし,陽電子が電子とポジトロニウムをつくり,さらに両者が合体して消滅するさいに放出される消滅γ線(消滅放射線)をストップ信号として時間のずれを観測すれば,ポジトロニウムの寿命が求められる.

3.4 中間子化学

おもに素粒子論や核物性など物理学の分野における研究対象であった中間子は,近年,大型加速器により強い中間子ビームが得られるようになって,化学的な挙動が注目されるようになった.中間子の挙動に対する化学効果は,核現象に基づいた新しいプローブの1つとして役立つと期待される.

3.4.1 π中間子とμ中間子(ミュオン)

素粒子として種々の中間子が知られているが,中間子化学で重要なのは,πおよびμ中間子である(表2.1参照).ただし,μ中間子は,π中間子と異なり,厳密には軽粒子(レプトン)に分類されるので,μ中間子というよりミュオン(μ粒子)と呼ばれることが多い.

π中間子は電子の約270倍の静止質量をもつ粒子で,これをつくり出すには大きなエネルギーが必要である.わが国では,1980年代に,茨城県つくば市にある高エネルギー物理学研究所(現在の高エネルギー加速器研究機構)の中間子科学研究施設で,シンクロトロン(6.2節参照)で加速した500 MeV(5億電子ボルト)の陽子をBeターゲットにあててπ中間子を発生させた(現在は,茨城県東海村のJ-PARCにある3 GeVの陽子シンクロトロンなどを用い

て大きな強度の中間子源が得られる).π中間子はスピンをもたず,電荷の異なるπ^0, π^+, π^-の3種があって,それぞれつぎのように壊変する(ν_μおよび$\bar{\nu}_\mu$はニュートリノ:中性微子).

$$\left.\begin{array}{l}\pi^0 \longrightarrow 2\gamma \\ \pi^+ \longrightarrow \mu^+ + \nu_\mu \\ \pi^- \longrightarrow \mu^- + \bar{\nu}_\mu\end{array}\right\} \qquad (3.7)$$

π^0は平均寿命が8.4×10^{-17}秒ときわめて短く,外に取り出すことはできない.π^+,π^-の平均寿命は2.6×10^{-8}秒である.π^+およびπ^-からそれぞれ生成した正負のミュオン(μ中間子)μ^+,μ^-は,スピン1/2をもち,平均寿命2.2×10^{-6}秒で式(3.8),(3.9)のように壊変する.

$$\mu^+ \longrightarrow e^+ + \bar{\nu}_\mu + \nu_e \qquad (3.8)$$

$$\mu^- \longrightarrow e^- + \nu_\mu + \bar{\nu}_e \qquad (3.9)$$

こうして生まれた高エネルギー中間子は,陽子やα粒子と同様に,物質中で衝突,電離,励起などをくり返してエネルギーを失い,きわめて短時間(凝縮相中で,$10^{-9}\sim 10^{-10}$秒)のうちに減速されてしまう.π^-,μ^-などの負の中間子は,いわば重い電子と考えられ,これらは減速されたのち原子核のクーロン引力にとらえられて,「中間子原子」(3.4.4項参照)になり,その後は式(3.6)に従って壊変するか,原子核に吸収されて,大きなエネルギーを放出することになる.一方,正ミュオンμ^+は,減速されたのち物質中の電子と結合して,水素原子によく似たミュオニウム(Muまたはμ^+e^-)という中性粒子をつくる.

3.4.2 ミュオンスピン回転法(μSR)

式(3.7)に従ってπ^+中間子から正ミュオンμ^+が生まれるとき,スピンが運動方向に対してそろった(「偏極した」という)ミュオンビームになるが,その放出するe^+はつぎのような角度分布を示す.

$$W(\theta) = 1 + PA\cos\theta \qquad (3.10)$$

ただしθは測定方向とスピンの角度,Pはミュオンの偏極度,Aは角分布係数である.ミュオンには磁気モーメントがあるので,ミュオンが物質中でとま

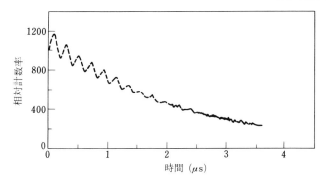

図 3.7 コバルト単結晶（320 ℃）におけるミュオン（μ^+）壊変の時間スペクトル［J.H. Brewer and K.M. Crowe, *Ann. Rev. Nucl. Sci.*, *28*, 239, 1978 より］
外部磁場はかけていないが，内部磁場によるミュオンスピン回転が観測される．

るとき，スピンに直角方向から磁場がかかると，それに応じた周波数で歳差運動（ラーモア回転）をすることになり，放出される e^+ の分布も周期的に変動する．したがって，ある方向で $\mu^+ - e^+$ 壊変の時間変化を測定すると，μ^+ 壊変による指数関数的な減衰曲線の上に一定周期のラーモア回転がのったスペクトルが得られることになる．μ^+ のラーモア周波数は磁場 1 ガウスあたり 13.554 kHz であるから，実測したスピン回転の周期から内部磁場が求められ，ミュオンをプローブとして物質中の局所場や拡散・相転移など物性についての重要な情報が得られる（図 3.7）．これをミュオンスピン回転法（μSR）という．
μ^+ が結晶の格子間隙などでの内部場のプローブとなるのに対し，μ^- は原子核近くの軌道にとらえられて中間子原子を生成するから，μ^- スピン回転は核スピンをもたない原子核のプローブとして用いられる．μSR は，RI トレーサー法のように極微量のミュオンをプローブとして対象系に注入するだけで，1 個 1 個の放射能により感度よく検出できることが特徴である．

3.4.3 ミュオニウム化学

Ar, Xe など重い希ガスや，SiO_2，半導体などのなかでは，μ^+ は電子と結

合して，ミュオニウム Mu を生成するが，μ^+ の静止質量は陽子の約 1/9 なので，Mu は H の約 1/9 の質量をもち，陽電子放出で壊変する水素のいわば軽い放射性同位体と考えられる．したがって，T, D, H と比較して，水素の反応の同位体効果を調べるのに都合がよい．このような Mu の化学的挙動を研究するには，弱い磁場をかけて Mu スピンのラーモア回転のシグナルを調べるミュオニウムスピン回転法（MSR）が用いられる．Mu は μ^+ に比べて磁気モーメントがはるかに大きくなり，ラーモア周波数は μ^+ の 100 倍となるので容易に区別できる．

3.4.4 中間子原子とX線

π^- や μ^- は原子核のクーロン引力にとらえられると，電子殻でオージェ励起やX線放射を起こしながらしだいに内殻に落ち込み，ついに K 電子軌道より内側に達する．この状態が中間子原子である（図 3.8）．基底状態の中間子軌道の半径は K 電子軌道の約 1/200 で，はるかに原子核に接近している．中間子原子の結合エネルギーが大きいので，遷移で放出されるミュオンX線のエネルギー（数百 keV〜10 MeV）はふつうのX線（数 keV〜数十 keV）よりはるかに

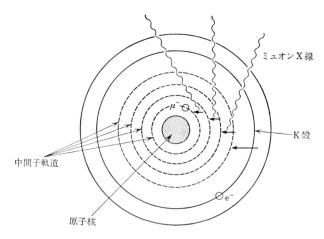

図 3.8 中間子原子の生成とミュオンX線の放出

大きく，半導体検出器（5.4節参照）で精密に測定することができる．

化合物や合金のなかで負の中間子がある原子につかまる確率は，その原子の核電荷と組成だけで定まると考えられていたが，その後多数の物質について調べた結果，捕獲原子の化学状態の影響，すなわち化学効果が重要であることが明らかになった．また捕獲原子から出る K_α, K_β, K_γ などのミュオンX線の強度比のパターンも，捕獲原子の化学状態を反映することが見出されている．

3.4.5 ミュオン触媒核融合

μ^- と水素の中間子原子（ミュオン水素原子）μH は，ふつうの水素原子の約 1/200 の大きさであるが，2 個の水素原子核のまわりを μ^- が回るミュオン水素分子イオンも，水素原子核どうしがきわめて近くなって核融合反応が起こりやすくなる．

重水素 D_2 と T_2 の混合ガスに μ^- をうちこむと生ずる μt 原子（μT）は D_2 と反応して，d（D の原子核），t（T の原子核）のまわりを μ^- が回る μdt 分子イオン（μDT^+）ができる．これは分子内核融合を起こして α 粒子（$^4He^{2+}$）と中性子が生成する．このとき μ^- は，ほとんど α 粒子に付着せずに放出されるので，ふたたび D_2/T_2 ガスと反応して上記の反応がくり返される．

μ^- の寿命の間に，このような μ^- を触媒とする連鎖反応が 100 回以上くり返されることが実験で明らかになった．このようなミュオン（触媒）核融合は，強力な中性子（14 MeV）源としての利用が可能であり，またエネルギー源として利用できるかどうか研究が進められている．

3.4.6 π^- 中間子の医学的応用

π^- は μ^- と異なり原子核との相互作用が大きいので，基底状態まで落ちないうちに核に吸収され，核がこわれて重い粒子片や核子が放出される（スター生成）．物質中における π^- の LET（線エネルギー付与＝飛跡の単位長さあたりの吸収エネルギー．4.2節参照）ははじめはあまり大きくないが，終点近くではスター生成のため LET が急激に増加し放射線のエネルギーが集中的に吸収されるので，深部がんの放射線治療に有用といわれている．

3.5 ホットアトム化学

原子核の変換に伴う化学的効果の研究はホットアトム化学と呼ばれている．これは，原子核変換（核反応や核壊変）に伴って生まれた励起原子の化学的挙動や化学状態（酸化状態や結合の様子）を明らかにするものである．

1934年，ジラード（Szilard）とチャルマー（Chalmers）は，ヨウ化エチルに中性子を照射すると，核反応によって放射性同位体 ^{128}I が生成し，水と振り混ぜると大部分の ^{128}I が有機相から水相に移って，ヨウ化エチルと容易に分離できることを見出した．核反応で生じた ^{128}I が炭素との結合を切って跳び出したことを示している．これは，ホットアトム化学の最初の例で，ジラード・チャルマー効果と呼ばれている．この現象は，ヨウ素原子（^{127}I）が中性子捕獲によって ^{128}I を生成するさい，過剰のエネルギーがγ線として放出され，運動量保存則によって反動で ^{128}I 核も大きな運動エネルギーを獲得し（これを反跳という），C-I 結合が切断されるためと説明されている．

ジラード・チャルマー効果で水相に抽出された ^{128}I の比放射能（当該物質の単位質量あたりの放射能の強さ）は分離前の比放射能に比べてはるかに大きい．このように，ホットアトム反応は放射性同位体を濃縮することができるので，比放射能の高い放射性同位体の製造に利用された．またホットアトムの挙動を調べることによって，高エネルギーで起こる化学反応のしくみが明らかにされ，いろいろな標識化合物の合成にも応用された．

3.5.1 ホットアトムとは

原子核の変換で生じた放射性原子は，上例のように反跳によって大きな運動エネルギー（反跳エネルギー）を獲得するか，あるいは電子殻が影響を受けて高い電荷を帯びる．このように，周囲の熱平衡系のエネルギーをはるかに越えるエネルギーをもったり，高電荷を帯びた原子をホットアトム（hot atom, hot は「励起された」の意）と呼ぶ．

表 3.1 いろいろな励起方法で生成したホットアトムとそのエネルギーの例

励起の方法	励起原子	エネルギー (eV)
核変換によるもの：		
$^6\text{Li}(n,\alpha)^3\text{H}$	^3H	2.7×10^6
$^3\text{He}(n,p)^3\text{H}$	^3H	1.9×10^5
$^{12}\text{C}(\gamma,n)^{11}\text{C}$	^{11}C	5×10^5
$^{37}\text{Cl}(n,\gamma)^{38}\text{Cl}$	^{38}Cl	530
$^{88}\text{Kr}\xrightarrow{\beta^-}{}^{88}\text{Rb}$	^{88}Rb	67
H^{80m}Br$\xrightarrow{\text{IT}}{}^{80}$Br	^{80}Br	0.9
光によるもの：		
^{3}HBr$\xrightarrow[184.9\text{ nm}]{\text{光}}{}^3$H	^{3}H	2.8
^{3}HBr$\xrightarrow[213.9\text{ nm}]{\text{光}}{}^3$H	^{3}H	1.9

a) 高エネルギーのホットアトム

表 3.1 に示すように，ホットアトムの反跳エネルギーの大きさは，核変換の種類によって異なり，eV から MeV 以上に及ぶ．比較的低エネルギー（数 eV 程度）のホットアトムは，核変換以外にも，たとえば TBr（T：トリチウム，^{3}H）のような放射性分子に単色光をあてて解離させる光化学的な励起法によってつくり出すことができる．また，放射性イオンを電気的に加速して，一定エネルギーの励起原子ビームをつくる化学加速器も開発されている．このように，ホットアトムは種々な方法で生成される．

生じた高エネルギーのホットアトムは，媒質の分子などと衝突をくり返して急速にエネルギーを失い，通常の化学反応のエネルギー領域（熱平衡の領域）に近づいていく．図 3.9 は水素原子と炭化水素系の反応の様子を示したものである．図の左端に示した熱平衡系（1000 K）とは異なり，ホットアトムは高エネルギー側から反応領域へ，すなわち図の右方から左へと進みながら反応し，最終的には生成物として安定化することになる．したがってホットアトム反応の生成物をしらべれば，高いエネルギー領域における化学反応の様式や，しきいエネルギー，反応断面積（確率）などについて，通常の手段では得られない

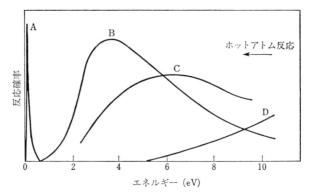

図 3.9 重水素原子と炭化水素系の反応の仮想的な反応断面積
[R. Wolfgang, *Progress in Reaction Kinetics*, 3, 97, 1964 より改変]
A: 1000K でのボルツマン分布，B: 水素引抜き反応，C: 水素置換反応，D: 炭化水素の断片化（分裂）反応．

情報が得られることになる．このように，核変換などで得られたホットアトムの化学的な挙動を研究するのが，ホットアトム化学である．

b) 高電荷のホットアトム

核反応や α 壊変などから生まれたホットアトムは，ふつう高エネルギーであるが，その他の核壊変（β, γ 線などを出す壊変）ではホットアトムのもつ電荷が以後の反応に重要な役割をもつことになる．

たとえば，β^- 壊変が起こると，原子核の正電荷が突然1増加するため，電子雲が励起されて外殻の電子が若干振り落とされる．しかし，失われる電子数はわずかで，生じるホットアトムの電荷は大部分が $+1$ である．

一方，内部転換係数の大きい核異性体転移や軌道電子捕獲などの壊変では，内殻電子に空孔ができ，引き続いて，外側の電子の内側への落込みと放出がくり返されるオージェ過程が起こる．このときは，最終的に多数の外殻電子が失われて（オージェ電子），ホットアトムは高い正電荷を帯びることになる．図 3.10 に示した ^{131m}Xe の核異性体転移からの ^{131}Xe の荷電スペクトルでは，$+8$

3.5 ホットアトム化学 — 51

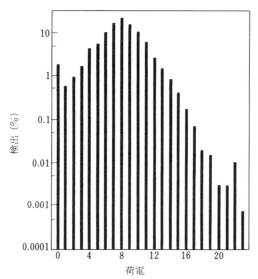

図 3.10 ^{131m}Xe の核異性体転移で生じた ^{131}Xe の荷電スペクトル
[F. Pleasonton and A.H. Snell, *Proc. Roy. Soc.* (London), **241 A**, 141, 1957 より]

を中心にいろいろな電荷のホットアトムが生成する.

核壊変が分子内のある原子で起こったとき,その分子はどうなるであろうか.たとえば,^{80m}Br で標識した CH$_3^{80m}$Br で,核異性体転移 ^{80m}Br → ^{80}Br の壊変後生じたイオンの種類と生成比をしらべてみると,+7 をピークとする ^{80}Br^{n+} イオンが多く,また CH$_3^+$ イオンも多く生じている.ホットアトム反応で CH$_3^{80m}$Br 分子が断片化する機構は,^{80m}Br → ^{80}Br の核異性体転移によって ^{80}Br が高い正電荷(+8がピーク)を帯び,このときメチル基から ^{80}Br^{n+} に電子が1個移動し,その結果クーロン反発力で C-Br 結合が切れるものと考えられている.

$$CH_3^{80m}Br \longrightarrow (CH_3^{80}Br)^{8+} \longrightarrow (CH_3^+ - {}^{80}Br^{7+}) \longrightarrow CH_3^+ + {}^{80}Br^{7+}$$

3.5.2 ホットアトムの検出方法

ホットアトムは主として核反応や核壊変によって生成するため,その総数はきわめてわずかである.ホットアトム化学では一般に 10^8 個程度の原子や分子

を検出しなければならない．これは通常の化学反応の研究との大きな違いであり，一般の物理化学的な手法の検出限界では遠く及ばない．ではホットアトムはどのようにして検出するか？　都合のよいことに，ホットアトムは放射性同位体であるから，放射能という原子と1対1に対応する検出手段を用いれば，その挙動を最後まで追跡することができる．従来，ホットアトム反応の生成物の分析には，気相では主としてラジオガスクロマトグラフィーが，液相や固相ではイオン交換法をはじめ各種のクロマトグラフィーや溶媒抽出法など，いろいろな放射化学的分離法が用いられてきた．

　しかし，このような方法では，安定な最終反応生成物を分析するので，反応の初期の様子や，中間生成物が明らかでなく，反応のしくみ全体をとらえたといえない．そこで，核変換直後のホットアトムの化学状態をもっと直接的に調べるために，気相ではチャージスペクトロメトリー，固相ではメスバウアー分光法などの物理的手法が開発されている．チャージスペクトロメトリーは，核変換で生まれたホットアトムの電荷分布（荷電スペクトル）を，チャージスペクトロメーターという一種の質量分析器を用いて明らかにするものである．図3.10の荷電スペクトルはこの方法によって測定されたものである．メスバウアー分光法の応用例については3.5.4項で述べる．

3.5.3　気相のホットアトム反応

　気相のホットアトム反応の例として，水素（トリチウム）の反応を考えてみよう．炭化水素をはじめいろいろな有機化合物系におけるトリチウムのホットアトム反応はつぎのような3つのタイプに分類される．

a）水素引抜き反応

$$T + CH_4 \longrightarrow HT + \cdot CH_3$$

　炭化水素，アミン類，シラン類とトリチウムの反応では，引き抜かれる水素原子の結合エネルギー（R-H 結合解離エネルギー）の小さいものほど，水素引抜き反応の HT 収率が大きくなる傾向が見られ，この反応は水素の結合エネルギーに支配された機構によることがわかった．

b) 水素置換反応

$$\mathrm{T + CH_4 \longrightarrow CH_3T + H\cdot}$$

　生じた置換生成物はなお過剰のエネルギーをもち，励起状態にあることが多く，これは分解してさらに 2 次的な生成物を生ずるか，または他分子との衝突でエネルギーを失って安定化する．2 つの過程は競争的であるが，後者（衝突過程）は圧力に依存し，圧力が増すと相対的に寄与が大きくなる（圧力効果）．たとえば，

$$\mathrm{T + c\text{-}C_4H_8 \longrightarrow [c\text{-}C_4H_7T]^*} \begin{array}{c} \diagup \mathrm{CH_2\!=\!CHT + CH_2\!=\!CH_2} \\ \diagdown \mathrm{c\text{-}C_4H_7T} \end{array}$$

の反応では，圧力とともに $\mathrm{c\text{-}C_4H_7T}$ の割合が増加する．このような圧力効果を理論的に考察して，[$\mathrm{c\text{-}C_4H_7T}$] の平均励起エネルギーは約 5eV と推定されている．

c) 不飽和結合への付加

$$\mathrm{T + {>}\!C\!=\!C\!{<} \longrightarrow {>}\!CT\text{-}\dot{C}\!{<}}$$

　生成したラジカルは過剰のエネルギーをもっており，その分解反応には圧力効果が認められる．

　トリチウムのほかに，$^{18}\mathrm{F}$，$^{38}\mathrm{Cl}$，$^{80}\mathrm{Br}$ や，炭素（$^{11}\mathrm{C}$），ケイ素（$^{31}\mathrm{Si}$）などについてもホットアトム反応がしらべられている．ハロゲン原子の反応様式はトリチウムと似ているが，炭素のような多価原子では，C-H 結合への挿入や π 結合との反応など，複雑な反応が見られる．

$$\mathrm{^{11}\!\ddot{C}\cdot + CH_3CH_2\text{-}H \longrightarrow CH_3CH_2\text{-}\!^{11}\dot{C}\text{-}H}$$

$$\mathrm{^{11}\!\ddot{C}\cdot + H_2C\!=\!CH_2 \longrightarrow \begin{array}{c} H_2C\!-\!-\!CH_2 \\ \diagdown \quad \diagup \\ ^{11}\!C \end{array}}$$

炭素のホットアトム反応では，中間体としてカルベン（ :^{11}CH$_2$ ）が生成し，重要な役割を果たしている．反応性に富むカルベンがホットアトムによってつくられることは，有機化学反応にとっても興味深い応用の可能性を示している．

同じようなカルベン型の反応中間体は，ケイ素やゲルマニウムのホットアトム反応でも生成し，つぎのように :^{31}SiH$_2$ や :^{75}GeH$_2$ が Si-H 結合や Ge-H 結合に挿入する．

$$:^{31}\mathrm{SiH}_2 + \mathrm{SiH}_4 \longrightarrow {}^{31}\mathrm{SiH}_3\mathrm{SiH}_3$$
$$:^{31}\mathrm{SiH}_2 + \mathrm{PH}_3 \longrightarrow {}^{31}\mathrm{SiH}_3\mathrm{PH}_2$$
$$:^{75}\mathrm{GeH}_2 + \mathrm{GeH}_4 \longrightarrow {}^{75}\mathrm{GeH}_3\mathrm{GeH}_3$$
$$:^{75}\mathrm{GeH}_2 + \mathrm{SiH}_4 \longrightarrow {}^{75}\mathrm{GeH}_3\mathrm{SiH}_3$$

ホットアトム反応で得られるこのようなカルベン型の中間体は，ケイ素やゲルマニウムの新しい化合物の合成に応用することができるであろう．

3.5.4 凝縮相のホットアトム反応

気相とは異なり，凝縮相（液相，固相）のホットアトム反応は複雑で，いろいろな生成物ができる．たとえば，固体錯塩では，ホットアトムにより配位子の置換，中心金属の置換，異性化や合成型の反応などが起こり，とくに合成型の反応では種々の標識錯体が同時に生成する．

化学的に合成されていなかった新しい無機化合物が，放射性壊変の過程を利用してはじめて合成された例もある．過塩素酸イオン ClO$_4^-$，過ヨウ素酸イオン IO$_4^-$ は既知であるのに，過臭素酸イオン BrO$_4^-$ はこれまで知られていなかった．^{83}Se で標識したセレン酸塩 ^{83}SeO$_4^{2-}$ は β^- 壊変（^{83}Se → ^{83}Br）の反跳エネルギーが比較的小さいため，Br-O 結合は切れることなく過臭素酸イオン ^{83}BrO$_4^-$ となる．

$$^{83}\mathrm{SeO}_4^{2-} \xrightarrow{\beta^-} {}^{83}\mathrm{BrO}_4^-$$

また，^{129}I で標識したヨウ素化合物を線源としたメスバウアー発光スペクトルの測定によって，^{129}I の β^- 壊変の結果，未知のキセノン塩化物（^{129m}XeCl$_4$，^{129m}XeCl$_2$）が生ずることが明らかになった．

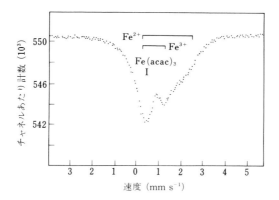

図 3.11 ^{57}Co 標識したコバルト(Ⅲ)錯体 Co(acac)$_3$ (acacH＝アセチルアセトン) のメスバウアー発光スペクトル(78Kで測定)
速度軸の原点は純鉄基準.

$$K^{129}ICl_4 \xrightarrow{\beta^-} {}^{129m}XeCl_4$$

$$K^{129}ICl_2 \xrightarrow{\beta^-} {}^{129m}XeCl_2$$

図 3.11 には，^{57}Co 標識化合物のメスバウアー発光スペクトルの例を示す．^{57}Co の EC 壊変に伴うホットアトム効果で固相内に生成した ^{57m}Fe 化合物の化学状態が，高スピンの Fe(Ⅱ)および Fe(Ⅲ)化学種であることや，周囲にラジカルなどの常磁性化学種の生成していることなどわかる．この手法によれば，通常の放射化学的分離法のように固体試料をいったん溶解する必要なしに固相での反応を直接非破壊的に調べることができる．

3.5.5 ライフサイエンスとホットアトム化学

代謝経路やその他の生体内における化学反応の追跡など，ライフサイエンスにおいて標識化合物は重要な役割を果たしてきた．近年は，病気の診断や治療のために，放射性同位体や放射性医薬品を利用する核医学(8.3節参照)の分

野の発展がめざましい．標識化合物は化学的な合成や生合成によって得られるものがほとんどであるが，ホットアトム反応を利用すれば複雑な化合物でも直接標識が可能な場合もある．しかし，直接標識では目的物と類似の物質が混生したり，高い収率が得難い．そこで，ホットアトム反応によってまず比較的簡単な化学形の標識物質を生成し，これから出発して目的の標識化合物を合成することが多い．

核医学の分野では，とくにPET（第8章参照）による診断用の ^{11}C，^{13}N，^{15}O，^{18}F などの放射性核種が病院内に設置された超小型サイクロトロン（ベビーサイクロトロン）で製造され，こうして合成された標識化合物がオンラインで供給されるようになっている．

がん治療のためにホットアトム効果が利用された例にホウ素中性子捕捉療法（BNCT）がある．ホウ素化合物を濃縮しやすいがん組織に，予めそれらを与えたのち熱中性子などを照射して患部内に ^{10}B(n, α)^{7}Li 反応による反跳粒子を発生させ，局所的に大きな放射線効果を起こして腫瘍の治療を行うものである（詳細は本章トピックス参照）．

生体物質の分子内に放射性原子が取り込まれた場合，壊変によって起こる化学効果は複雑である．たとえば，原子が β^- 壊変すると，別の元素になるため，化学的な性質が変わり，分子にも変化が及ぶ．また，β^- 壊変の放射線によって，自身も隣接の分子も損傷を受けるし，さらに壊変原子のホットアトム効果のため分子との結合が切断される可能性もある．これらは，放射線生物学あるいは生物物理学において重要な問題である．

ホウ素中性子捕捉療法（BNCT）
がんを治療する核反応

今日では，がんなどの疾患の診断や治療に放射線やアイソトープが日常的に用いられるようになっている．こうした放射線療法においては，体内の病巣（がん組織など）に吸収される放射線量が周辺の正常組織に与えられる線量より大きいことが，副作用を抑

えて治療効果を高める上で重要であり，そのため放射線の線質や照射方法にいろいろな工夫がこらされている．透過力の大きいγ線や電子線に比べて，飛程の短い陽子線や炭素などの重粒子線は，体内で飛跡末端の病巣部に集中的にエネルギーを与えるため，近年は重粒子線の利用が注目されつつある．このような外部からの照射に対して，特定の臓器やがん組織に濃縮されやすい標識化合物（おもにβ^-放出体）を投与し，病巣内部から放射線を照射するいわゆる放射免疫療法も開発されている（第8章参照）．

ホウ素中性子捕捉療法（BNCT：boron neutron capture therapy）は，この両者の特長をあわせて高い治療効果をめざしたものといえる．すなわち，腫瘍細胞に濃縮しやすいホウ素化合物を予め投与しておき，低速中性子（熱中性子または熱外中性子）で照射すると，病巣内で^{10}B(n,α)^{7}Li反応（反応断面積が非常に大きい）によってα粒子や反跳^{7}Liなどのホットアトムが生成する．これらのホットアトムの飛程は数〜10μmで，ほぼ細胞のサイズ程度であるため，局所的に大きな放射線効果によって腫瘍細胞を選択的に破壊する一方，周囲の正常細胞への影響は抑制されるものと期待されている．

BNCTによって，従来の放射線治療や外科手術が困難な悪性脳腫瘍（グリオーマ：悪性神経膠芽腫）や悪性黒色種（メラノーマ：悪性皮ふがん），さらに多発性のがんや頭頸部がんの治療で改善がみとめられたとされている．BNCTでは，毒性が少なく，対象とする腫瘍へのとりこみの選択性が高いホウ素化合物の開発が不可欠であり，現在はBPA（パラボロノフェニルアラニン）とBSH（$Na_2B_{12}H_{11}SH$）が用いられているが，この療法が適用できる腫瘍の範囲をさらに広げるには，がんの臓器ごとに特異的な選択性をもつホウ素化合物の開発が重要と思われる．実は，BNCT研究の歴史は古く，1936年に米国で提案され，1950年代には脳腫瘍について臨床試験も行われたが，当時はホウ砂やホウ酸塩など選択性のない化合物が用いられており，十分な成果が得られずに中止されたとのことである．一方，ややおくれてわが国では悪性脳腫瘍や悪性黒色腫などについてBSHやBPAを用いた臨床研究が開始され，これまでに生存率の延長や腫瘍の消失などの効果が報告されている．世界的には，わが国や欧米で数百の治療例があるが，その中でわが国の研究は大きな割合を占めている．

BNCTの中性子源としては，わが国ではこれまで京都大学原子炉実験所や日本原子力研究開発機構の原子炉が用いられ，世界的にも原子炉のみによっている．BNCTを先進医療の治療法として確立するには，将来はPETと同様に病院に設置できるような小型の陽子加速器などの新たな中性子源が普及し，治療目的に適した中性子ビームが利用可能となることが必要であろう．

4 放射線と物質

　放射性核種（線源）から放出された放射線は外部の物質系にどのように作用するであろうか．放射線と物質の相互作用は，放射線を検出したり（第5章），利用したり（第8章）する場合に基礎となる重要な現象である．放射線には，α線やβ線のような粒子と，γ線などの電磁波があって，その性質やふるまいは異なっている．本章では，まずおもな放射線の特性と物質中での作用のあらましを述べ，つぎにそれらによって物質中にどのような化学反応が引き起こされるか（放射線化学），また生体系にどのような影響が及ぼされるか（放射線生物学）に簡単にふれることにしよう．

4.1 放射線の特性と物質との相互作用

4.1.1 α線

　α線はα粒子，すなわち原子核から放出された^{4}He の原子核である．放出の直後は数 MeV のエネルギーの He^{2+} イオンであるが（^{4}He は重いので 10 MeV でも光速の 8% 程度の速度にすぎない），物質中で大部分のエネルギーを失うとともに周囲の系と電子をやりとりしつつしだいに中和され，進路（飛跡）の末端近くでは中性の He 原子になっている．α線のエネルギーはおよそ 2 MeV から 12 MeV の範囲で，核種によって固有な一定の値をとる．α線のエネルギーはα壊変の半減期と関係があり，ある放射壊変系列では短寿命の核種から放出されるα線のほうがエネルギーが大きい．

　α線は重い粒子であるから，物質中で進路が曲がることは稀で直進しやす

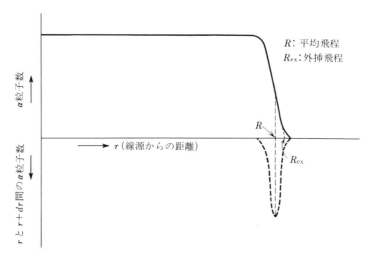

図4.1 α粒子の飛程

く[†]，またβ線などに比べて透過力が小さい．ある物質中を放射線が進行する最大距離を飛程と呼ぶが，α線の場合，空気中の飛程（R cm）とエネルギー（E MeV）の間にはつぎのような関係がある．

$$R = 0.323 E^{3/2} \tag{4.1}$$

実験的に，α線源と検出器の間の物質層（たとえば空気）の厚さを変え，通過するα粒子の数をしらべてみると，図4.1のような曲線になる．この曲線の変曲点にあたる距離は平均飛程と呼ばれ，上式のRに相当する．

α線が物質中を通過するときには，主に軌道電子との静電（クーロン）相互作用によってエネルギーを失う．一方，エネルギーを与えられた軌道電子は原子から飛び出し（電離），100〜200 eV程度のエネルギーの電子線としてさらに物質との相互作用（2次的電離など）を起こすことになる（これをδ線ともいう）．α線によって物質中に引き起こされる電離のうち60〜70%は，このような2次的電離によるものである．α線が気体中を通るさい，電離によって1

[†] α線は原子核によって散乱されたときだけ進路が変わる．ラザフォードは，これによって原子核の大きさを推定した（1911）．

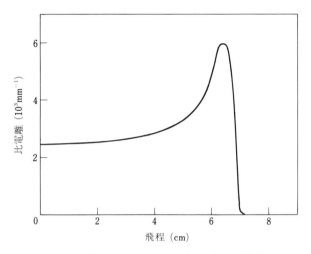

図 4.2 α粒子の空気中での比電離（ブラッグ曲線）

個のイオン対（気体イオンと電子）を生成するのに必要な平均エネルギーは，どの気体でもおよそ 35 eV 程度であることが知られている（これをW値という．5.2 節参照）．たとえば空気では 35.5 eV である．したがってたとえば 7 MeV の α 粒子 1 個が空気中で生成するイオン対の数は，およそ $(7 \times 10^6)/35.5 \fallingdotseq 2.0 \times 10^5$ 個になる．

α 粒子が物質中で単位長さあたりに失うエネルギーの大きさは飛跡のはじめと終りでは異なり，α 粒子の速度の 2 乗に反比例する．したがって飛跡の末端付近ではエネルギー損失が急に増大することになる．この様子を α 線の飛跡に沿って，長さ 1 mm あたりに生成するイオン数（これを比電離という）の変化として表したものが図 4.2 で，この曲線はブラッグ（Bragg）曲線と呼ばれている．

4.1.2 β 線

β⁻ 線は原子核から放出された高速の電子である[†]．式 (2.2) に示したよう

[†] 核壊変に伴って 2 次的に放出されるオージェ電子や内部転換電子のような軌道電子（核外電子）と区別される．また，β⁺ 壊変のさい放出される陽電子 e⁺ については 3.3 節参照．

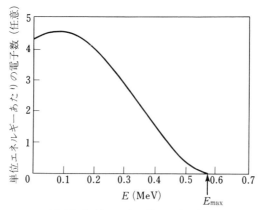

図 4.3 β⁻線のエネルギースペクトル

にβ⁻壊変のさいには電子のほかにニュートリノが放出されるので，エネルギーは両者に分配され，このためβ⁻線のエネルギーは0から最大エネルギーまで分布したスペクトルになる．図4.3にβ⁻線のエネルギースペクトルの例を示す．このように，β⁻線ではα線と異なり最大エネルギー（E_{max}）だけが核種に固有な値であり，大部分のβ⁻粒子のエネルギーはE_{max}の1/4から1/2の間にあることになる．β⁻のE_{max}は20 keVくらいから4 MeVにも及ぶが，500 keVから2 MeVくらいのものが多い．β⁻線は，20 keVで光速のほぼ1/3，500 keVでは光速の80％にも達する高速の粒子である[†]．

β⁻線のエネルギーは単一な線スペクトルでなく，また電子は軽くて物質中で散乱されやすく，直進しにくいために，β⁻線の飛程はα線の場合とはまったく様子が異なってくる．実験的には，厚さd（cm）の物質によるβ⁻線の吸収は，β⁻粒子の入射数および通過数をそれぞれA_0，Aとすると，

$$A = A_0 e^{-\mu d} \tag{4.2}$$

によって近似的に表される．μは吸収係数で物質によって決まる定数である[††]．

[†] 真空中の光速に近い高速電子などの高エネルギー荷電粒子が屈折率の高い物質中を通過するとき光（青色）を発生する．これを発見者に因んでチェレンコフ放射という．放射線測定器（チェレンコフカウンター）に応用されている．

[††] 吸収体の厚みを，厚さに密度を乗じた面積質量（g cm⁻²）で表す場合は，この代りに質量吸収係数を用いる．これは物質によらずかなり一定である．

図 5.13 に β^- 線の吸収の例を示してあるが，これを β^- 線の吸収曲線と呼ぶ．図から求められる β^- 線の飛程（最大飛程）は，物質中の最大エネルギーの β^- 粒子が直進した場合に相当する．β^- 線の最大飛程（R, g cm^{-2}）と最大エネルギー（E_{max}, MeV）の間にも，フェザー（Feather）の式と呼ばれるつぎのような関係が近似的になりたっている（ただし $E_{max} > 0.7$ MeV）．

$$R = 0.543 E_{max} - 0.160 \tag{4.3}$$

β^- 線の最大飛程は，同じエネルギーの α 線の数百倍に相当し，500 keV の β^- 線では空気中で約 150 cm，2 MeV になると 850 cm にも達する．

β^- 線の物質との相互作用は電離作用と制動放射である．β^- 線も α 線と同様に荷電粒子であるから物質中の軌道電子との静電相互作用（クーロン散乱）によってエネルギーを失う．α 線より高速であるから相互作用の確率がはるかに小さく，飛程が大きくなる．気体をイオン化する平均エネルギーは β^- 線の場合も 30 eV 程度であるが，比電離は同じエネルギーの α 線の数百分の 1 になる．β^- 線による電離も，直接電離による部分は 20-30% 程度で，大部分は飛び出した軌道電子による 2 次的な電離である．

高エネルギーの電子（β^- 線）が，原子核の近くを通過するとき，核の強い電場のために制動を受けて進路や速度が変化するが，これによって失ったエネルギーは電磁波（連続 X 線から γ 線）として放出される．これは制動放射（bremsstrahlung）と呼ばれる現象である．β^- 線と物質の相互作用はふつう前述の電離作用が主であるが，高エネルギーの β^- 線が原子番号の大きい物質中を通過するときには制動放射の寄与を無視できない．エネルギー E（MeV）の β^- 線が原子番号 Z の物質中を通過するとき，制動放射と電離のエネルギー損失の比はほぼ $ZE/800$ である．したがって，2 MeV の β^- 線が鉛にあたったときには，電離で失われるエネルギーのほぼ 1/5 が制動放射として放出されることになる．制動放射の電磁波は β^- 線よりも透過力が大きいので，鉛などで β^- 線源を遮蔽するときに注意しなければならない．

電子は軽いため物質中の軌道電子との相互作用で容易に散乱されるので，β^- 線の進路は変わりやすい．β^- 線源を金属の試料皿などにのせて測定すると，試料皿（反射体）で散乱されて 180° 進路の変わった β^- 線が線源の前方（上方）

に飛び出してくるため β^- 線の計数率が増加することがある．この現象を後方散乱（back scattering）という．β^- 線源の計数率が反射体を置くことによってもとの何倍に増加するかを示す比を後方散乱係数といい，これは反射体の原子番号や厚みによって定まる．

4.1.3 γ 線

γ 線は励起状態の原子核から放出されるきわめて短波長の電磁波である．γ 線は光と同じ高速度で進み，電場や磁場をかけても曲がらずに直進する．γ 線は原子核のエネルギー準位間の遷移に由来するので，それぞれ固有のエネルギー（線スペクトル）をもち，100 keV から 2 MeV くらいのエネルギーのものが多い[†]．

γ 線や X 線などの電磁波は物質中を通過するときエネルギーを失って減衰し，消滅していく．厚さ d の物質による γ 線の吸収は，入射および透過する γ 線の強度（光子数）をそれぞれ I_0, I とすると，

$$I = I_0 e^{-\mu d} \tag{4.4}$$

で表される．定数 μ は吸収層の厚みを cm で表したときは（線）吸収係数と呼ばれ，また厚みを面積質量（g cm^{-2}）で表したときには，質量吸収係数と呼ぶ．γ 線や X 線などの電磁波の物質との相互作用の機構は，α 線，β 線などの荷電粒子とは異なり，光電効果，コンプトン効果，および電子対生成の過程で生まれた電子の 2 次的な作用によるものである．上記の吸収係数は，これら 3 種の過程による寄与の和を表すものと考えられる．

低エネルギーの γ 線は物質中で軌道電子に全エネルギーを与えて消滅し，代りにその電子が放出される．これを光電効果（photoelectric effect）といい，放出される電子は光電子と呼ばれる[††]．入射 γ 線の波数を ν，電子の結合エネルギーを E_B とすると，放出される光電子の運動エネルギー E は，

$$E = h\nu - E_B \tag{4.5}$$

[†] γ 線が原子核のエネルギー準位間の遷（転）移から放出されるのに対し，原子すなわち軌道電子のエネルギー準位間の遷移のさいに放出される電磁波が X 線である．X 線は一般に γ 線よりエネルギーが小さい（長波長）．X 線と γ 線では物質との相互作用に本質的な違いはない．

[††] 金属表面などに光があたったとき金属の自由電子が放出されるのと同様の現象である．

で与えられる．光電効果はK殻の電子で最も起こりやすいが，K殻で式(4.5)が負になるときはL,M殻電子で起こりやすくなる．

　γ線のエネルギーが E_B よりもはるかに大きくなると，光電効果は起こらなくなり，物質との相互作用はコンプトン効果（Compton effect，コンプトン散乱ともいう）が主体になってくる．コンプトン効果は，光子と物質中の電子との弾性衝突による散乱過程で，電子はγ線のエネルギーの一部をもらって跳ね飛ばされ，γ線は進路およびエネルギー（波長）が変化してさらに物質中を進行する．コンプトン散乱の起こりやすさは，電子の結合状態（K殻，L殻，……など）にほとんど左右されず，物質中の電子の密度（単位質量あたりの電子数）だけに依存する．放射線照射のための線源によく用いられる ^{60}Co のγ線は1 MeV付近であるが，この程度のエネルギーのγ線の吸収では，コンプトン効果の寄与が大部分を占めることになる．

　陽電子消滅で e$^+$ と e$^-$ が消滅すると，これらの静止質量（いずれも0.511 MeV）の和1.022 MeV に相当するエネルギーがγ線として放出されることは，すでに述べた．これと逆の現象，すなわち高エネルギーのγ線が原子核や電子のつくる電場のなかで消滅して一対の e$^+$ と e$^-$ を生成する過程を，電子対生成（pair production）と呼んでいる．電子対生成は，1.022 MeV 以上のγ線で起こる可能性があるが，γ線のエネルギーが大きいほど起こりやすくなり，5 MeV 以上のγ線では，軽元素からなる物質中を除いてこの過程が相互作用のおもなものになる．

　γ線のエネルギーによって物質の相互作用におけるこれら3種の過程の寄与がどのように変わるかという例を図4.4に示した．ある吸収物質中では，γ線エネルギーが大きくなるにつれて光電効果→コンプトン効果→電子対生成がそれぞれ主な過程になることがわかる．さらにこれら各過程の相対的寄与はγ線エネルギーだけでなく，吸収物質（構成元素の原子番号）によっても変わることが知られている．図4.5にこれらの各過程がそれぞれ50％以上を占めるγ線エネルギーおよび吸収物質の原子番号の範囲をまとめて表しておく．γ線の物質との相互作用は，これらの各過程によって物質中でたたき出された加速電子の2次的な電離作用によるものである．

66 —— 4 放射線と物質

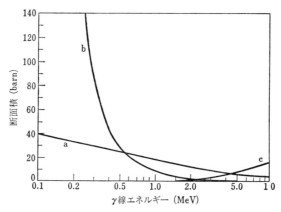

図 4.4 鉛中における γ 線の吸収過程と γ 線エネルギーの関係
 [C. M. Davisson and R. D. Evans, *Rev. Mod. Phys.*, **24**, 79, 1952 より]
 a: コンプトン効果, b: 光電効果, c: 電子対生成.

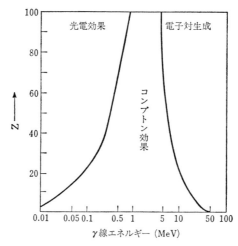

図 4.5 γ 線の吸収過程と吸収物質の原子番号および
γ 線エネルギーとの関係

4.1.4 中性子

中性子は電荷をもたない粒子なので，物質中の電子との相互作用で直接電離を起こすことはほとんどない．したがって，原子核との弾性衝突による散乱と原子核反応が中性子と物質のおもな相互作用である．エネルギーの大きい（速い）中性子は，物質中で原子核との弾性衝突をくり返してエネルギーを失い減速される．弾性衝突（散乱）では，エネルギー E_0 の中性子が質量数 A の原子核にぶつかるとき，1回の衝突で失う最大のエネルギーは，$4AE_0/(A+1)^2$ である．したがって中性子は軽い原子からなる物質中（水やパラフィンなど）ほど効果的にエネルギーを失って減速され，たとえばプロトンとの衝突では，最高100％，1回平均約40％のエネルギーが中性子から失われことになる．一方，物質中のプロトンは中性子から大きなエネルギーを受け取るため，それ自身が高エネルギーの荷電粒子となって2次的な電離を引き起こす（これを反跳陽子という）．これは速い中性子の生体に対する放射線効果を考えるうえで重要な問題である．

中性子は，エネルギーに応じて種々の核反応を起こすが（第6章参照），そのうち最も重要なものは (n, γ) 反応または熱中性子捕獲と呼ばれるものである．これは，弾性散乱をくり返した後，熱運動のエネルギー（約 1/40 eV）程度まで減速された中性子（熱中性子という）による核反応で，原子炉などで種々の元素の放射性同位体を製造するさいによく用いられる．

4.2 放射線による化学反応

4.2.1 放射線エネルギーの物質による吸収

放射線が物質にあたって，そのエネルギーが吸収されると，物質中にさまざまな化学変化が引き起こされる．このように，放射線の作用によって生ずる反応などの化学変化をしらべるのは放射線化学（radiation chemistry）と呼ばれる分野である[†]．放射線化学では，放射線は光や熱と同様，化学反応を誘起

[†] これに対して放射化学の研究対象は，放射線を出す側である放射性核種（放射性物質）の性質・挙動や放射能現象などであり，放射線は主として測定の手段である．

するためのエネルギー源として用いられているに過ぎない．励起手段としての放射線をたとえば光と比較すると，エネルギーの大きさが $10\sim 10^6$ eV とはるかに広範囲であり，かつ多色的であることや，励起が増殖的・多重的（2次電離）に起こることなど著しい違いがあり，一般にはかなり複雑になる．

　放射線による化学反応のしくみを考えるには，まず放射線エネルギーが物質にどのように吸収されるかを理解する必要がある．物質中では放射線のエネルギーによってイオンや励起分子（原子）が生ずるが，液相や固相でのそれらの微視的な空間分布は放射線の種類によってかなり異なってくる．放射線の作用によって飛び出した電子は，さらに2次的な電離を引き起こし，およそ100 eV 以下になった2次電子は最終的には半径 1 nm 程度の球状の領域（スプール，spur と呼ばれる）内でエネルギーを消費し，数個のイオンや励起分子をつくり出す[†]．β^-線の場合には，物質中の入射電子と2次電子の飛跡に沿ってこのようなスプールが点々と分布する．α線のように重い荷電粒子ではスプールが飛跡沿いにあまり密接に生ずるため互いに融合し，飛跡自体が大きな1つの円筒形スプールと考えられる．γ線のような電磁波では，たとえばコンプトン散乱で生じた電子の飛跡に β^- 線と同様スプールが生成するが，つぎの散乱までは一般に大きく隔たっているため，スプールの生成数は β^- 線よりもはるかに少ない．このようなスプールの形や分布の密度は，放射線化学反応の生成物に影響がある．

　このように物質中での放射線エネルギーの吸収の様子は放射線の種類によって異なるが，さらに同種の放射線でもエネルギーによって変化する．そこで，放射線がある一定の物質を通過するとき飛跡の単位長さ（1 μm）あたりに与えるエネルギー（keV）の大きさを線エネルギー付与（LET ともいう．linear energy transfer の略）と呼び，これをイオン化の密度を表す目安としている．表 4.1 に種々の放射線の水中での LET を示す．電荷の大きい，エネルギー（速度）の小さい粒子のほうが LET が大きいことがわかる．

[†] スプール内に生じたイオンや励起分子から出発して後述のような種々の化学反応が進むことになる．

表 4.1 各種放射線の水中における LET (線エネルギー付与)

放射線 (エネルギー)	水中での LET (keV μm^{-1})
α 線 (4 MeV)	110
陽子 (1 MeV)	28
陽子 (10 MeV)	4.7
β^- 線 (0.01 MeV)	2.3
β^- 線 (1 MeV)	0.2
γ 線 (1.1〜1.3 MeV)	0.3
X 線 (0.025 MeV)	3.0

4.2.2 放射線量の単位

放射線エネルギーの量,すなわち放射線量を表すには,照射線量と吸収線量がある.照射線量(exposure)は,空間のある場所を通過する放射線エネルギーの量であり,照射線量の SI 単位としては,X(γ)線の照射で乾燥空気 1 kg に 1 C の電気量の正または負のイオン群を生じさせる照射線量で表し,その単位はクーロン/キログラム(C/kg)となる[†].

吸収線量(absorbed dose)とは放射線により物質に与えられるエネルギーの量であり,吸収線量を表す SI 単位には,1 kg の物質に 1 J のエネルギーを与える吸収線量を 1 グレイ(Gy)として用いる[††].

1 C/kg の照射線量による空気 1 kg の吸収線量は,1 C の電気量のイオン対,すなわち素電荷(e = 1.602 × 10^{-19} C)をもつ正または負の 1/1.602 × 10^{-19} 個のイオン対を発生させ,空気中の分子の平均電離エネルギーが 34 eV(1 eV = 1.602 × 10^{-19} J)であるから,34 J/kg すなわち 34 Gy となる.

[†] 歴史的には,照射線量の単位に,0 ℃,1 気圧の乾燥空気 1 cm^3(0.001293 g に相当)について 1 esu の正または負イオンを生成する X 線または γ 線の量が 1 レントゲン(R)とされていたことがある.レントゲンは CGS 静電単位系の単位であり,国際単位系(SI)には採用されていない.SI による「相当量」は,1 静電単位は約 3.3356 × 10^{-10} C,標準状態の空気の体積 1 cm^3 の質量は 1.293 × 10^{-6} kg なので,1 R = 3.3356 × 10^{-10}/1.293 × 10^{-6} = 2.58 × 10^{-4} C/kg となる.ただし,R と C/kg は電荷/体積から電荷/質量に次元が変わっており,単位間の換算比率による「換算」ではない.なお,照射線量 1 R の放射線の空気による吸収線量は,2.58 × 10^{-4} × 34 Gy = 8.77 mGy である.

[††] 吸収線量を表す古い単位に,ラド(rad)が用いられていたが,1 rad は物質 1 g あたり 100 erg のエネルギー吸収と定義されたので,SI 単位系の 1 Gy は 100 rad に等しい.

70 —— 4 放射線と物質

各種線量は積算量であるが，その単位時間あたりの量がそれぞれの線量率である．吸収線量は，吸収した放射線エネルギーで生じた物理的・化学的変化を利用した線量計によって測定される（第5章参照）．

4.2.3 放射線によって起こる反応

放射線エネルギーを吸収すると物質中で電離（イオン化）や励起が起こり，さらにこれに引き続いて種々の反応が進むことになる．AB なる分子からなる物質に放射線があたったとき，まず起こるおもな反応（素反応）には表 4.2 に示すようなものがある．一般の放射線化学反応は，これらの素反応が組み合わさった複雑なものである．

放射線によるラジカル（遊離基）の生成は重要な素反応である．生じたラジカルからさらに種々の反応（ラジカル反応）によって最終的な生成物が得られる．たとえば，エタン C_2H_6 の放射線分解で，

$$\left.\begin{array}{l} C_2H_6 \longrightarrow \cdot CH_3 + \cdot CH_3 \\ C_2H_6 \longrightarrow \cdot C_2H_5 + \cdot H \end{array}\right\} \quad (4.6)$$

生じたラジカルは，

$$\cdot CH_3 + \cdot CH_3 \longrightarrow C_2H_6 \quad (再結合) \quad (4.7)$$

$$\cdot C_2H_5 + \cdot C_2H_5 \longrightarrow C_4H_{10} \quad (4.8)$$

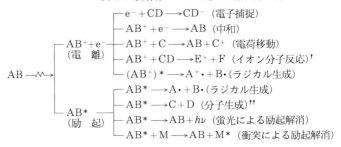

表 4.2 放射線によって起こる素反応の例

† たとえば $C_2H_4^+ + C_2H_4 \longrightarrow C_3H_5^+ + CH_3$
†† たとえば $C_3H_6^* \longrightarrow C_3H_4 + H_2$

$$\cdot C_2H_5 + \cdot C_2H_5 \longrightarrow C_2H_6 + C_2H_4 \quad (\text{不均化}) \qquad (4.9)$$

などの反応にあずかる．

　水溶液の放射線照射では，溶質に直接放射線があたって起こる化学変化（直接作用）よりも，溶媒である水分子の放射線分解で生じるラジカルなどの活性化学種が溶質と 2 次的な反応（間接作用）を起こす方がはるかに重要である．水の放射線分解は，酸素がないときには，

$$H_2O \xrightarrow{\quad} \begin{Bmatrix} H_2O^+ \\ e^-_{aq} \\ H_2O^* \end{Bmatrix} \longrightarrow \begin{Bmatrix} \cdot H \\ \cdot OH \\ H_2 \\ H_2O_2 \end{Bmatrix} \qquad (4.10)$$

となって，生成した $\cdot H$，$\cdot OH$，H_2O_2 などが溶質とさらに反応することになる．また，酸素があるときには，$\cdot H$ と反応して $HO_2\cdot$ が生成する．

$$\cdot H + O_2 \longrightarrow HO_2\cdot \qquad (4.11)$$

5.8 節で述べるフリッケの線量計の場合には，酸素飽和の溶液中で Fe^{2+} が $HO_2\cdot$（$\cdot H$），$\cdot OH$，H_2O_2 と反応して Fe^{3+} に酸化されるのである．

　固体物質に放射線の照射で起こる変化はイオン性結晶・絶縁体と金属・半導体とでは異なっている．前者では，放射線によって励起された原子・分子などが低いエネルギー状態に戻るさいに可視部の光を放出することがある．これをシンチレーション（蛍光）といい，放射線の計測に用いられる（5.5 節参照）．また，放射線によって原子から放出された電子は結晶内部の欠陥（空孔や不純物）に一時的にトラップされるが，結晶を加熱するとトラップから飛び出して低いエネルギー状態に移行する過程で発光する．これを熱ルミネッセンスという．この現象を利用して，ある期間ごとに発光量を計測すればその期間の被曝線量が計測できるので，写真作用利用のフィルムバッジや電離箱式ポケット線量計などとともに，積算被曝線量の評価に用いられる．金属や半導体では，放射線のエネルギーによって電子は伝導帯に上がるが，これらの電子の運動エネルギーは最終的には熱エネルギーに変わる．したがって大線量の放射線を測定するには，このような物質で発生する熱量の精密な測定を行えばよい．金属やその他の結晶性物質でも，重粒子の放射線があたると原子が格子点から跳ね飛ばされて変位し，金属疲労など金属の物性や結晶の物性が変化する．

4.3 放射線の生体に及ぼす効果

　生命のない物質とは異なって生体は多数の因子で有機的に支配された複雑な系であり，放射線照射の効果の現れ方も緩慢かつ多様であって[†]，その機構の解明は容易ではないが，いくつかのごく基本的な事柄についてふれておく．

　生体の約 70% は水分であるから，放射線の細胞などへの直接的影響に加えて，生体における放射線の効果は水の放射線分解による間接作用が大きく，重要な生体物質分子が水の放射線分解生成物の活性化学種と反応して化学変化を受け，これが細胞や組織・臓器，さらに個体へと影響を及ぼすことになる．

　生体が受けた放射線量と生物学的効果の関係には図 4.6 のような 2 つのタイプがある．図 4.6(a) に示すような確率的影響では，大きい線量における相関性から，原点を通る（しきい値がない）相関性が考えられていて，直線的比例関係で白血病をはじめとするがんなどの主として晩発性疾患や染色体異常・突然変異の発生率増加などの遺伝子的な悪影響が指摘されている．低線量域では同様な直線的比例関係は確認されていないが，ICRP は，放射線防護の観点から安全側に立って，被ばく線量と発がんの確率の関係は直線的に増加するとしている．図 4.6(b) で示される確定的影響では，生物学的効果が特定線量（しきい値）に達するまでは見られないもので，この例には種々の臓器や組織に生

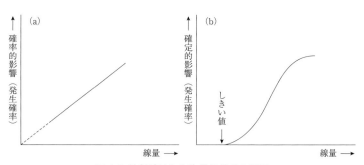

図 4.6　放射線量と生物学的効果の関係

[†] 生体には放射線効果を修復しようとする機能があることも大きな特色の 1 つである．

じた脱毛，皮膚の損傷，造血器障害などの身体的影響がある．一般に確定的影響は細胞死によって起こる急性症状とされ，線量が大となり細胞死数がある水準に達するまでは，生存している細胞が組織・臓器の機能を代償するので個体の障害としては現れないが，その線量を超えると影響が現れる．その線量が"しきい値"である．

　高等動物（哺乳動物）の細胞の放射線に対する感受性は，その種類や状態に左右されることが知られている[†]．増殖過程にあって細胞分裂・増殖がさかんに起こっている細胞や組織は放射線への感受性が大きく影響を受けやすい．生物の種や栄養，酸素の有無，温度などの状態も感受性を支配する因子である．

4.3.1 等価線量

　生物学的効果は放射線の線質や照射の仕方によっても異なってくる．照射した放射線の総線量だけでなく線量率や線量の空間分布（照射が全身的か部分的かなど）などが生物学的効果に影響する．放射線の線質による影響としては，LETが大きい放射線のほうが同じ吸収線量でも大きな生物学的効果を与えることがわかっている．そこで，同じ吸収線量に対しある放射線が標準放射線（約200 keVのX線またはγ線）の何倍の生物学的効果を与えるかを示す比を放射線荷重係数（線質係数），古くはRBE（生物学的効果比）と呼び，吸収線量（Gy）にこれを乗じたものを等価線量（線量当量，単位シーベルトSv）と定義する．放射線荷重係数は光子，β線やμ粒子（ミュオン）などが1，陽子や荷電π中間子が2，α線や核分裂片などの重イオンなどが20，中性子はエネルギーにより異なり，ほぼ2～21（1 MeV近辺で最大値）とされる（ICRP2007の年勧告）．なお1990年勧告では，反跳陽子以外の陽子で2 MeVを超えるものの放射線荷重係数は5であった．これらの等価線量（線量当量）を用いれば，種々の線質の放射線による生物学的効果をまとめて評価することができる[††]．

[†] ベルゴニー・トリボンドーの法則という．
[††] 放射線生物学では以前はRBE線量が用いられていて，単位もレム（rem）であった（1 Sv＝100 rem）．

4.3.2 実効線量と預託実効線量

人体が外部から受ける放射線の影響は，その種類と性質だけでなく，人体の組織や臓器によっても異なるので，各組織や臓器の組織荷重係数を導入し，組織や臓器ごとに，（吸収線量×放射線荷重係数×組織荷重係数）を計算し，各組織・臓器にわたって合計した線量を人体の受けた実効線量として放射線の被曝管理に用いる．組織荷重係数は各組織・臓器の係数の総和が1になるように与えられている．

つぎに，放射性物質が体内に取り込まれた場合の内部被曝を考えよう．体内に摂取された放射性物質は，その半減期で減衰し，代謝機能により体内から排泄もされ（実効半減期で）減少するが，その減少速度は制御できないので，摂取段階以降の線量率と線量（線量率の時間積分）はほぼ決定され，その後生涯にわたって体内から組織や臓器が被曝を受ける．その預託実効線量は，一般成人は摂取後50年間（子供や乳幼児は摂取時から70歳まで）に受ける量を摂取時に受けたとした放射線量で表す．

預託実効線量は，体内摂取で受ける組織や臓器の（預託）等価線量にその組織や臓器の組織荷重係数[†]を乗じて加え合わせた線量に相当する．

しかし，内部被曝線量算出のための体内各組織・臓器の放射性物質の定量やその時間的変化の追跡は容易ではない．そこで内部被曝の場合は，摂取した放射性物質の量と，各組織・臓器が受ける線量との関係を核種ごとに評価しておき，放射性物質の摂取量について被曝量を算出する方法がとられている．すなわち，放射性核種1 Bq と，それを1回摂取したときの預託実効線量（mSv）との比を実効線量（換算）係数（mSv/Bq）といい[††]，預託実効線量を次式により算出する．

[†] 1990年のICRP勧告では，生殖腺，赤色骨髄，結腸，肺，胃，乳房，肝臓，食道，甲状腺，膀胱，皮膚，骨表面，残りの組織の13部位の組織荷重係数値が示され，2007年勧告では，唾液腺と脳が加わり15部位の値となり，各部位の組織荷重係数も変更されたが，それらの係数の総和はいずれの勧告でも1である．

[††] ICRP勧告に基づき，多くの核種の経口摂取（^{137}Cs で 1.3×10^{-8} Sv/Bq，^{131}I で 2.2×10^{-8} Sv/Bq など）や吸入摂取の場合の係数が公表されている（（公財）原子力安全研究協会の Web-site: http://www.remnet.jp/lecture/b05_01/4_1.html など）．

預託実効線量（mSv）＝実効線量係数（mSv/Bq）×年間核種摂取量（Bq）
　　　　　　　×市場希釈係数×調理等による減少補正

　ここで年間の核種摂取量（Bq）は，環境試料中の年間平均核種濃度（Bq/kg）の当該飲食物等の年間摂取量（kg）倍である．市場希釈係数と調理等による減少補正は，普通は最大値の1として計算されている．

　預託実効線量は，摂取した年の1年間に受けたものと見なされ，その年の外部被曝の実効線量と合計し，その合計値が線量限度を超えないように関連法令等において，個人の被曝を管理することになっている．

放射線障害：その防護と障害の程度

　放射線防護については，国際放射線防護委員会（International Commission on Radiological Protection，略称 ICRP，1928年以降常置の国際放射線学会の委員会）の勧告や報告が権威ある国際的指針としてわが国や多くの先進国で準拠採用されている．

　わが国の放射線障害防止法（略称）は，放射性同位元素の使用，販売，廃棄などの取扱いや，放射線発生装置の使用，放射性核種による汚染物質の廃棄などの取扱いを規制し，放射線障害の防止と公共の安全を図っている．放射性同位元素などの使用や販売・廃棄には許可や届出が必要であり，その所持や譲渡などにも制限がある．放射性同位元素や放射線発生装置，放射性汚染物などを扱う施設は，一定の技術的基準の充足が要求される．放射線障害防止には，これらの物的要件のほか，取り扱う機関（事業所）の人的要因（管理体制）として，管理上の放射線障害予防規程の作成，管理責任者である放射線取扱主任者の選任が必要である．また放射線防護の安全管理として，放射性同位元素の使用・保管・運搬・廃棄など取扱いで守るべき規程や，安全取扱いの教育訓練，放射線を取り扱う者の健康診断，放射線障害に関する措置，記帳，報告の義務などや事故・危険のさいの措置も規定している．放射性物質のなかでも，核燃料物質の取扱いは原子炉等規制法，放射性医薬品には薬事法や医療法が適用されている．

　つぎに，現在認められている放射線による影響を紹介しておこう．

　放射線被曝の制限値として設定される線量限度は，放射線被曝を伴う行為（原子力発電，放射線利用など）が正当化され，放射線防護手段が最適化された上で適用されるべきものであり，現行法令は ICRP 勧告（1990年）に基づき線量限度が定められていて，実効線量の限度が，職業人には 50 mSv/年，5年間で 100 mSv，一般公衆には 1 mSv/年である．これは外部・内部被曝の合計であり，この線量限度には自然放射線による被曝と医療行為による被曝は含まれていない．

　私たちは国内では，天然から，宇宙線で年間約 0.3 mSv，地殻，建材などの天然放射

性核種（Rn, ^{40}K など）から年間約 0.4 mSv の外部被曝を受けている．また体内に摂取した天然放射性核種（^{40}K, ^{14}C など）から年間約 0.4 mSv の内部被曝，空気中の Rn から年間約 0.4 mSv の被曝があり，自然から合計年間約 1.5 mSv の被曝を受けているが，自然放射線被曝量の世界平均 2.4 mSv よりもかなり低い．これは日本では木造建築のため Rn からの年間被曝量が世界平均の 1.26 mSv よりも少ないからのようである．

医療行為では，たとえば胃の X 線集団検診で約 0.6 mSv，X 線 CT スキャンで約 7 mSv の一時被曝を受けるが，日本人の年間平均被曝量は約 2.3 mSv で医療の世界平均被曝量 0.60 mSv よりも高い．一般に医療被曝は医療先進国で高く米国は約 3 mSv である．宇宙線の影響は高度とともに増し，東京—ニューヨークの航空機による 1 往復で約 0.2 mSv と見積もられている．不必要な被曝は少量でも避けるべきではあるが，生活や健康上の利益と不利益とのバランスを考察した賢明な選択や判断のできることが重要である．

たとえば，ICRP は原子力事故または放射線緊急事態後の長期汚染地域に居住する人々の防護に対する委員会（2007 年 Publ. 111）で，チェルノブイリその他の事故対応を参考にして，社会的・経済的要因を考慮し，合理的で達成可能な限り，閾値なしで影響は比例すると考え，被爆線量を低く抑える応急的・過渡的な放射線防護策を勧告している．福島原発事故への日本の対応もこれに準拠して，年間被曝許容限度を 20 mSv から，できるだけ 1 mSv まで順次引き下げるとされている．

人体への影響評価の場合には，吸収線量に放射線の種類等の補正を行った実効線量（mSv）が用いられるが，その影響の目安とされる値を次表に示しておく．

放射線の量とその影響		
放射線の量（mSv）	全身被ばくの影響	局所被ばくの影響
10,000 以上		皮膚：急性潰瘍
10,000〜7,000	100% の人が死亡	
5,000		水晶体：白内障
6,000〜2,500		生殖腺：永久不妊
5,000〜3,000	50% の人が死亡	
3,000		皮膚：脱毛
2,000〜500		水晶体：水晶体混濁
1,000	10% の人が悪心，嘔吐	
500	末梢血中リンパ球の減少	
200	これ以下の線量では臨床症状が確認されていない	

（公財）原子力安全研究協会　http://www.remnet.jp/lecture/b05_01/4_1.html

5 放射線の測定

　放射線は，われわれの五官で直接感知することはほとんどできない．このため，多量の放射線の被曝にも気づかないということも起こりうるが，一方前章で述べたように，放射線と物質との相互作用があるので，これを利用すればきわめて敏感に微量の放射線をも検出できるのである．ここでは，放射線の効果をわれわれが観測できるような現象に変えてくれる原理を具体的に述べよう．

5.1 放射線の検出

　いうまでもなく物質は原子からできており，したがって正電荷の原子核と負電荷の電子との集合体である．その物質内の原子には，正であれ負であれ電荷をもって運動している粒子との衝突や，電離能力のある電磁波の照射によって，電気的な乱れが引き起こされる．この相互作用の大きい場合を利用すれば，感度よく放射線を検出することができる．

　入ってくる放射線の種類によって相互作用の大きさを分類してみると，つぎのようになる．

(1) 物質内で直接大きい電離作用を生ずる場合：これには α 線や β 線のような荷電粒子の放射線が含まれるが，さらにその粒子が原子核程度以上の質量をもつ重い荷電粒子（陽子，α 粒子，核分裂片など）と，それ以下の軽い荷電粒子（電子，陽電子，正負の中間子など）に分けることができる．

(2) 物質内で直接電離作用をもつが，その効果の小さい場合：これには γ 線や X 線などの高エネルギー電磁波が含まれる．

(3) 物質内で直接は電離作用を生じない場合：これには電荷をもたない中性粒子（たとえば，中性子，中性の中間子など）が含まれる．

　もちろん上記の分類は便宜的なもので，同種の粒子や電磁波でも，それら放射線のもつエネルギーによって相互作用の程度は異なる．また，電離（イオン化）した状態は，原子内の電子が励起された極限の状態に相当するので，その途中の励起状態や，電離後に電子がふたたびもとの原子核に束縛されるときに，基底状態に戻らないで励起状態にとどまることもあり，各種の励起化学種の生成や，化学結合の解裂・再結合すなわち化学反応も見られる．

　直接電離をしない中性粒子も，物質内の原子核との核反応などにより，荷電粒子が放出されれば，これを利用して間接的に検出することができる．

　放射線のエネルギーは，一般に数 keV から数 MeV の範囲にわたることが多く，したがって化学結合のエネルギー（数 eV の程度）や，原子・分子の第 1 イオン化エネルギー（10～30 eV）に比べると，はるかに大きい場合がふつうである．放射線の種類の識別や，それらのエネルギー測定などには，物質との相互作用の大小が巧みに利用されている．

　放射線の検出を方法によって分類すると，つぎのように大別される．
(1) 放射線により生成したイオンの観測
(2) 放射線で励起された原子や分子などが励起解消に伴い発する蛍光の観測
(3) 放射線の通過した飛跡の観測
(4) 放射線による物理・化学変化の観測
(5) 放射線による発熱の観測

　これらの方法や条件によっては，放射線のエネルギーに関係なく個数のみが測定できる場合，両者の積としての吸収エネルギーの総量を観測する場合，さらに個数が測定でき，同時にそのエネルギーも観測できる場合などがあり，目的に応じた方法や条件が選ばれる．電離作用のない中性子などは，たとえば熱中性子は，^{10}B(n,α)^{7}Li や ^{6}Li(n,α)^{3}H の核反応で生ずる α 粒子，速中性子は水素化合物との衝突で生ずる反跳陽子などに置き換えることにより，荷電粒子の効果によって間接的に測定できる．

5.2 電離箱

すでに述べたように,放射線のエネルギーは一般に原子や分子のイオン化エネルギーよりもはるかに大きいから,電磁波放射線や荷電粒子の放射線は物質との相互作用でイオン対を生成する.すなわち負の電荷の電子と正電荷の陽イオン(固体内ではしばしば正孔と呼ばれる)の対が生成する.この1対の正負イオンの組をつくるのに必要な平均のエネルギーは W 値と呼ばれる.

表5.1にいくつかの気体についての W 値を示したが,気体の種類によらず,また放射線の種類にもあまり依存しないで,ほぼ35 eVとなっている.表にはそれぞれの気体分子のイオン化エネルギーの値も示したが,これらと比較すればわかるように,放射線のエネルギーは,すべて単一なイオン化に消費されるだけではなく,いろいろなイオン化,解離,あるいは励起に消費されるので,W 値はその平均値を示すことになる[†].

表 5.1 いくつかの気体の W 値 (eV)

気体	β 線	α 線	イオン化エネルギー
He	42.3	42.7	24.5 (He→He$^+$)
N_2	34.9	36.6	15.8 (N_2→N_2^+) 24.5 (N_2→N^++N)
O_2	30.9	32.5	12.5 (O_2→O_2^+) 20.0 (O_2→O^++O)
CH_4	27.3	29.2	14.5 (CH_4→CH_4^+) 15.5 (CH_4→CH_3^++H)
CO_2	33.0	34.5	14.4 (CO_2→CO_2^+) 19.6 (CO_2→CO^++O) 28.3 (CO_2→C^++O+O)
空気	34.0	35.5	……

[†] 半導体のなかで電子と正孔の対をつくるのに必要な平均のエネルギーを ε 値という.たとえばケイ素に対する α 線の ε 値は 3.6 eV となる.

5.2.1 ローリッツェン検電器

金箔検電器を改良したもので，図5.1のように，金箔の代りに金メッキされた細い（直径約 3 μm）水晶の糸を導体に対立させてある．この水晶の糸を導体を通じて，たとえば約 200 V に帯電させると，水晶の糸は同符号の電荷の反発のために，水晶糸の弾性にうちかって開く．

この状態に保たれたところに，外部から放射線が入り，水晶の糸と導体の近くの気体（空気）が電離されると，生成したイオンのうち水晶糸や導体の上の電荷と反対符号のイオンによる中和が起こり，水晶糸の弾性によって水晶糸はもとの位置に戻ろうとする．この速度は放射線がこの気体を電離する程度に依存するので，これを観測して放射線の強さ（放射線の数と電離能の積に相当）を求めることができる．

ローリッツェン検電器は初期には広く用いられたが，現在では他の測定器にとって代わられた．しかし構造が簡単であり，摩擦電気で荷電することもでき

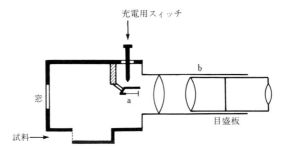

a：導線と金メッキした水晶糸および指針
b：約50倍の顕微鏡

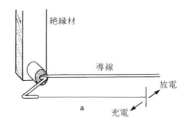

図 5.1 ローリッツェン検電器の構造

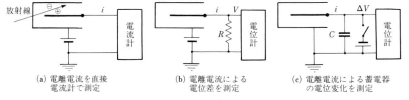

図 5.2 直流電離箱の原理

て携帯に便利なため，この原理を用いて温泉水などのラドンの現地での測定，ポケット型にした放射線被曝量の測定（ポケット線量計）などには便利でなお使用されている．

5.2.2 直流電離箱

ローリッツェン検電器は，放射線でつくられたイオン対がそれ自身で再結合する以前に，水晶糸などの電荷の中和が起こるよう帯電させたもので，水晶糸表面の電圧の変化を検電器で観測しているわけである．電圧のかかった電極の間を，放射線によりつくられたイオン対が運ぶ電流を測定する検出器を直流電離箱という．原理を図 5.2(a)に示した．

実際にはこの電流はせいぜい 10^{-15} A 程度であるから，微少電流測定の工夫が必要であり，図 5.2(b)のように電流 i は高抵抗 R の両端の電位 V から次式で求められる．

$$i = \frac{V}{R} \tag{5.1}$$

また図 5.2(c)のような蓄電式電離箱も工夫され，電離箱を含めた蓄電器の容量 C を充電しておき，時間 Δt 内での放射線による放電で生ずる電位変化 ΔV から電離電流 i が求められる．

$$i = \frac{C \Delta V}{\Delta t} \tag{5.1}'$$

5.2.3 パルス電離箱

入射した放射線によって，電離箱のなかで電離によって新しく生成した負電荷の電子は，陽極板の表面に正電荷を誘起し，他方で陽イオンは陰極板上に負

電荷を誘起する．電離箱内の気体が空気のように電気的に陰性の（電子をとらえやすい）気体の場合には，すぐに陰イオンになるので，陽イオンと陰イオンの質量差もそう大きくなく，それぞれが電極に捕集されるまでの時間もほぼ同程度で約 10^{-3} 秒くらいである．そこでこの時間より長い時定数の増幅器を用いれば，約 10^{-3} 秒以上の間隔で入射する放射線の頻度と入射エネルギーを，出力パルスの数と高さから観測できることになる（図 5.3）．

しかしこの方法では数多く入射する放射線を個々に観測することはできず，また約 10^{-3} 秒という時定数は各種の雑音も拾い集めるのに十分であり，妨害も多い．そこで電子をとらえにくい気体を電離箱に封入し，放射線によって電子と陽イオンが生成して，その電子がそのまま陽極板にとらえられるまでのパルスの測定が利用されている．電子の質量は陽イオンに比べてはるかに小さく，したがって移動速度も大きく短時間（約 10^{-6} 秒）であり，これに相当する時定数の増幅器を用いて速い観測ができる．ただしこの場合には電子による効果のみを観測するので，イオン化の起こった場所の陽極板からの距離がパルス波高に関係してくるので，電極間にグリッドを入れたり，棒状の陽極を中心として円筒形の陰極を設けるなどの工夫されたものが用いられている．

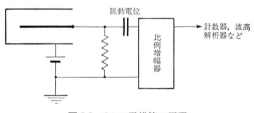

図 5.3 パルス電離箱の原理

5.3 計数管

電離箱についで古い歴史をもつものに計数管がある．計数管はそれ自体が増幅機能をもつパルス電離箱ともいうべきもので，β 線のように質量が軽く電離能の小さい放射線でも観測できる．

計数管の構造上の特徴は，陽極が細い線（たとえば直径 0.025 mm 程度のタングステン線など）でできていることである．陰極はふつうは陽極をとりまく円筒の形のものが多い．両極間には 1 kV 程度の電圧がかけられ，後述するような増幅機能に適した気体が封入されている．

　計数管内で放射線によって気体の電離が起こると，質量の大きい陽イオンはゆっくり陰極のほうに移動するが，質量の小さい電子はすみやかに陽極に向かって動く．陽極は細い線でできているから，この線のまわりはきわめて強い電場となっているが，陰極の近くの電場は弱い．したがって電子は陽極に近づくにつれて大きく加速されて高い運動エネルギーをもち，ついにはその通路の気体を電離する．そして 2 次的に生成した電子も，同様に 3 次，4 次，…の電離をする．このようにして連鎖的に電離の増す現象を気体増幅といい，印加電圧とともに増幅率は増し，また気体の種類や圧力に依存する．

5.3.1 比例計数管

　上に述べたような連鎖的な電離が，最初に入った放射線のエネルギーに比例するような計数管は比例計数管と呼ばれる．かける電圧や気体の種類にもよるが，気体増幅率は $10^2 \sim 10^4$ の一定値を示す．この条件のもとでは，陽極から入射放射線のエネルギーを，その電離能に比例した高さのパルスとして取り出すことができる．したがって同種の放射線（たとえば γ 線）でも，エネルギーの異なるものはパルス波高が異なるので識別して計数ができる．図 5.4 には比例計数管内での電離が連鎖的に起こる様子を模式的に示した．気体分子のイオ

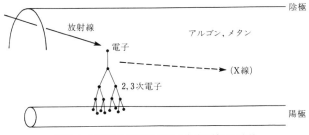

図 5.4 比例計数管内における気体増幅の原理

ン化と同時に励起状態もでき，励起解消のさいにX線や紫外線も発生するので，これら光子による2次的な電離もありうるが，その確率は比例計数管の条件下では小さいのが特徴である．

比例計数管に用いる気体としては，PRガス（Ar 90%，CH_4 10%の混合ガス）と呼ばれるものが普及しているほか，He，Xe，CO_2，H_2，C_2H_2，C_3H_8 なども目的の放射線の特性に応じて使いわけられている．長時間使用によるこれら気体分子の分解による計数管の性能の劣化を防ぐため，一定の速度で気体をゆっくりと流して用いることもあり，ガスフロー型比例計数管と呼ばれる．

5.3.2 GM計数管[†]

図 5.5 に，計数管に印加される電圧と，陽極で得られる入射放射線に基づくパルスの高さとの関係を示した．電圧の増加とともにパルスは高くなるが，比例領域をすぎると，パルスの高さはしだいに放射線のエネルギーに比例しなくなり，ついには気体の電離を起こすのに十分なエネルギーの放射線であれば，そのエネルギーの大小にかかわらず，ほぼ同等の電離電流を与えるようになる．この領域を GM 領域という．

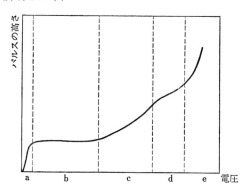

図 5.5 計数管に加える電圧とパルス波高の関係
a：イオン対再結合領域，b：電離箱に用いられる領域，c：比例計数管として用いられる領域，d：GM計数管として用いる領域，e：連続放電の起こる領域．

[†] H. Geiger と W. Müller により発明された（1928）ので，そのイニシアルで呼ばれている．ガイガー・ミュラーカウンターともいう．

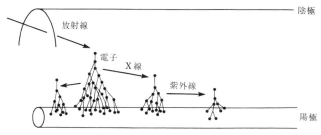
図 5.6 GM 管内における電子の広範囲にわたる発生

　前項で気体分子のイオン化とともに励起分子も生成し，この励起分子の励起解消のさいに出る X 線や紫外線による 2 次的な電離も可能であることを述べておいた．比例領域ではこの効果は無視できるほどわずかであったが，GM 領域では励起分子の数も激増するのでこの効果が大きく現れてくる．すなわち 2 次電離は X 線や紫外線の光子でも起こるので，入射放射線による最初の電離の場所から遠く離れた場所でも起こりうるわけで，図 5.6 に示したように計数管の全体にわたって発生する．

　この結果，陽極全線のまわりに電子がすみやかに集まり，その外側に陽イオンが円筒状に分布するため，この陽イオン集団のつくる円筒のさらに外側から見れば，陽極が細い線の代りに円柱状に太くなったことに相当し，電場（電位勾配）を緩やかにし，引き続く電離は起こらなくなる．

　これら陽イオンはやがて陰極に向けて移動し，陽極はもとの細い線に戻ることとなり，つぎの放射線による連鎖的な電離によるパルスが観測できるようになる．この時間変化を図 5.7 に示した．

　陰極で陽イオンが中和される（電子を受けとる）と，陽イオンの励起解消が起こるので，X 線や紫外線の発生を伴いそれによる電離が可能となり，これは放射線の入射からはずいぶん遅れて乱雑に起こるので，雑音になるだけで役に立たない．そこで計数管内には，アルコールやハロゲン（たとえば臭素）分子を少量添加しておき，陽イオンの正電荷を奪って光子を放出しない過程で分解や中和をさせるよう工夫されている．

　このような特性のために，入射放射線をエネルギーの大小で識別することは

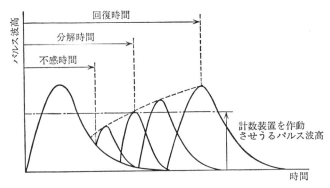

図 5.7 計数管の不感時間, 分解時間, 回復時間

できず，たとえば α 線 1 個も β 線 1 個も同様に 1 個の計数を与えるが[†]，パルスが大きいので特別な増幅器を必要とせず，簡便に放射能を検出するのに適している．しかし先に述べたように，陽イオンが陰極への移動により除かれるまでは原状に復帰しないので，つぎに入射する放射線に対して感じない時間（不感時間）や，計数しはじめる時間（分解時間）が長く，たとえば 10^4 cpm 以上では数え落しの現象が無視できなくなる．

5.4 半導体検出器

気体の電離を利用する検出器では，γ 線のように電離能の小さい放射線により限られた気体の層の通過で起こる電離の確率は小さい．また電離によってできた陽イオンの移動が遅いために，放射線のエネルギーによる選別を短時間で行うのに困難があった．

ところが気体の代りに半導体を用いると，これらの難点が飛躍的に改善されるのである．固体は気体より密度がはるかに大きいから，電離能の小さい放射線でも感度よく検出でき，半導体内で生成した正孔（陽イオン）は，原子間で電子を交換して電荷が受け渡される（陽電子の移動と考えてよい）ので，電子

[†] 計数管内に入れば，α 線も β 線も 100% 計数される．γ 線は気体の電離能がそれほど大きくないので，一般に数%くらいしか計数されない．

と正孔を合わせて検出すれば，イオン対生成の位置に関係なく短時間で一度の電離数に比例した波高のパルスを観測できる．

半導体内に生じた電子と正孔の再結合を防ぐためには高電圧をかけるが，それには比抵抗の大きい半導体が要求される．また生成した電子や正孔を捕獲するような不純物を含まないものが望ましい．現在多くの種類の半導体があるが，p-n 接合型半導体，p-i-n 型半導体，高純度半導体などが利用されている．

5.4.1 Si 半導体検出器

たとえば，ケイ素の結晶のなかに微量のリン原子が含まれると，リン原子はケイ素原子の代りに結晶格子点を占めるが，1 個の電子が余る．ケイ素の結晶に電場をかけても，結合に用いられている電子を動かすのは難しく，電流は容易には流れない．しかしリン原子を含むと，上述の余分の電子が容易に移動する．このように微量添加物の電子が伝導に寄与する半導体を n 型半導体という．

逆にケイ素中にホウ素原子をわずかに含ませると，ホウ素はケイ素原子の位置を占めるが電子が 1 個不足する．そこで電場をかけるとケイ素のまわりの電子の不足した孔（正孔）が，ケイ素原子間で受け渡しされ，正孔の移動が起こる．このように正孔が伝導に寄与する半導体を p 型半導体という．

理解しやすいように，これらの n 型半導体と p 型半導体を用いて放射線を検出する機構を説明しよう．

この n 型半導体と p 型半導体を接合した p-n 接合型半導体に，図 5.8(a) のように電圧をかけると，中間の接合部分の電子や正孔はそれぞれ p 型，n 型の側に引き寄せられて，荷電担体のない空乏層ができる．この空乏層はちょうど 5.2 節の電離箱の中性気体に相当し，ここに電離性の放射線が入るとイオン化が起こり，生成した電子・正孔の対はすみやかに反対の極に移動し電気信号を与える．

α 線のように飛程の短いものの測定では，入射粒子のエネルギー損失を少なくする必要があるので，たとえば p 型半導体表面に n 型半導体を拡散させてつくられる．印加電圧をあげて空乏層を大きくするには限度があり，約 1 mm 以上にすることは難しく，透過力の大きい X 線や γ 線測定には適していない．

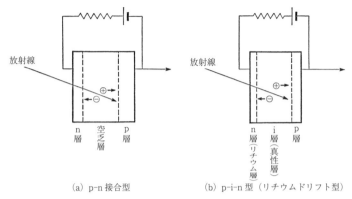

(a) p-n 接合型　　　(b) p-i-n 型（リチウムドリフト型）

図 5.8 半導体検出器

5.4.2 Si(Li), Ge(Li) 半導体検出器

　純粋なケイ素は原理的には余分の電子も正孔ももたないが，これに電圧をかけると，絶対零度でない限りは，結合形成の電子がごくわずかは反結合性の軌道帯に分布して，1対の余分の電子と正孔をつくっていて電気伝導がわずかながら認められる．このようなものを真性半導体という．

　しかしこのような純粋結晶では電気伝導が小さいので，余分の電子と正孔のつり合った半導体を，たとえばp型ケイ素半導体に金属リチウムを拡散させてつくり，実用に供されている．リチウム原子はその1個余分の電子を正孔に与えて"真性半導体"的な空乏層をつくり出す役目を果たしているが，このようにして数mm以上の層が得られるので，高エネルギーのβ線やγ線の測定もできる．この型では図5.8(b)のように，n型とp型の中間の空乏層が"真性半導体"的であるので，p-i-n型半導体と呼ばれ Si(Li) 半導体と表される．α線には薄膜ケイ素半導体検出器が適し，γ線については，光電効果の断面積および密度の大きいゲルマニウムがケイ素よりもすぐれているので，リチウムを拡散したゲルマニウムが用いられてきた．

　このほか高純度ゲルマニウムを用いる真性半導体検出器や，表面に金属または金属酸化物の膜をつくって整流作用をもたせた表面障壁型半導体検出器も実

用化されている．それぞれの特性に応じた使用法が必要で，とくに保存温度や電圧をかけて測定するときの温度を誤ると，熱雑音が多くなり，またリチウムなどの移動が起こって半導体がその特性を失うことになる[†]．

5.5 シンチレーション検出器

　放射線により原子や分子が励起状態を生じ，その励起解消に伴って光が放出されることはすでに述べた．蛍光を発する物質を用いて，有効に放射線を検出するのがシンチレーション検出器である．

　図 5.9 にはシンチレーター（蛍光体）の蛍光を光電子増倍管の電気的出力信号として取り出す原理を示した．蛍光体としては，吸収エネルギーを効率よく，エネルギーにほぼ比例した光子数の蛍光として放出し，透明でしかも発光が早く減衰する物質が望ましい．無機物質では，タリウムを微量含んだヨウ化ナトリウムの単結晶が γ 線用に多く用いられ，計数効率のよい井戸型のシンチレーターも普及している．α 線用には銀を含んだ硫化亜鉛の粉末が用いられる．エネルギー分解能が要求される場合には半導体検出器を用いるほうがよい．

　蛍光体内で発せられる光を，損失のないように光電子増倍管の光電面（光陰極）に導くため，蛍光体は反射体で囲み，増倍管とは屈折率の近いシリコングリースなどで密着させる．光電面に入った蛍光に応じたエネルギーの光電子が放出され，収束用のグリッドにより第 1 段の電極（ダイノード）に衝突する．そのエネルギーに応じて増倍された複数個の電子が放出加速されてつぎの電極に衝突し，10～14 段の電極を経て電子は 10^5～10^8 倍に増倍される．この増幅電流をパルスとして計測すれば，入射放射線の計数とエネルギー解析ができる．

　蛍光体は半導体検出器の空乏層の大きさに比べて，はるかに大きいものを容易に利用できるので，計数効率はよいが，蛍光の発生，光電子への変換，各ダイノードでの増幅などにそれぞれゆらぎが考えられ，エネルギー分解能は半導

[†] このため Ge(Li) 半導体検出器は測定時も保存時も常時液体窒素温度に冷却しておく．Si(Li) 半導体検出器も熱雑音を抑制するために冷却使用が望ましいが，リチウムのケイ素内の拡散はおそいので測定しないときには冷却しなくてよい．

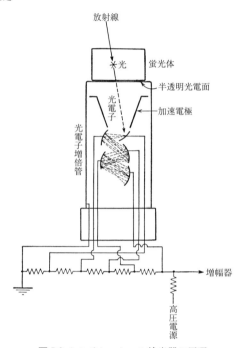

図 5.9 シンチレーション検出器の原理

体検出器よりも数十倍劣る．このため，エネルギー選別をあまり精密に必要としないで高い感度が必要な場合に適しているといえよう．

5.6 液体シンチレーションカウンター

有機物質ではアントラセンをはじめ多くの蛍光物質があるが，これをベンゼン，トルエン，キシレンなどの芳香族有機溶媒に溶かしたものも蛍光を発する．現在広く普及しているものに，トルエンにp-テルフェニル，ジフェニルオキサゾール（PPO）などを溶解した液体シンチレーターがある．これは試料を直接液体シンチレーターに溶解混合することができ，自己吸収も少なく，β線は連続スペクトルであるから，とくに低エネルギーβ線の測定に適している．

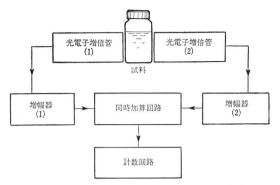

図 5.10 液体シンチレーションカウンターの構成

　試料溶液内で放射された放射線は芳香族有機溶媒分子を励起し，その励起分子が溶質の蛍光物質にエネルギーを伝達し，そこで蛍光となってエネルギーが放出される．この蛍光は，図 5.10 のような同時加算回路で効率よく測定がされている．

　水溶液試料の場合には適切な界面活性剤を含むシンチレーターを用いたり，試料が着色されている場合には蛍光の吸収を避けるために別の物質を添加するなどの工夫を要する場合もある．

5.7 飛跡による検出

　放射線が物質内を通過する経路に生ずるイオンは，それらに基づく物理的変化や化学変化を残すので，これを観察することにより飛跡の観測が可能である．過飽和蒸気の箱を利用して，生成する液滴で飛跡を観測する霧箱や，過熱液体中に放射線で生ずる気泡を観測する泡箱もその例であり，高エネルギーの素粒子の飛程や電磁場内での挙動の観測などに用いられる．つぎに放射化学の分野で普及している原子核乾板法と固体飛跡法について述べておこう．

5.7.1 原子核乾板法
　写真乳剤中の臭化銀の濃度を高くし，乳剤の厚さの大きいものが原子核乾板

として市販されている．これに荷電粒子が入ると，その飛跡に沿ってイオン化が起こり臭化銀粒子が現像可能となる．この乳剤の荷電粒子に対する阻止能は空気の1500倍程度で，ちょうど1500気圧の霧箱に相当し，高エネルギー粒子の観測に適していて，長時間の観測もできるので宇宙線の研究にも用いられる．

入射粒子のエネルギーは，粒子の種類が同じ場合には，現像後観測される飛跡の長さすなわち飛程から求められる．一方飛跡の単位長さあたりの銀粒子数は入射粒子の LET（線エネルギー付与）[†]に比例するので，入射粒子の種類も決定できる．飛跡の長さの観測は光学顕微鏡により，深さ方向と乾板面内方向を3次元的に測定して行われるが，乾板の現像定着のさいの体積変化を考慮しなければならない．

5.7.2 固体飛跡法

雲母やガラスあるいは有機高分子などの固体に，LETの大きい荷電重粒子が入射すると，その部分に局所的な放射線損傷を生ずるが，これを化学的に処理すると損傷個所を中心に溶解が選択的に進行し，光学顕微鏡で観察可能な大きさにまで成長する（図5.11）．この化学処理はエッチングと呼ばれ，物質の種類とエッチングの方法によって，観察可能な大きさにするためのもとの入射放射線のエネルギーの限界すなわちしきい値が異なる．

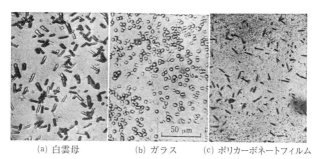

(a) 白雲母　　(b) ガラス　　(c) ポリカーボネートフィルム

図 5.11 ^{252}Cf 線源を照射したフィッショントラック［橋本哲夫博士提供］

[†] 粒子の通った飛程 $1\,\mu\mathrm{m}$ あたりに与えるエネルギー（keV）．4.2節参照．

このようなしきい値は，原子核乾板の場合にも存在するが，固体飛跡法のほうが一般にははるかに大きい．したがって，条件を選べばα線には感じないが核分裂片によってのみ飛跡をつくらせて観測することもできる．

5.8 化学線量計

実験者はもちろん，種々の材料が放射線に曝される場合などは，積算された放射線のエネルギー吸収量の測定が重要となる．この目的には，電離箱，ガラスの着色，熱量計，写真乾板の黒化，蛍光体の蛍光効率の低下などを利用したいわゆる物理的線量測定法がある．その機構からいえば化学変化を含んでいるが，測定操作に化学分析を含むものと区別された呼称である．化学線量計は化学分析が含まれるもので，つぎに代表的な化学線量計について述べよう．

線量計の満足すべき条件としては，変化量が吸収線量率によらず積算吸収線量に比例し，放射線の種類やエネルギーに大きくは左右されないことが望ましい．化学線量計では，放射線エネルギー 100 eV の吸収によって変化する原子，分子またはイオンの数である G 値の適当な化学反応が利用される．

フリッケ (Fricke) の線量計は空気を飽和した水に硫酸鉄 (II) が 10^{-3} mol l^{-1}, 硫酸が 0.4 mol l^{-1} の濃度の水溶液を用いる．放射線のエネルギーは，ほとんど完全に溶媒の水に吸収され，H，OH，H_2，H_2O_2 などを生成し，

$$H \xrightarrow{O_2} HO_2 \xrightarrow{H^+ + Fe^{2+}} H_2O_2 + Fe^{3+}$$

$$H_2O_2 \xrightarrow{H^+ + Fe^{2+}} OH + H_2O + Fe^{3+}$$

$$OH \xrightarrow{H^+ + Fe^{2+}} H_2O + Fe^{3+}$$

のような過程で鉄 (II) は鉄 (III) に酸化される．この鉄 (II) の変化量は呈色指示薬などを用いて分析定量される．^{60}Co の γ 線の 100 eV のエネルギー吸収あたりの Fe^{3+} の生成数，すなわち，$G(Fe^{3+})$ 値はほぼ一定値 15.6 を与えるので，逆に $Fe^{2+} \to Fe^{3+}$ の定量値から鉄原子の変化した個数を求め，全吸収線量が見積もられる．γ 線以外の放射線では $G(Fe^{3+})$ 値は半減することもあ

るので，正確にはそれぞれの種類の放射線での G 値を用いることが望ましい[†].

5.9 放射線のエネルギー測定

　パルス電離箱，比例計数管，半導体検出器やシンチレーション検出器などでは，個々の放射線のエネルギーに応じた波高のパルスを電気信号として弁別できるので，エネルギーの異なる放射線が混在していても，それらを選別計数すれば，エネルギーの同定により線源核種が推定でき，存在量分布も観測できる．

5.9.1 波高解析器と放射線スペクトロメトリー

　この目的にはパルス波高を図 5.12(a)のように，ある波高 h を越えたパルスのみを一方で検出し，波高 $h+\Delta h$ を越えたパルスを他方で同時に検出して，両者を互いに相殺させ，h 以上で $h+\Delta h$ 以下の波高のパルスのみを選別する．この差 Δh を一定にして波高 h を変えて掃引すれば，多様なパルスの存在する場合でもそれらの分布がわかる．このような装置を波高解析器という．

　現在では A-D 変換器と多くの記憶素子を利用して，ディジタル化された波高について順次各記憶素子に計数記憶させる多重波高解析器が普及して，図 5.12(b)のように，シンチレーション検出器や半導体検出器と組み合わせて，α 線や γ 線のエネルギー分布が精度よく観測されている．とくに半導体検出器では図 5.12(c)の右図に見られるように，分解能が優れていて，多くの核種のエネルギースペクトルが観測でき，分布や存在比を知ることができる．

　図 5.12(c)の左はシンチレーション検出器の結果であり，ピーク線幅が広く，ピークの多い場合は識別困難になるが，単純な場合にはピーク面積強度からの定量性は良い．(c)の左右両図とも 1,333 keV，1,173 keV に ^{60}Co の γ 線，662 keV に ^{137}Cs の娘核による γ 線のピークがあり，低エネルギー側にそれら γ 線のコンプトン散乱の連続スペクトルや ^{60}Co，^{137}Cs の β 線の連続スペクトルが重なって現れている．また ^{137}Cs のように，その核は γ 線を放出しなくても娘

[†] G 値は μmol/J 単位の放射線化学収量 $G(x)$ で示されることもある．その場合，G 値 = 15.6（Fe 原子数/100 eV）は，$G(x)=1.6(\mu\text{mol/J})$ に相当する．

5.9 放射線のエネルギー測定—— **95**

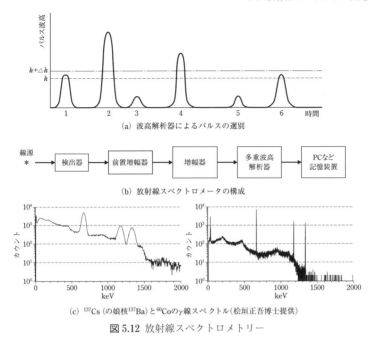

図 5.12 放射線スペクトロメトリー

核の γ 線が検出定量に利用される場合も少なくない．α 線の場合も線スペクトルなので，適切な検出器により，そのエネルギー位置にピークを見出し計測することができる．

5.9.2 β 線の最大エネルギー測定

β 粒子は α 粒子と異なり，線スペクトル的なエネルギー分布を示さない．これは β 壊変では β 粒子とともに中性微子（ニュートリノ）がともに放出され，原子核エネルギー差は β 粒子と中性微子に配分されるからである．したがって β 粒子の β 壊変前後のエネルギースペクトルは，図 4.3 のように連続スペクトルとなる．しかし，中性微子にエネルギー配分がない場合に相当する β 線の最大エネルギー値 E_{max} を求めることができれば壊変図式など放射能特性と対応させることができる．

E_{max}の簡単な測定法は，検出器と試料の間に厚さ（mg cm^{-2}）を変えてアルミニウムの箔や板を置いてβ放射能を計測し，測定できなくなるときのアルミニウム吸収体の最低限の厚さ（最大飛程に相当）を求める（図5.13）.

β線の最大エネルギーE_{max}と，アルミニウム中での最大飛程R（mg cm^{-2}）の関係は，図5.14のようになる．$E_{max}>0.7$ MeVの範囲ではこの関係は，4.1.2項でも述べたフェザー（Feather）の実験式

$$R(\text{g cm}^{-2}) = 0.543\, E_{max}(\text{MeV}) - 0.160 \qquad (4.3)$$

でも表され，これらのグラフや式を用いて最大飛程からE_{max}が求められる．

より精密なE_{max}の決定には，電子分光法と同様の装置で図4.3のようなエネルギースペクトルを測定し，曲線を解析して壊変特性が決定されている．

ただこのようなE_{max}の測定試料としては，他の放射線や他のβ核種の共存は望ましくないので，当該β核種の同定や定量には化学分離が必要となる†．

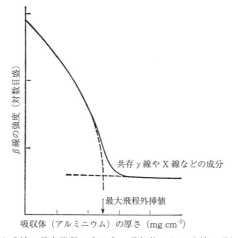

図5.13 β線の最大飛程の求め方，吸収体によるβ線の吸収曲線

---

† 5.9.1に^{137}Csの例で述べたように，その核種がβ崩壊のみでも，その娘核種の寿命が短く（永続平衡にあり）γ線を出せば，そのγ線で同定や定量ができる．しかし，^{90}Srとその娘核^{90}Yのようにβ崩壊のみの場合には，化学分離して，反同時計数回路利用の低バックグラウンド測定器などを用い，親と娘の両核種のβ線のE_{max}の測定や減衰曲線の追跡（半減期確認）が必要となる．

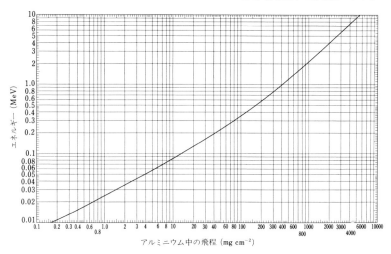

図 5.14 β粒子（電子）に対するアルミニウム中の飛程 – エネルギー関係［G. Friedlander and J. W. Kennedy, *Nuclear and Radiochemistry*, John Wiley & Sons, 1955 より］

5.10 計数効率と計数値のゆらぎ

通常の放射能測定で実際に観測される計数値 A（たとえば，カウント／分）は，試料などによる自己吸収や検出器との幾何学的配置その他による数え落しもあり，壊変率 $\Delta N/\Delta t$（Bq）とは異なる．壊変率 $\Delta N/\Delta t$ を独自に求めるには 4π 型検出器や β-γ 同時計数器による絶対測定の方法などがある．

多くの場合は，測定対象と同じ核種あるいは類似の壊変様式の核種の標準線源（権威ある特定機関により絶対測定されている）により測定器の計数効率を較正しておき，$A = k\Delta N/\Delta t$ の比例関係があると考えて，精度の良い計数効率 k を求めて，相対測定により壊変率が求められる．計数効率は測定方法や測定器の種類，核種の壊変様式などでも異なることに留意が必要である．

つぎに計数率の揺らぎ（統計誤差）を考えよう．壊変の式（2.3）に相当する．

$$-\frac{\Delta N}{\Delta t} = \lambda N \qquad (5.2)$$

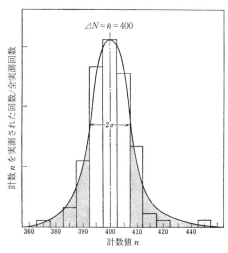

図 5.15 多数回の計数実験で得られる計数値の再現性
曲線はガウス分布曲線,白抜き部分は曲線の積分値の 68.3% に相当する.

は,短い測定時間 Δt の間に計数されるはずの壊変数 ΔN の割合であるが,半減期に比べてはるかに短い時間での測定であれば右辺は一定と考えてよい.

ところが壊変現象は確率的事象であるから,Δt 時間の壊変の実測値 n は ΔN と一致することもあるが,ある程度外れることもある.ためしに長寿命の放射性試料を用いて,Δt 時間の放射能計数をくり返して計数の頻度分布をみると図 5.15 のようになる.測定時間 Δt 内に計数される値が高い場合,すなわち強い放射能試料の場合のほうが分布の鋭いことも容易に予想されよう.

このような観測を限りなくくり返していけば,その平均値は本来期待される値に近づくであろう ($\bar{n} \to \Delta N$).実際に計数値が十分多ければ図 5.15 のピークのおもな部分はガウス分布に近づくのである.また,各測定値 n が平均値 $\bar{n}$ から外れている分布の目安には,標準偏差 σ が次式のように定義される.

$$\sigma^2 = \sum_{n=0}^{\infty} (\bar{n} - n)^2 W(n) \tag{5.3}$$

ここで $W(n)$ は n の値を与える確率であり,図 5.15 の縦軸の値すなわち n を与える頻度に相当する.式 (5.3) は数学的に解かれ次式のようになる.

$$\sigma^2 = \bar{n} \tag{5.4}$$

しかし多くの測定をしないで,1回の測定値が得られたとき,その測定値をどのように信頼したらよいのであろうか.測定値 n の値が十分に大きいときには,図 5.15 の分布も鋭くなり,式(5.3)の平均値 $\bar{n}$ の代りに 1 回の測定値 n を用いてもよいであろう(1回の測定データしか利用できなければ,こうするより仕方がないのである).このような意味を含めて,測定値 n には

$$n \pm \sigma = n \pm \sqrt{n} \tag{5.5}$$

のように標準偏差を付記する[†].たとえば n が 1 分間測定で 4023d/60s であれば $\sqrt{4023} = 63\mathrm{d}$ が標準偏差で,Bq 表記(d/s)では 67 ± 1.1 となる.これを 9 分間測定し 36225d/540s であれば,標準偏差は $\sqrt{36225} = 190\mathrm{d}$ で,Bq 表記は 67 ± 0.35 となり,測定時間の平方根に反比例して標準偏差が減少し信頼度が増す[††].実際の測定値の処理では,バックグラウンドの差し引きとか,他成分の放射能の消去や別々の計数値の合算など,互いに標準偏差をもつ場合がある.その結果に付随する標準偏差にはつぎのような公式がある.

$$
\begin{aligned}
&\text{加}\ (n_1 \pm \sigma_1) + (n_2 \pm \sigma_2) = (n_1 + n_2) \pm \sqrt{\sigma_1^2 + \sigma_2^2} \\
&\text{減}\ (n_1 \pm \sigma_1) - (n_2 \pm \sigma_2) = (n_1 - n_2) \pm \sqrt{\sigma_1^2 + \sigma_2^2} \\
&\text{乗}\ (n_1 \pm \sigma_1) \times (n_2 \pm \sigma_2) = n_1 \times n_2 \pm n_1 \times n_2 \sqrt{(\sigma_1/n_1)^2 + (\sigma_2/n_2)^2} \\
&\text{除}\ (n_1 \pm \sigma_1) / (n_2 \pm \sigma_2) = n_1 / n_2 \pm n_1 / n_2 \sqrt{(\sigma_1/n_1)^2 + (\sigma_2/n_2)^2}
\end{aligned}
\tag{5.6}
$$

――――――――― ニュートリノの謎 ―――――――――

1,2 章でふれたがニュートリノ(中性微子)の存在は,β 線のエネルギーの保存則を満たすためにパウリが予言し,フェルミが理論化した粒子で,質量はゼロで物質との相

[†] 標準偏差 σ は,$\bar{n} \pm \sigma$ の間に測定値の入る確率が 68.3%,$\bar{n} \pm 2\sigma$ に入る確率は 95.5%になるなどの尺度になっている.なお本文の式は,核の壊変確率はポアソン分布に従うことから導かれる.

[††] 式(5.5)はこのように実測値そのものに適用される.たとえば 9 分間測定したものを 1 分あたりに換算した値(36225/9 = 4025)の平方根ではない.

互作用がほとんどなく，物質に対する透過性はきわめて高いとされた．ところがその存在は確認されても，質量がゼロか有限の値をもつのか不明で活発な議論もされた．

なにしろ物質との相互作用がほとんどなく，たとえば10^{11}eV のニュートリノは地球を数百個並べてこれを貫通させてやっと物質と反応する程度であるから，詳細な観測情報を得るのが難しい．しかしその観測への挑戦がされ，わが国はそれをリードしてきた．

岐阜県の神岡鉱山は江戸時代は銀山，明治以降は亜鉛，鉛，銀，金，カドミウムなどの非鉄金属鉱山，さらには神通川流域のイタイイタイ病の汚染源として歴史に名を刻んだが，その廃坑を利用して地下1kmに直径39m，高さ42mの巨大な水槽が設置され，約5万トンの純水を貯えた水槽のまわりに約1万個の光電子増倍管がわずかな光を検出するように配置された．これがニュートリノに対する一台の検出器となるカミオカンデ，さらにはスーパーカミオカンデと発展した装置である．この巨大水槽の水分子の電子にニュートリノが衝突して電子を放出させると微弱な光を光電子増倍管が検出する．検出確率は低いが条件による差額は観察でき，たとえば神岡鉱山の真上からの入射ニュートリノと地球の裏側からの入射ニュートリノとでは，地球の直径の13,000kmの行程差があり，ニュートリノの生成源の宇宙線が均等とすれば，地球を透過する間でのその変化が観測上の差額として現れる．ニュートリノには，電子-，ミュー-，タウニュートリノの3種類あるが（3.4.1項参照），ミューニュートリノについて明瞭な差が観測された．

太陽ニュートリノ観測でもニュートリノが明らかに減少するという太陽ニュートリノ問題が確認され，2001年6月その結果とカナダのSNO実験結果から，太陽ニュートリノの減少は地球上で観測するまでの間にニュートリノ振動でニュートリノの種類が変化したことや質量の存在が確実になった．スーパーカミオカンデでは太陽ニュートリノを電子-，ミュー-，タウ-のニュートリノ全てを観測し，太陽で生まれた電子ニュートリノの2/3はミューまたはタウニュートリノに変わっていることがわかった．

一方，純粋なミューニュートリノを人工的に大量につくり，これをスーパーカミオカンデで観測する実験も進められた．茨城県つくば市の高エネルギー加速器研究機構の加速装置で発生させたミューニュートリノを中部山岳地帯を貫いて，約250km離れた神岡で変化を観測しニュートリノ間の振動が見出された（K2K実験）．これまで大気ニュートリノや太陽ニュートリノ，人工のニュートリノを調べて，ミュー型とタウ型，電子型からミュー型やタウ型へと変化するニュートリノ振動は確認されていたが，ミュー型から電子型へのニュートリノ振動は発見されていなかった．最近，東海村のJ-PARC線形加速器で陽子を加速し，スーパーカミオカンデへニュートリノビームを射出するT2K実験で，初めてミュー型が電子型ニュートリノへと変化する現象の兆候が捉えられた．これらカミオカンデの成果が小柴昌俊氏のノーベル賞（2002年）となったことは記憶に新しい．2011年夏，欧州合同原子核研究機構から730kmのGran Sasso国立研究所へ発射された数十億のニュートリノ粒子の到達時間は光よりも60nsほど速かった（誤差10ns以下）と報じられて大きな話題となった．

6 原子核反応と放射性同位体

　原子核に粒子をぶつけて別の原子核に変換する反応，すなわち核反応が発見されたのは1919年ラザフォード（Rutherford）によってである．彼はRaB（^{214}Pb）とRaC（^{214}Bi）の混合物からのα粒子を^{14}Nにあてると陽子が放出されて^{17}Oができることを見出した．その後，このような天然の放射性核種の壊変で放出される粒子を利用するばかりでなく，荷電粒子を人工的に高エネルギーに加速して核変換を起こすため，いろいろな加速器がつくられるようになった．1932年コッククロフト（Cockcroft）とウォルトン（Walton）がつくった加速器では，陽子を加速して^{7}Liの原子核に衝突させると，2個のα粒子が生ずることが示された．

　また，1934年頃，キュリー，ジョリオが加速器を用いた核反応で放射性同位体をはじめて人工的に製造した．たとえば^{27}Alにα粒子をぶつけると，中性子が放出されて放射性の^{30}Pが生成する．一方，フェルミらは中性子による実験を行い，ローレンス（Lawrence）によるサイクロトロンの開発とともに核反応についての研究は大いに進んだ．また1938年にはハーンとシュトラスマンにより中性子による誘導核分裂が発見され，原子力利用への扉が開かれることになった．

　今日では，原子炉によって原子力エネルギーの利用や放射性同位体の製造が実際に行われており，また新しい大型加速器の開発によって高エネルギーの核反応を通じて原子核のなりたちや性質についての研究がさかんに行われている．

　本章では，放射性同位体の製造に不可欠な核反応についての基本的な事柄や核反応を起こす手段としての加速器のあらましにふれ，また核反応によって人

102 —— ⑥ 原子核反応と放射性同位体

工的につくり出される放射性元素（超ウラン元素・超重元素）についても簡単に述べることにしよう．

6.1 核反応と核分裂

6.1.1 核反応

ターゲット核（標的核）Aに軽い入射粒子aがあたって核Bが生成し，そのさいに軽い放出粒子bが出ていく核反応は，

$$A(a, b)B \quad \text{または} \quad A+a \longrightarrow B+b$$

と表すのがふつうである．右の式のように表したとき，一般には矢印の両側ではそれぞれの質量の和は等しくない．A＋a（反応系）からB＋b（生成系）の静止質量を引いた差をエネルギーで表したものをQ値と呼び，化学反応の場合のように，Q値が正なら発熱反応，負なら吸熱反応になる．Q値が負すなわち反応後に系の質量が増大する場合は，それに相当するよりも大きいエネルギーを入射粒子が持ち込む必要がある．実際には，運動量保存則により入射粒子の運動エネルギーの一部は生成系の運動エネルギーとして用いられるので，反応が起こるためには入射粒子が，

$$(-Q) \times \frac{m_A + m_a}{m_A} \tag{6.1}$$

以上のエネルギーをもっていなければならない（ただしm_A, m_aはそれぞれターゲット核，入射粒子の質量とする）．

aが中性でなく，p, d, αなどの荷電粒子である場合には，ターゲット核との間にクーロン反発力が働くから，核に近づくためにさらに余分なエネルギーが必要になる．このクーロン障壁のポテンシャルV（MeV）は，

$$V = \frac{Z_A Z_a e^2}{r_A + r_a} \fallingdotseq \frac{Z_A Z_a e^2}{r_A} = 1.03 \frac{Z_A Z_a}{A^{1/3}} \tag{6.2}$$

で与えられる．ここでZ_A, Z_aおよびr_A, r_aはそれぞれターゲット核，入射粒子の原子番号または荷電数，および核半径である．荷電粒子は，式（6.1）と

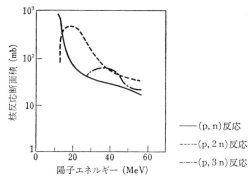

図6.1 ⁶⁹Gaを陽子で照射したときの核反応の励起関数

(6.2) で表される合計の運動エネルギーをもつとき反応を起こすことになる†.

核反応の起こりやすさ (確率) は反応断面積 (cross section, σ) によって表される. すると, 単位体積 (1 cm³) あたり n 個のターゲット核を含む体積 v cm³ のターゲットに, 単位面積 (1 cm²) あたり毎秒 f 個の粒子束密度で入射粒子があたったとき, 毎秒起こる核反応数 (あるいは毎秒生ずる生成核数) N は,

$$N = f\sigma v n \qquad (6.3)$$

で与えられる. 反応断面積は, 面積の次元をもつが, 非常に小さいので 10^{-24} cm² (原子核の実際の断面積に近い大きさ) を1バーン (barn, 記号 b) と呼び, その単位に用いる. 反応断面積は, 入射粒子のエネルギーによって変わることが予想される. 核反応断面積を入射粒子エネルギーの関数として表したものを励起関数 (excitation function) という. 核反応で放射性核種を製造するさいには, 目的の核反応の励起関数を知る必要がある. 図6.1にその例を示す.

励起関数からわかるように, 入射粒子のエネルギーによって起こりやすい核反応の種類は変わっていく. 核反応が実際にどのようなしくみで起こるかについての詳しい説明はここでは省くが, 代表的なものに複合核モデルと直接過程

---

† 例外は (d, p) 反応で, 重陽子の p-n の結合が比較的弱いので, d がターゲット核に近づくと, 陽子がクーロン障壁の外に残り, 中性子だけが核に入りこんで反応する. このため, V よりずっと低エネルギーで反応が起こる. これをオッペンハイマー・フィリップス (Oppenheimer-Phillips) の過程という.

104 —— 6 原子核反応と放射性同位体

表 6.1 ターゲット核の核反応によって生成する核種の例

質量数 原子番号	$A-3$	$A-2$	$A-1$	A	$A+1$	$A+2$	$A+3$
$Z+2$					$(\alpha, 3\mathrm{n})$	$(\alpha, 2\mathrm{n})$	(α, n)
$Z+1$				(p, n) $(\mathrm{d}, 2\mathrm{n})$	(p, γ) (d, n)	(t, n)	
Z			(γ, n) $(\mathrm{n}, 2\mathrm{n})$	ターゲット核	(n, γ) (d, p)	(t, p)	
$Z-1$	(p, α)	(d, α)	(γ, p)	(n, p)			
$Z-2$	(n, α)						

によるモデルがある．中性子捕獲反応（4.1.4項参照）のように低エネルギーの粒子が核に取り込まれても，核子の結合エネルギーが余るため核（核子）全体は励起されることになる[†]．このような入射粒子を含む準安定状態の核を複合核といい，液滴の温度が高くなった状態にたとえられる．そして液滴表面から分子が蒸発するように，核子の一部が複合核から放出される（放出粒子）ことによって励起エネルギーが失われていく．このような複合核モデルに対して，高エネルギー（数十～100 MeV 以上）の入射粒子による核反応では，大きな運動エネルギーを受け取った核子が直接核外にはじき飛ばされる直接過程が見られる[††]．直接過程でも，核内に残った励起エネルギーによってさらに複合核生成の場合と同様に核子の蒸発が引き続いて起こることもある．

ターゲット核，入射粒子の種類やエネルギーによって，いろいろな核反応が起こるから，核反応で目的の放射性核種を製造する道筋は1つに限らない．表6.1には，あるターゲット核（原子番号 Z，質量数 A）から出発して近傍の核種を製造するさいに用いられる代表的な核反応の例を示した．この表でターゲット核から左右の隣りに進む核反応，すなわち (γ, n)，$(\mathrm{n}, 2\mathrm{n})$，$(\mathrm{n}, \gamma)$，$(\mathrm{d},$

[†] 入射粒子のエネルギーも核の励起に用いられることはいうまでもない．
[††] 高エネルギーの核反応では，核がばらばらにこわれて多数の軽い核種が生成する破砕反応 (spallation reaction) が起こる．高層大気中での宇宙線による核反応はその例である．

p）などの反応では，Z は不変で質量数が 1 減少または増加することになり，ターゲット核種の同位体が生成する．これ以外の向きの核反応では Z が増減するので，ターゲット核種とは異なる元素の放射性核種が生成する．したがって，無担体または高比放射能の放射性核種の製造に適した方法である．

6.1.2 核分裂

　原子番号，質量数の大きい原子核は，不安定で α 壊変を起こしやすいことは前に述べたが（2.2.1 項参照），このほかに原子核が 2 個の小さい原子核に割れる核分裂という過程も存在する．1938 年，シュトラスマンとハーンはウランに中性子をぶつけると原子核が励起されて分裂が起こることを発見したが，これは誘導核分裂といわれる現象である．ついで，^{238}U のような重い核では自然にも核分裂が起こる（ただしその確率は α 壊変に比べてはるかに小さい）ことが見出され，これは自発核分裂（SF）と呼ばれている．

　核分裂の起こるしくみは液滴模型によって説明されており[†]，核が変形して亜鈴状に引きのばされると，遂にはちぎれて 2 つの小さい核分裂片になる[††]．このとき，2〜3 個の中性子が同時に放出される（これを核分裂中性子という）．生じた核分裂片は，安定核よりもなお中性子が過剰であるため，つぎつぎと，β^- 壊変をくり返して原子番号が増加し，安定な核に変わる．図 6.2 は核分裂片の質量数がどのような分布になるかを示す例である．ふつうの低い励起エネルギー（数 MeV）での誘導核分裂では，この図のように山が 2 つ，すなわち質量数がほぼ 100 と 140 の付近にそれぞれピークのある分布になる（これを非対称分裂という）．40 MeV くらいの高い励起エネルギーでの誘導核分裂では質量数 120 付近に 1 つだけ山のある分布を示す（対称分裂という）．

　1 個の核分裂によって約 200 MeV のエネルギーが放出されるが（2.1.3 項参照），その大部分は核分裂生成物と中性子の運動エネルギー，すなわち熱エネルギーになるので，これが原子力発電に利用されている．核分裂によるエネ

[†] 陽子どうしのクーロン反発力と，表面張力とのつり合いを考える．
[††] 核分裂では 2 個に分裂する（2 体分裂）のがふつうであるが稀に 3 個に分裂する（3 体分裂）こともある．

106──6 原子核反応と放射性同位体

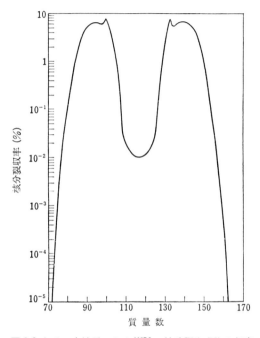

図 6.2 おそい中性子による ^{235}U の核分裂生成物の収率

ルギー源（核燃料）となるのは，^{235}U，^{233}U，^{239}Pu であるが，それは熱中性子とこれらの核種の結合エネルギーが，核分裂に至るポテンシャル障壁のエネルギーより大きいからである．これ以外の重い核種でも高速中性子を用いれば，ポテンシャル障壁を越えて分裂する場合がある．また，ポテンシャル障壁を量子力学的トンネル効果で通過するわずかな確率もあるので，いくつかの重い核種では自発核分裂による壊変も知られているが，その壊変定数は小さい．

　核分裂を用いれば，多量かつ多種の核分裂生成物としての核種がつくられる．この場合，重い核は陽子に対して中性子が多いので，核分裂で生成する核は中性子を減少させるためにβ^-壊変をする．このとき直接中性子放出を伴う場合もあり，この中性子を遅発中性子という．また，核分裂で発生する中性子を用いて，たとえば (n, γ) 反応，(n, p) 反応，(n, α) 反応などの核反応によっ

て目的の核種を製造できる．とくに中性子を減速した熱中性子の (n, γ) 反応の断面積は大きい場合があり，核種の製造や放射化分析に利用される．

6.2 加速器および中性子源

核反応を起こすための粒子源のおもなものは，荷電粒子を加速する加速器と，原子炉その他の中性子源である．

6.2.1 加速器

加速器の多くは，電極間の電位差や磁場の変化を用いて荷電粒子を加速し大きなエネルギーを与えるものである．

コッククロフトとウォルトンは 1932 年，整流管とコンデンサーを多数組み合わせて高電圧（静電圧）をつくり，これを加速管の電極にかけて陽子などの

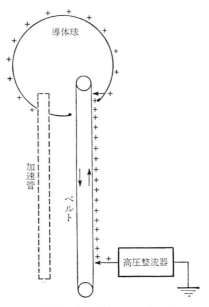

図 6.3 バンデグラーフの装置

108 —— 6 原子核反応と放射性同位体

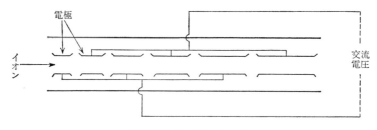

図 6.4 線型加速器の加速管

荷電粒子を加速する装置をはじめて製作した．これはコッククロフト・ウォルトンの装置と呼ばれ，1 MeV 程度までの加速が可能で比較的大きな加速粒子束（電流）が得られる．得られる粒子エネルギーが小さく，今日では加速器としてよりも $^3H(d,n)^4He$ 反応（d を 200 keV くらいに加速）を利用して中性子を発生する装置として用いられる．

図 6.3 のように，絶縁した導体球の表面に静電気をベルトで運んで高い静電圧を得るバンデグラーフ（van de Graaf）の装置と呼ばれる加速器もある．この装置では大地（アース）との間で 10 MeV 程度の静電圧が得られ，その電圧を加速管にかけてイオン（荷電粒子）を加速する．現在では，後述する LINAC のようにさらに高エネルギーの加速器に注入するイオンの初期加速用として補助的に用いられたり，$^9Be(d,n)^{10}B$ 反応による中性子発生装置として利用されることが多い．

交流電圧を用いて加速する装置には，線型加速器（LINAC という．linear accelerator の略）やサイクロトロンがある．線型加速器は，図 6.4 のように，加速管内に並べた円筒状電極に 1 つおきに交流電圧をかけるものである．イオン（荷電粒子）は電極間のギャップのみで加速され，電極内は等速で通過するので，第 1 のギャップで加速されたイオンが第 2 のギャップに達したときに電位が逆転するというように，交流電圧の周波数と電極板の長さが合わされていれば，イオンは各ギャップにおいて段階的に加速され，最終的に大きなエネルギーを得ることになる．ギャップの通過ごとに，イオンの速度が増加するので，電極板の長さもそれに合わせしだいに長くなるようにつくられている．今日で

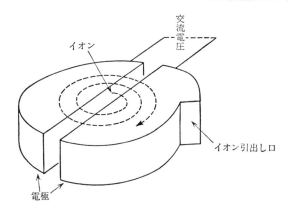

図 6.5 サイクロトロンの原理図
電極の上下には磁石があり，垂直方向に磁場がかかるようになっている．

は，高周波技術が進歩した結果，線型加速器で GeV（10^9 eV）を越える高エネルギーを得ることが可能である．米国スタンフォード大学にある線型加速器は，全長約 3 km で電子を 35 ないし 56 GeV まで加速できる．

線型加速器では高エネルギーを得るのに装置が非常に長くなるので，これを円型にしたものがサイクロトロンである．図 6.5 のように，D（ディー）と呼ばれる半円型中空電極 2 個からなり，これに垂直に磁場がかけられている．イオンは円の中心部からスタートして半円電極内では等速の円運動を行うが，2 つの電極間のギャップで交流電圧により加速される結果，しだいに円運動の半径が増加してらせん状に円周部に近づき，最後に外に引き出される．円運動の角速度 ω は磁場 H，イオンの質量 m と

$$\omega = \frac{He}{m} \tag{6.4}$$

なる関係があるので，磁場およびイオン（e/m）が一定なら角速度も一定となる．したがってイオンが半周してギャップに達するごとに交流電位が逆転するようになっていればよい．サイクロトロンで得られる最大粒子エネルギーは，その半径の 2 乗に比例するが，エネルギーが大きくなると，相対論的質量増加で m が増大し，ω が減少してイオンの進行が電位変化についていけなくなる

ため限界がある†.

このようなサイクロトロンの限界を解決するため，高周波電圧の周波数を変調してイオンの円運動速度の減少に同期する方式が考えられた．これを FM サイクロトロン（FM は frequency modulated の略）といい，たとえば半径 184 インチのものでは，重陽子を 200 MeV まで加速することができる．

電子の加速用に用いられるベータトロンは変圧器によく似た装置である．鉄芯のまわりに，2 次コイルの代りにドーナツ型の中空（真空）加速管があって，鉄芯内の交流磁場変化で管内に電子流が生じ，これを磁場変化で生ずる電場で加速するものである．500 MeV 程度のエネルギーまで加速できる．

現在，世界の大きな高エネルギー加速器はほとんどシンクロトロンである．シンクロトロンでは，加速されるイオンの通る円型軌道上にのみ磁石をならべて電場をつくり，高周波加速電圧の周波数と磁場の強さを変えて加速を行うものである．米国やスイスには直径 2 km を越える巨大なシンクロトロンがあり，陽子を 400 GeV 以上まで加速することができる．わが国では，高エネルギー加速器研究機構と日本原子力研究開発機構が共同で茨城県東海村に設置した J-PARC に最大エネルギー 50 GeV の陽子シンクロトロンがある．

6.2.2 中性子源

最も強い中性子源は原子炉であって，これは核分裂による中性子を利用するものである．原子炉については 8.4 節で詳しく述べるので，ここではそれ以外の中性子源にふれておく．最も手軽で小型の中性子源は放射性核種を用いて，核反応のさいの放出粒子としての中性子を利用するものである．^{252}Cf の自発核分裂や，^{226}Ra, ^{238}Pu, ^{241}Am などの α 放射体とベリリウム粉末の混合物を容器に封入し，(α, n) 反応で放出される中性子（10 MeV 近いエネルギーのものもある）を用いるのがふつうであるが，ほかに ^{124}Sb のような γ 放射体とベリリウム粉末を混ぜて，(γ, n) 反応による中性子を用いる場合もある．また，サイクロトロンで加速した重陽子をベリリウムやリチウムのターゲットに照射

---

† 60 インチサイクロトロンでは，重陽子（d）で 20 MeV 程度といわれている．

し，(d, n) 反応からの中性子を利用するか，コッククロフト・ウォルトンの装置で加速した重陽子をトリチウムに照射し，^{3}H(d, n)^{4}He 反応からの中性子（これは 14 MeV もの高エネルギーである）を利用することもある．

6.3 人工放射性元素

周期表の 92 番元素までのうち，43, 61, 85 および 87 番元素以外のものは天然に見出されていた．87 番元素フランシウム（Fr）は 1939 年 ^{227}Ac 中で見つかり，また 85 番元素アスタチンはまず人工的につくられた後，天然の放射壊変系列中で見出された．したがって人工放射性元素，すなわち人工的につくられた放射性同位体のみで安定同位体のない元素は，43 番元素テクネチウム，61 番元素プロメチウムと 93 番以降の超ウラン元素などを指すことになる．

6.3.1 テクネチウム

1937 年ペリエとセグレ（Perrier と Segré）はモリブデンのターゲットに d を照射して ^{95m}Tc（半減期 61 d）および ^{97m}Tc（90.5 d）を得た．これが 43 番元素であることは内部転換に伴う特性 X 線によって確認されている．現在では，多数の放射性同位体が知られているが，最も長寿命のものは ^{98}Tc（4.2×10^6 y）である．また，核分裂生成物中には ^{99}Tc（2.111×10^5 y）が大量に含まれていることがわかっている．

6.3.2 プロメチウム

1945 年，マリンスキー，グレンドニン，コリエル（Marinsky, Glendenin, Coryell）らは，^{235}U の核分裂生成物中からイオン交換分離で ^{147}Pm（半減期 2.6234 y）を取り出した．プロメチウムの放射性同位体も質量数 143 から 154 まで十数種にのぼり，そのうち，最も長寿命なものは ^{145}Pm（17.7 y）である．

6.3.3 超ウラン元素

周期表でウラン（92番元素）より原子番号の大きい元素は超ウラン元素と呼ばれ，すべて人工放射性元素で天然には存在しない[†]．これらのうち，ローレンシウム（103番元素）までは，周期表でランタノイドの下に位置するアクチノイドに属する[††]．

超ウラン元素のうち最初に発見されたものは，ネプツニウムである．1940年，マクミラン（McMillan）とアベルソン（Abelson）は ^{238}U に中性子を照射すると，(n, γ) 反応によってまず ^{239}U が生成し，ついで $β^-$ 壊変により新しい93番元素ネプツニウムの核種 ^{239}Np（半減期 2.356 d）が得られることを見出した．また，1944年にはパイル（原子炉）中の核反応によってウランから $50\,\mu g$ の ^{237}Np（2.144×10^6 y）が製造されたが，これが秤量できる程度のネプツニウムが得られた最初である．ネプツニウムの放射性同位体は質量数 229 から 241 までのものが知られており，そのうち最も長寿命のものは ^{237}Np である（2.4.1項参照）．

94番元素プルトニウムは，1940年マクミラン，シーボーグ（Seaborg）らがウランにサイクロトロンで重陽子を照射して ^{238}Pu（半減期 87.7 y）を生成したのが最初である．

$$^{238}\text{U}\,(d, 2n)\,^{238}\text{Np} \xrightarrow{\beta^-} {}^{238}\text{Pu}$$

プルトニウムは原子炉中で ^{238}U から次の反応で生成する．

$$^{238}\text{U}\,(n, \gamma)\,^{239}\text{U} \xrightarrow{\beta^-} {}^{239}\text{Np} \xrightarrow{\beta^-} {}^{239}\text{Pu}$$

この ^{239}Pu（半減期 2.411×10^4 y）は前述のように核燃料として用いられる（6.1.2項参照）．プルトニウムの同位体は質量数 232 から 246 までのものが知られているが，最も長寿命なのは ^{244}Pu（8.08×10^7 y）である．

[†] 実際にはかつて天然に存在したが現在までにほとんど壊変してしまった消滅核種がいくつか知られている．

[††] 1944年シーボーグがアクチニウム（89番元素）から 5f 軌道に電子が入るアクチノイドがはじまることを提案した．

95番アメリシウム Am，96番キュリウム Cm，97番バークリウム Bk，98番カリホルニウム Cf の4元素は，1944年から1950年にかけていずれもシーボーグ，ギオルソ（Ghiorso）らのグループによってつぎのような核反応でつくり出されている．

$$^{239}\text{Pu}(n,\gamma)\,^{240}\text{Pu}(n,\gamma)\,^{241}\text{Pu} \xrightarrow{\beta^-} {}^{241}\text{Am} \text{（半減期 432.2 y）}$$
$$^{239}\text{Pu}(\alpha,n)\,^{242}\text{Cm}(162.8\,\text{d})$$
$$^{241}\text{Am}(\alpha,2n)\,^{243}\text{Bk}(4.5\,\text{h})$$
$$^{242}\text{Cm}(\alpha,n)\,^{245}\text{Cf}(43.6\,\text{m})$$

これらの核反応のうち，(α,n)，$(\alpha,2n)$ 反応はカリフォルニア大学（バークレー）の60インチサイクロトロンで α 粒子（He イオン）を 32～35 MeV に加速してターゲット核を衝撃したものであり[†]，^{241}Am はシカゴ大学の原子炉で熱中性子捕獲反応をくり返して（多重中性子捕獲という）得られたものである．アメリシウム，キュリウム，バークリウム，カリホルニウムの現在知られている最も長寿命の同位体は，それぞれ ^{243}Am（7.37×10^3 y），^{247}Cm（1.56×10^7 y），^{247}Bk（1.4×10^3 y），^{251}Cf（9.0×10^2 y）である．またアイソトープの利用という点では ^{241}Am や ^{252}Cf が重要である（第8章参照）．

99番および100番元素は，1952年西太平洋で行われた熱核爆発実験"Mike"の放射性塵（ちり）のなかからギオルソ，シーボーグらによって発見された．これらは，それぞれアインスタイニウム Es，フェルミウム Fm と呼ばれている．現在知られている最も長寿命の同位体は ^{252}Es（471.7 d）と ^{257}Fm（100.5 d）である．

101番元素メンデレビウム Md は，1955年，同じくギオルソ，シーボーグらによりサイクロトロンで加速した He イオンを用いた核反応でつくられた．

$$^{253}\text{Es}(\alpha,n)\,^{256}\text{Md}(1.30\,\text{h})$$

超ウラン元素の同位体を得るにはいくつかの方法があるが，主な例としては加速器を用いる重イオンによる衝撃，高中性子束同位体製造炉（HFIR）を用いる多重中性子捕獲，核爆発などの生成物からの分離である．高中性子束同位

[†] バークリウム，カリホルニウムなどの名は，これらに因んだものである．

114 —— 6 原子核反応と放射性同位体

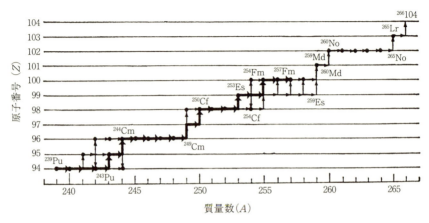

図 6.6 超プルトニウム元素の製造に用いられる中性子反応の系列の例［G. T. Seaborg, *Ann. Rev. Nucl. Sci.*, **18**, 119, Fig. 19, ©1968 by Annual Review Inc.］

体製造炉（中性子束密度は 3×10^{15} cm^{-2}s^{-1} にも達する）では，図 6.6 に示すような中性子反応の系列によって超プルトニウム元素が製造される．また，地下核爆発実験のさいには，10^{-6} 秒くらいの短時間に $10^{30} \sim 10^{31}$ cm^{-2}s^{-1} もの強い中性子束を生ずるため瞬間的に多数の中性子が吸収されてまず質量数の大きい中性子過剰核ができ，ついで β^- 壊変をくり返して原子番号が増加していく．図 6.7 にはこれまでに行われた核爆発 "Barbel"（1964），"Cyclamen"（1966），"Hutch"（1969）で生成した核種の分布を示した．

6.3.4 超重元素

　超ウラン元素の同位体はいずれも地球の寿命よりも短命であり，初期に生成された元素が今日まで生き残っているものはほとんどない（消滅核種）．超ウラン元素は原子番号が増すにつれて不安定化し，半減期が短くなるため人工的に合成・確認することがますます困難になる．

　一方，原子核の安定性についての理論的研究から，ウランよりも原子番号がずっと大きい超重元素が，原子番号 114，質量数 300 付近に安定的に存在する可能性が予測され，これは安定な島（island of stability）と呼ばれた（図 6.8

6.3 人工放射性元素——115

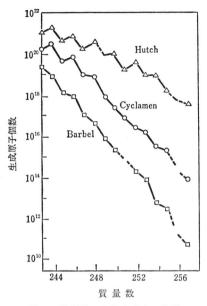

図 6.7 核爆発により生成する核種

参照)†. すなわち, 原子核も閉殻をつくるところで著しく安定となるが, 陽子数については 82 の閉殻（鉛）のつぎは 114 であり, 中性子数については 126 のつぎは 184 となるので, 質量数 298（= 114 + 184）の 114 番元素が安定性の大きい核種として予想されるのである. 人工的に, このような超重元素を合成する唯一の道は途中の不安定な領域を一気にとび越える重イオン核反応である.

超ウラン元素のターゲットに重イオンを照射する「熱い」融合反応では, 高エネルギーに励起された融合核から 4～5 個の中性子が放出された後, 目的核が生成する. 生成物の反跳を利用してターゲットから分離し, 高速の気流にのせて運び出した壊変を検出器でしらべれば, きわめて短寿命でわずかな原子数の新元素が確認できる. 104 番から 106 番までの元素はこうしてつくられた.

---

† 超重元素 (super heavy elements) とは, 原子番号 110 以上で安定な島付近の核種を想定したものであったが, 最近ではアクチノイドが終わったあとの 104 番元素からを超重元素とする考え方もある.

116 —— 6 原子核反応と放射性同位体

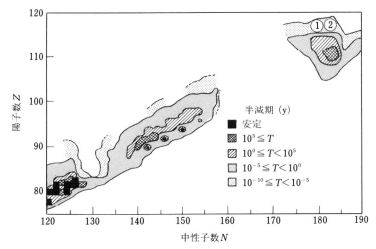

図 6.8 超重元素の安定性 [G. T. Seaborg *et al.*, *Science*, **203**, 711, 1979 より]
既知の重元素から未知の超重元素までの核種の安定性を示す．図の左下部は図 2.2 の右上部に相当し，図の右上部には 110〜114 番元素付近に予想される安定な島 (island of stability) が示されている．①, ② はそれぞれ ^{48}Ca＋^{248}Cm, ^{48}Ca＋^{250}Cm 反応の生成核種の予想位置である．

　107 番以上の元素はさらに短寿命で，この方法では生成断面積も小さいと考えられるので，中性子数が閉殻となるターゲット核や入射重イオンを選ぶ，融合核の励起エネルギーが小さい「冷たい」融合反応が用いられた．こうしてドイツの重イオン科学研究所 (GSI) が 112 番までの元素を合成したが，112 番元素までは半減期が 1 秒にも達しない不安定な核種であった．

　一方，理論的に安定と予想される 114 番元素 (陽子数が魔法数の 114) については，これまでも図 6.8 に示したような融合反応による合成の試みや，天然にそのような核種が存在した痕跡を探る試みが行われたが，なかなか成功しなかった．しかし，その後，ドブナのロシア合同原子核研究所は，米国ローレンスリバモア国立研究所と協力して原子番号 114 の超重元素を合成することに成功したと発表した．重イオン加速器で ^{244}Pu のターゲットを ^{48}Ca で衝撃し，「熱い」融合反応で質量数 289 の 114 番元素の原子 1 個を生成したもので，壊変までの寿命は 30 秒と報じられている．これは近隣の従来の新原子核より寿

6.3 人工放射性元素 —— **117**

表 6.2 超重元素と周期表

1 H																	2 He
3 Li	4 Be											5 B	6 C	7 N	8 O	9 F	10 Ne
11 Na	12 Mg											13 Al	14 Si	15 P	16 S	17 Cl	18 Ar
19 K	20 Ca	21 Sc	22 Ti	23 V	24 Cr	25 Mn	26 Fe	27 Co	28 Ni	29 Cu	30 Zn	31 Ga	32 Ge	33 As	34 Se	35 Br	36 Kr
37 Rb	38 Sr	39 Y	40 Zr	41 Nb	42 Mo	43 Tc	44 Ru	45 Rh	46 Pd	47 Ag	48 Cd	49 In	50 Sn	51 Sb	52 Te	53 I	54 Xe
55 Cs	56 Ba	57-71 ランタ ノイド	72 Hf	73 Ta	74 W	75 Re	76 Os	77 Ir	78 Pt	79 Au	80 Hg	81 Tl	82 Pb	83 Bi	84 Po	85 At	86 Rn
87 Fr	88 Ra	89-103 アクチ ノイド	104 Rf	105 Db	106 Sg	107 Bh	108 Hs	109 Mt	110 Ds	111 Rg	112 Cn	113 Nh	114 Fl	115 Mc	116 Lv	117 Ts	118 Og

ランタノイド	57 La	58 Ce	59 Pr	60 Nd	61 Pm	62 Sm	63 Eu	64 Gd	65 Tb	66 Dy	67 Ho	68 Er	69 Tm	70 Yb	71 Lu
アクチノイド	89 Ac	90 Th	91 Pa	92 U	93 Np	94 Pu	95 Am	96 Cm	97 Bk	98 Cf	99 Es	100 Fm	101 Md	102 No	103 Lr

命が長く,「安定な島」の実証への一歩と考えられている.この核種は,中性子数 175 で閉殻(184)よりも中性子数がかなり不足しており,「安定な島」の周縁近くに位置しているにすぎないが,もし中性子数も閉殻に近い核種が合成されればさらに長寿命の可能性がある.

このような新元素の発見は,1997 年以降 IUPAC(国際純正・応用化学連合)の審査によって,発見の経緯に基づき確認され,元素名,元素記号が決定されている(表 6.2 に元素記号,巻末付表 2 に元素名と元素記号と各元素名を示した).わが国の研究グループも新元素の合成に初めて成功した.

このなかで,113 番元素のニホニウム Nh はわが国の製造発見が IUPAC で正式に認められたものであるので,超重元素の製造の例として,概略を紹介しておこう.

新しい 113 番元素は,30 番元素の亜鉛 ^{70}Zn と 83 番元素のビスマス ^{208}Bi を理化学研究所の線型粒子加速器を用いて,九州大学の森田浩介教授とその共同

研究者らが，核融合反応させて成功させたものであった．

すなわち，同グループは理化学研究所の光速の RI ビームファクトリーの線型加速器を用いて，2004 年に光速の 10% に加速した ^{70}Zn を ^{200}Bi に衝突させて，113 番元素に合成したと発表した．しかし，この元素の 4 回目の α 崩壊で生ずる ^{262}Db が自発核分裂し，その後の崩壊過程が確認できず，承認されるには至らなかった．この実験は 80 日間にわたって，2.8×10^{12} 個/秒の亜鉛原子核をビスマス原子核に 1.7×10^{19} 回照射したものであった．

さらに 2012 年，理化学研究所の同グループは 3 個目の合成を発表し，生成核種が，次式のように，6 回の α 崩壊を経て ^{254}Md となる崩壊系列の確認に初めて成功した．

$$^{278}\text{Nh} \rightarrow {}^{274}\text{Rg} \rightarrow {}^{270}\text{Mt} \rightarrow {}^{266}\text{Bh} \rightarrow {}^{262}\text{Db} \rightarrow {}^{258}\text{Lr} \rightarrow {}^{254}\text{Md}$$

前回は 4 回目の α 崩壊で生じる ^{262}Db が自発核分裂してしまったが，今回は α 崩壊（確率は 2/3）し，次の ^{258}Lr も α 崩壊で ^{254}Md となるのを観測できた．こうして，合成した原子核が 113 番元素だと証明できたのである（寿命は，約 2 ミリ秒）．

理化学研究所が 3 個の 113 番元素の合成および証明に成功したことから，2015 年 12 月 31 日，IUPAC 評議会により理化学研究所の研究グループに 113 番元素の命名権が与えられた．研究グループは名称案を 2016 年 3 月に IUPAC に提出し，同年 6 月に「nihonium（ニホニウム）」（元素記号：Nh）という名称案が発表され，2016 年 11 月に正式に承認され，決定された[†]．

このような熱核融合の試みから，「安定な島」の長寿命の超重元素の製造の成果が期待されている．

[†] ニホニウムの成功を記念して，上記の 6 段階の壊変を図案化して，2017 年に記念切手（82 円）が発行されている（理化学研究所百周年記念切手）．

光をつくる工場
シンクロトロン放射光（SOR）

　1930年代初期にローレンス（Lawrence）により考案された加速器にサイクロトロンがあるが，これは粒子のエネルギーが低く，質量がその静止質量に等しく一定と見なせる非相対論的近似においては，一様な磁場内での荷電粒子の円運動の周期が，粒子の質量に比例し電荷と磁場の強さに反比例し，エネルギーによらず一定であることを利用している．しかし，さらにエネルギーが高くなると，荷電粒子の質量は相対論的効果によって増大し，加速電極に印加されている高周波電圧の振動周期に対して粒子の円運動周期が遅れるなどの影響が無視できなくなる．相対論的効果の無視できないエネルギーにまで荷電粒子を加速するには，粒子のエネルギー増大に合わせて，磁場を強くして軌道を一定に保ちながら，軌道の一部に設けた加速用空洞にかける高周波周波数を粒子の円運動周期に合わせて徐々に下げてやらねばならない．このような考えに基づいてつくられたのが本章でも述べたシンクロトロンである．

　これにより大きく荷電粒子が加速できるようになり，素粒子の研究にも新しい手段を提供し，加速重粒子線による悪性腫瘍の治療にも応用されるようになった．それに加えて，当初はそのシンクロトロンからの副産物であった光が「光をつくる工場」として活用されるようになり，物性分野の研究に利用されている．

　電子はこのような高いエネルギーで加速すると容易に光速に近づけることができるが，その場合にシンクロトロン放射（SORまたはSR, synchrotron radiation）に伴う光（放射光）を放射する．その光のスペクトルは，一般に電子のエネルギーが高いほど明るい光となり，電子のエネルギーが高く進む方向の変化が大きいほどX線やγ線領域の短い波長の光を多く含むようになる．

　放射光は，波長連続性，指向性，強度，偏光性，パルス性，などの特徴を有し，他の光源からの光に比べて大変優れている．特定の波長のX線領域を取り出しても強度は従来のX線光源よりも桁違いに大きく，単色性もよいので，物質内の元素の化学状態により異なるX線吸収微細構造（XAFS, X-ray absorption fine structure）を識別することができ，結晶はもちろん溶液や生体試料などのなかの化学種の *in situ* 分析が可能となる．これには，広域X線吸収微細構造（EXAFS, extended X-ray absorption fine structure），X線吸収端近傍構造（XANES, X-ray absorption near edge structure），吸収端近傍X線吸収微細構造（NEXAFS, near edge X-ray absorption fine structure）などの手段があり，生体試料や溶液内の化学種，触媒や電極表面の化学状態や吸着化学種の研究などに威力を発揮する．

現在，世界で稼動している放射光施設の中で，電子ビームを 6GeV 以上まで加速できる放射光施設は大型放射光施設と呼ばれていて，それにはグルノーブル（仏）に 1994 年に完成した欧州放射光施設 ESRF（European Synchrotron Radiation Facility）と，アルゴンヌ（米）に 1994 年に完成した APS（Advanced Photon Source），1997 年に播磨科学公園都市（兵庫県）に完成した SPring-8（Super Photon ring-8GeV）が有名である．ESRF は 6GeV まで，APS は 7GeV まで，そして SPring-8 は 8GeV まで加速できる．わが国では 1982 年，高エネルギー加速器研究機構（茨城県）のフォトン・ファクトリーが 2.5GeV の通常運転をする前後から，各地で中小規模の放射光利用が始まっていたが，現在では SPring-8 をはじめ約 10 箇所の施設で，任意の波長の強力な光源としての利用が進み，なお開発もされている．原子核や核反応の研究手段としての加速器の開発・発展が，物性分野の研究をも加速する成果となったといえよう．

7 同位体の化学

 同位体はその名称や発見の由来からわかるように，同一の化学元素でありながら，原子核の質量の異なるものである．すなわち，陽子の数は同じであるが中性子の数の異なる原子核をもつ核種を互いにその同位体と呼ぶわけである．
 原子核の大きさに比べると，核外軌道電子の分布する領域すなわち電子雲ははるかに大きいし，電子雲の分布を支配するのは原子核の陽電荷すなわち陽子数であるから，同位体の間では電子雲に性質の相違はほとんどないとして扱われている．化学的な挙動は原子の電子雲の形状やエネルギーで決まるので，このことは同位体の化学的性質が相互にほとんど違いはないことを意味している．
 このきわめて類似した同位体どうしの化学的性質は，同位体をトレーサーなどとして利用するときの大きい利点となっている．他方，わずかながら検出される同位体間の性質の差を利用して，同位体の分離はもちろん，他の方法では難しい研究にも特色を生かして応用されている．本章ではそれらの典型的なものおよびその基礎を説明しよう．

7.1 核・放射化学的分析

 各元素について放射性同位体があり，多い場合は約 40 種もの放射性同位体をもつものもある．もちろん実用に便利な放射能特性をもつ同位体の数は限られているが，それでも大多数の各元素に実用的な放射性同位体があるので，元素の同定や定量を目的とした分析化学に放射性核種は不可欠といってよい．この場合，元素の同位体どうしは化学的挙動が同一であるという前提があるが，

後述する同位体効果が無視できないような特殊な場合を除いて, ほとんどの分析化学的条件ではこの前提は成立していると考えてよい.

7.1.1 放射化学的分離法

試料中に放射性核種が含まれる場合に, その放射能やその核種の子孫核種の放射能を測定して, もとの放射性核種の種類および量や, それを含む元素全体の量などを分析定量する分析法を放射化学分析という. たとえば, 地下水や温泉水中に含まれるラジウムの量を, これと放射平衡にあるラドンの放射能を測定して求める方法もその一例であり, 放射性降下物 (フォールアウト) のなかの放射性核種の定量もその例である.

必要とあれば, 共存する他の放射性核種と化学分離をすることもあり, 通常の分離分析化学の技術が併用される. この場合, 含まれる放射能に着目しているので, 通常の分離分析における注意のほかに, つぎの点が考慮されなければならない.

(1) 分離時間の制約. 放射性核種の半減期が短い場合には, 分離後の計測に十分な放射能をもつような迅速な分析方法で妥協しなければならない.

(2) 放射線障害への配慮. 放射能の強さにもよるが, 取り扱う分析者への障害はもちろん, 試料や試薬あるいは器具に対する放射線の効果を考慮に入れておく必要がある.

(3) 超微量状態の元素の挙動. 放射能のみに着目する場合, その核種と同一化学的挙動をする元素の量がきわめて少なくても, 検出が可能であるが, このような超微量の元素の挙動は通常の量の元素で得られた知識と異なる場合があることを忘れてはならない.

これらのことを考慮に入れて, 代表的な放射化学的分離法のいくつかをつぎに述べておこう.

a) 沈殿法 (共沈法)

陽イオンの分属操作などにみられるように, 分析化学では元素の分離に沈殿法がしばしば利用される. このとき基本となるのが"溶解度積"の法則である

が，これは難溶性のイオン結晶 $M_x^{a+}L_y^{b-}$ が一部水に溶けて，

$$M_x^{a+}L_y^{b-}(s) + aq \rightleftharpoons xM^{a+}(aq) + yL^{b-}(aq) \qquad (7.1)$$

のように平衡に達し，固体の $M_x^{a+}L_y^{b-}(s)$ が存在する限りその活量（熱力学的濃度）を1と考えて，

$$K_{sp} = [M^{a+}]^x [L^{b-}]^y \qquad (7.2)$$

で表される平衡定数に相当する．

しかしながら，放射性核種のみでは（その半減期がきわめて長くない限り）濃度は非常に小さく $10^{-8} \sim 10^{-14} \mathrm{mol}\, l^{-1}$ にもなる．このような超低濃度溶液は，通常の分析化学の常識以下のものであり，溶解度積の法則が適用できないような現象もしばしば経験される．

そこで，このような低濃度の放射性核種に対しても，通常の化学操作が有効に適用できるように十分な量の物質が加えられるが，これを担体と呼ぶ．担体は目的とする放射性核種と化学的挙動をともにすることが必要である．化学的挙動が同一という点では，その核種の非放射性同位体が最もよい担体であるが，比放射能が低下するのが望ましくない場合には，ある分離過程のみ化学的挙動が類似した他の元素化学種を担体として用いる．

担体が沈殿する条件で，この沈殿に放射性核種もともに沈殿として含まれる共沈現象は，沈殿の結晶に混晶として組み込まれる場合と，沈殿の表面などに吸着される場合およびそれら両者の中間の過程が考えられる．つぎに沈殿法による分離操作を実例について述べよう．

核分裂生成物として得られる $^{90}\mathrm{Sr}$ を入手した場合，その娘核種の $^{90}\mathrm{Y}$ と永続平衡に達していることが多い．

$$^{90}\mathrm{Sr} \xrightarrow[28.78\mathrm{y}]{\beta^-} {}^{90}\mathrm{Y} \xrightarrow[64.10\mathrm{h}]{\beta^-} {}^{90}\mathrm{Zr} \text{（安定）}$$

この平衡にある両者から $^{90}\mathrm{Y}$ を分離するには，まず $^{90}\mathrm{Sr}$-$^{90}\mathrm{Y}$ を含む塩酸溶液に，$^{90}\mathrm{Y}$ の担体として Fe^{3+}，$^{90}\mathrm{Sr}$ の担体として Sr^{2+} の各数十 mg を塩化物の形で加え[†]，暖めながらアンモニア水を加えて水酸化鉄（III）の沈殿をつくる

[†] このとき Fe^{3+} はとくに捕集剤，Sr^{2+} は保持担体と呼ばれる．また $^{90}\mathrm{Y}$ を除去する目的で Fe^{3+} が用いられればスカベンジャーとも呼ばれる．

と，^{90}Y はこの沈殿と共沈する．この沈殿には Sr^{2+} も一部吸着されるが，非放射性の Sr^{2+} が担体（保持担体）として用いられていると，^{90}Sr が沈殿に入る量は減少し大部分は溶液に保持される．沪別した沈殿を精製するために，再度塩酸で溶かし，Sr^{2+} を加えて同様に水酸化鉄（III）の沈殿をつくる．この操作のくり返しにより ^{90}Sr をほぼ完全に除くことができる．

^{90}Y を無担体の溶液とするには，約 $8\ mol\ l^{-1}$ の塩酸溶液として，ジイソプロピルエーテルやメチルイソブチルケトンで鉄（III）のみを有機相に抽出して除けばよい．

塩素を中性子照射すると，$^{35}Cl(n,\alpha)^{32}P$ および $^{35}Cl(n,p)^{35}S$ の両反応により，^{32}P と ^{35}S が生成する[†]．この両者を分離する場合も，担体として Fe^{3+} 塩が用いられる．保持担体として硫酸塩を加え，暖めた溶液にアンニモア水を加えて水酸化鉄（III）を沈殿させると，^{32}P は共沈するが，^{35}S は一部しか沈殿には含まれない．必要ならば沈殿は硫酸に溶解後再沈殿をくり返して ^{32}P を精製することができる．

b）溶媒抽出法

2種類の互いに完全には溶け合わない溶媒相に対する溶質の濃度（正しくは活量）の比は，一定温度では一定値となる．たとえば水と溶け合わない有機溶媒に，ある物質Mが分配されて平衡に達すると，

$$\frac{[M]_{org}}{[M]_{aq}} = K \tag{7.3}$$

で定義される平衡定数が存在する．$[M]_{org}$，$[M]_{aq}$ はMの有機相および水相中での活量である．$[M]$ は各溶存化学種について考えるべきであるが，それぞれの化学種について式（7.3）の分配平衡が成立すれば，$[M]$ をある元素の量としても一定の分配比として K が与えられる．

前項でイットリウムと鉄の分離に溶媒抽出法が用いられることを述べたが，

[†] $^{35}Cl(n,\gamma)^{36}Cl$ は ^{36}Cl の半減期が長く（$3\times10^5 y$），短時間照射では生成量は少なく，$^{37}Cl(n,\gamma)^{38}Cl$ で生ずる ^{38}Cl は半減期が短く，照射後時間がたてば ^{32}P と ^{35}S だけと考えてよい．

これは鉄の塩化物錯体が有機相に抽出されるからである．

核分裂生成物中の ^{141}Ce，^{143}Ce，^{144}Ce，^{145}Ce，^{146}Ce などを他の核種から迅速に分離するのに，メチルイソブチルケトンによる溶媒抽出が用いられる例をあげよう．担体を含むセリウムの溶液を 10 mol l^{-1} の硝酸酸性とし，臭素酸ナトリウムを加えてセリウム (III) をセリウム (IV) に酸化し，メチルイソブチルケトンと振り混ぜて有機相にセリウム (IV) を抽出する．有機相を 10 mol l^{-1} 硝酸で洗ったのち，過酸化水素と振り混ぜるとセリウム (III) に還元され水相に逆抽出される．この操作をくり返して他の核分裂生成物から分離することができる．

c）イオン交換法

高分子重合体に陰イオン性や陽イオン性の官能基をつけたものをそれぞれ陽イオン交換樹脂，および陰イオン交換樹脂という．たとえば硫酸イオンの OH 基を有機高分子部分 R と置き換えた

$$R-\underset{\underset{O}{\|}}{\overset{\overset{O}{\|}}{S}}-O^-H^+$$

では，H^+ を交換した陽イオンが代りに吸着され，アンモニウムイオンの H を R で置換した

$$R-\underset{\underset{H}{|}}{\overset{\overset{H}{|}}{N^+}}-H \quad OH^-$$

では，OH^- の代りに陰イオンが置き換わる．高分子の重合度，樹脂の粒径，官能基の種類，含有量など多種類のものが利用できるが，あるイオン M^{n+} のイオン交換樹脂相と水相での活量 $[M^{n+}]_r$，$[M^{n+}]_{aq}$ の比は溶媒抽出の場合と同様に一定温度では，

$$\frac{[M^{n+}]_r}{[M^{n+}]_{aq}} = K \qquad (7.4)$$

と一定になる．この場合も各イオン種について分配平衡定数が存在すれば，あ

126 —— [7] 同位体の化学

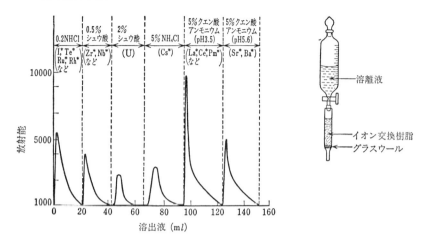

図 7.1 ²³⁵U の核分裂生成物のイオン交換分離の例
交換樹脂柱：強酸性イオン交換樹脂，150 メッシュ，0.8cmφ×6cm，流速約 1ml m⁻¹．

る元素についての分配比も一定となる．

　イオン交換樹脂はガラス管などにつめて簡単にカラムとすることができ，カラムを上記分配平衡定数のわずかに異なる複数成分が通過すると分別が起こり，化学的挙動の似たものも互いに分離できる．この場合の理論段数（分別操作の回数）は，分配平衡成立の時間と樹脂柱（カラム）流下速度および樹脂の交換容量とカラムの容積に依存する．

　例として核分裂生成物を分属するのに用いられた操作を紹介しよう．

　約 1 mg の U_3O_8 を原子炉で中性子照射したものを約 1 週間放置して，短寿命核種が壊変しつくしたものを試料とする．これを希塩酸に溶かして陽イオン交換樹脂カラム（径約 0.8 cm，長さ 6 cm 程度）に通す．0.1 mol l^{-1} 塩酸を流すとこの条件下で中性または陰イオンとなっている核種（ルテニウム，ロジウム，ヨウ素など）が流出する．流出液の放射能を観測し，図 7.1 のように溶離曲線を描いて，放射能がほとんど出なくなったところで溶離液を 0.5% シュウ酸に変え，ジルコニウム，ニオブなどを流出させる．約 2% のシュウ酸溶液を用いると，つぎにウランを流出させることができる．ついで 5% 塩化アンモ

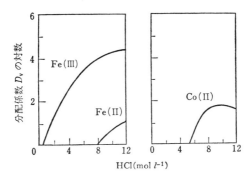

図7.2 塩酸溶液からのイオン交換 [K. A. Kraus and F. Nelson, *Proc. Intern. Conf. on Peaceful Uses of Atomic Energy*, Vol. 7, U. N., 1956, p. 118, Fig. 1 の一部]

ニウム溶液でセシウムを流出させ,同時に樹脂柱をアンモニウム形に変える[†].ここでpHを約3.5に調節した5%クエン酸アンモニウム溶液を流して希土類元素の核種を出し,ついでpHを約5.6とした5%クエン酸アンモニウム溶液でアルカリ土類元素を流出させる.

つぎに陰イオン交換樹脂柱を用いて金属元素を分離する例をあげておく.金属元素も溶液内では溶媒和や陰イオンにより錯体を形成しているが,元素によって生成している錯形成の種類や程度が異なる.塩化物イオンを配位子とするクロロ錯体形成の程度は,共存する塩酸の濃度により各金属元素およびその酸化状態によって多様性を示している.図7.2はコバルト(II)と鉄(II)および(III)の塩酸濃度に対する陰イオン交換樹脂への分配比の比較である.たとえば4 mol dm^{-3}の濃度の塩酸溶液からコバルト(II)はほとんど陰イオン交換樹脂に吸着されないが,鉄(III)はよく吸着される.そこでコバルトを不純物として含む鉄を中性子照射した試料(^{55}Fe, ^{59}Fe, ^{60}Co などができる)を4 mol dm^{-3}塩酸に溶かし,塩素ガスを通じて鉄を酸化して3価の状態として,陰イオン交換樹脂柱を通すと,コバルト(II)のみが通過して分離される.こ

[†] はじめはイオン交換樹脂は希酸で洗浄してあるので H$^+$ 形になっており酸性が強い.

れを分取したあと鉄（III）はうすい塩酸で流し出される．このような錯形成を利用した陰イオン交換樹脂柱による分離は他にも多くの工夫がされている．

系統的な分離法として最も多く利用されるものは，上に述べてきた沈殿法，溶媒抽出法，およびイオン交換法ということができるが，ここでそれらの長短を比較しておく．

最も分離係数の高いものはイオン交換樹脂柱を用いる方法であり[†]，沈殿法は最も低いのが通常である．反対にイオン交換樹脂柱では交換吸着容量が低く，大量の物質の処理には適さない．担体なしに分離できる長所はあるが，多量の担体が共存するとしばしばイオン交換樹脂が飽和して使用できなくなる．この点沈殿法は多量の処理が可能であるから，前処理などに適しているといえよう．またイオン交換樹脂カラムは流下させるのに時間がかかり，短時間処理には溶媒抽出法や沈殿法が適している．さらに，有機溶媒やイオン交換樹脂は強い放射線によって分解するおそれがあり，一般に無機化合物としての沈殿のほうが放射線に対して安定である．このため最近では無機化合物でイオン交換性を有する無機イオン交換体が開発利用されている．

d）その他の方法

分析化学で用いられる分離法には，蒸留法，各種クロマトグラフ法などがあり，これらはいずれも放射化学的分離にも用いられる．ここではとくに放射化学的に特色のある分離法を紹介しておこう．

(1) 電気化学的方法

電解分析で知られるように，水溶液に含まれる陽イオン化学種が陰極に電着されるには，その化学種特有の分解電圧を越えた電圧に設定しなければならない．したがっていくつかの陽イオン化学種の分解電圧が適当に異なる場合は，低いほうの分解電圧を越え高いほうの分解電圧以下の電圧に保って電気分解をすると，前者のみを選択的に電着して分離できる．このようにして低い分解電圧をもつ化学種から順次分離できるが，分離の目的よりも，あらかじめ形状を

[†] 分離係数はAをBから分離する前後において，その濃度比の比，$(A/B)_{分離後}/(A/B)_{分離前}$で表される．

決めた電極上に均一に再現性よく試料を捕集できるので，放射能測定試料の作成に適している．

(2) ラジオコロイド法

難溶性塩も溶解度積以下の濃度では解離して真の溶液になっていると考えられるが，そのようなきわめて低い濃度の電解質イオンを放射性核種で用意してみると，しばしばコロイド粒子と類似した挙動を示すことが知られている．たとえば ThB (^{212}Pb) の 0.1 mol l^{-1} アンモニア水中での溶解度は 10^{-4} mol l^{-1} であるにもかかわらず，10^{-11} mol l^{-1} でも透析されにくいなどのコロイド性を示す．

このような現象は，超低濃度の放射性核種が放射能によってのみ追跡できるので，その成因は別としてラジオコロイドと総称されている．成因は人工的に溶媒を精製してもなおこの現象の認められる例のあることから，難溶性塩の飽和溶液中での種々の高次会合粒子相互の過渡平衡状態とする真のコロイド説と，溶媒を精製することによりこの現象が認められなくなる例もあることから，混在する不純物コロイド粒子への放射性核種の非可逆的吸着と考える不純物説がある[†]．

超低濃度の放射性核種を沪紙などに通すと，あたかも見えない沈殿のように沪紙に吸着されることがあり，これが分離に利用される．コロイド粒子は，通常の沪紙を通過するから，沪紙に吸着されることがすなわちラジオコロイドの証明にはならないが，不純物説によれば不純物粒子に吸着されやすい場合には沪紙表面にも吸着されやすいとも解釈される[††]．

沈殿法の例で述べた ^{90}Sr-^{90}Y の分離において，担体として鉄(III)を加えずに，単にアンモニア水を加えたあとで沪別すると，沪紙上には ^{90}Y が捕集され，沪液には ^{90}Y はほとんど認められず ^{90}Sr と分離される．したがって，沈殿法では沪別後担体の鉄(III)を抽出分離した操作を省略できて好都合である．

[†] このほか放射性物質からの放射能や反跳現象による電離作用などにより，放射性核種どうしの会合が促進されるとする説もあるが，根拠は十分ではない．

[††] ラジオコロイドの定義は必ずしもはっきりせず，通常のコロイドと異なる（たとえば沪紙に吸着する）ので"ラジオ"の語をつけるという解釈もある．ラジオコロイドの名称を単に超低濃度で沪別可能の物質と便宜上定義する考え方もある．

ラジオコロイド生成の条件は，共存する微量（無担体放射性核種の量と比較すれば多量）の共存物質の影響を受けやすく，たとえば錯形成剤の存在でラジオコロイドの生成が不完全となることもあり，定量的な分析法としてよりも短時間処理などの目的で利用される．

(3) ミルキング

親と娘の核種の間で放射平衡が成立したあとで，娘核種を親核種から分離し，ふたたび放射平衡成立後くり返し娘核種を分離する方法をミルキングと呼んでいる．分離法としてはいままでに述べた分離法がすべて利用できるが，くり返しの簡単な方法が実用上望ましい．ミルキングを容易にした装置は cow system または generator と呼ばれ，^{99}Mo からの ^{99m}Tc のように放射性医薬品核種を簡単に得るのに利用されている．

(4) 反跳法

核変換に伴って，化学結合のエネルギーや格子エネルギーを上回る反跳エネルギーが生成核種に与えられることが多いことは 3.5 節に述べた．これを利用して生成核種のみを分離することができる．

たとえば古い硝酸トリウム（^{232}Th の娘核種 ^{228}Ra (5.75y) が十分生成している）を入れた容器に金属板を吊しておくと，トリウム系列のトロン（^{220}Rn）の壊変生成物が沈積する．この板を別の容器内で他の金属板を距離 1mm 離して平行におき，減圧下で約 15 分放置すると，ThB(^{212}Pb）の娘核種 ThC″（^{208}Tl）が捕集される．捕集板を負に帯電させたり減圧にするほど捕集効率が上がるが，これは ^{212}Pb の α 壊変のさいの反跳により正に帯電した ^{208}Tl が捕集されるからと考えられる．

このような方法は，きわめてわずかな原子数の超ウラン元素の製造・分離にも有用で，アインスタイニウムを α 粒子で衝撃し，^{253}Es$(\alpha,n)^{256}$Md 反応で生ずるメンデレビウムを ^{253}Es から分離する場合にも有効に利用された例がある．

7.1.2 放射化分析

非放射性の元素を核反応によって放射性とし，これを放射化学分析するのが放射化分析（activation analysis）であり，その放射能の計測値からもとの

元素の同定や定量ができる．つぎにこの分析法の概要を説明しよう．

a）放射化で生成する放射能

核種Xを核反応によって放射化し，Yという核種にする場合，この核反応は試料中のXの数Nと核反応に用いる粒子線の密度（線束）fに比例して起こる．一方生成したYはその壊変定数λによって減衰するから，全体としてはYの数N_Yの時間変化は次式で示される．

$$\frac{dN_Y}{dt} = \sigma f N - \lambda N_Y \tag{7.5}$$

ここでσは核反応の起こる確率を示す比例定数に相当する核反応断面積であるが，とくに放射性核種を生成する場合には放射化断面積と呼ばれている．

式（7.5）を積分すると，

$$A = \lambda N_Y = \sigma f N (1 - e^{-\lambda t}) \tag{7.6}$$

のように，照射時間t直後の放射能Aが得られる．照射終了後時間t'経過したときの放射能は当然次式で示される．

$$A = \sigma f N (1 - e^{-\lambda t}) e^{-\lambda t'} \tag{7.7}$$

上の両式で，$(1-e^{-\lambda t})$は飽和係数と呼ばれ，時間とともに1に近づく（半減期Tの6倍の時間照射では，飽和係数は63/64となる）．他方，$\lambda t \ll 1$では，$e^{-\lambda t} \simeq 1 - \lambda t$と展開近似でき，最初のうちは照射時間に比例して放射能Aが生成することがわかる．また，半減期のn倍の照射時間では，$e^{-n\lambda T} = (1/2)^n$となる．これらの場合をまとめるとつぎのように示すことができる．

$$\left.\begin{array}{ll} A = \sigma f N & t\text{が大きい}（\lambda t \gg 1）\text{とき} \\ A = \sigma f N \lambda t & t\text{が小さい}（\lambda t \ll 1）\text{とき} \\ A = \sigma f N \left\{1 - \left(\frac{1}{2}\right)^n\right\} & t\text{が半減期の}n\text{倍}（t = nT）\text{のとき} \end{array}\right\} \tag{7.8}$$

これらの関係を図示すると図7.3のようになる．

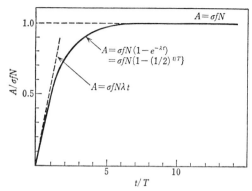

図7.3 照射時間 (t) と生成放射能 (A) の関係
横軸は生成核の半減期 (T) の倍数で時間を，縦軸は生成放射能を反応断面積 (σ)，線束 (f)，標的核数 (N) の積 $\sigma f N$ の倍数で表してある．

b）熱中性子放射化分析

放射化分析のなかでも最も多く利用されているのは熱中性子による放射化である．中性子のもつエネルギーが，室温における気体分子の熱運動のエネルギーの程度（295K として $k \times 295 \simeq 0.025$ eV）のものを熱中性子というが，これらは多くの核種に捕獲されやすく，大きい核反応断面積を示す場合が少なくない．生成核は安定化のために光子（γ 線）を放出し，(n,γ) 反応となる場合が多い．表 7.1 に代表的な熱中性子放射化のデータをあげておく．

熱中性子源としては原子炉の中性子を減速したものが最も広く利用され，上述の各式に σ, λ などの値を入れてわかるように，核種によっては高い感度で元素の検出定量が可能である．生成する放射性核種の放射能特性も含めて，原子核の特性は元素の化学的性質とは関係がないので，希土類元素をはじめ化学的に類似した元素の分析にはとくに好都合である．

しかしながら稀には同一の放射性核種が，試料中の異なる元素から別々の核反応で生成されることもあり[†]，この場合には誤差の原因の1つとなるので注

[†] たとえば，^{37}Cl(n,γ)^{38}Cl と ^{41}K(n,α)^{38}Cl の両反応で ^{38}Cl のできる場合があり，^{38}Cl の測定だけで塩素の量を決定するのは危険である．

意を要する．また，目的の放射性核種の放射能特性とよく似た放射能を示す他の核種が生成する場合も，放射能測定だけでは結果の解析が困難となる．この場合には放射化の後に化学分離をして，各フラクションの放射能測定を行う．近年，生成核種がγ線を放出する場合には，半導体検出器でγ線スペクトルを測定することにより，かなりの信頼度で化学分離なしに多成分の元素の放射化分析ができるようになった[†]．これは第5章で述べたように，半導体検出器のエネルギー分解能が著しくよいからである．

放射化分析による元素の定量は，原理的には生成放射能の測定から式（7.6）などを用いて，照射時間や線束および断面積の値を用いNを計算できるはずであるが，実際には試料内部の線束は試料の自己吸収などで正確には評価できず，また照射時間内での変動も考慮しなければならない．さらに原子炉内でも中性子のエネルギーや分布も一定ではない．そこで，一般には試料と類似の組成および形状の標準試料を試料と重ね，あるいはサンドイッチ状にはさんで照射し，両者の放射能を比較して定量する方法などが用いられている．

c）その他の放射化分析

原子炉や熱中性子の利用に適しない場合などに，速中性子発生装置が用いられ，たとえばトリチウムを吸蔵している金属チタンやジルコニウムを重陽子衝撃して，^{3}H(d,n)^{4}He の反応で発生する 14 MeV の中性子が利用されている（6.2節参照）．一般に中性子線束は原子炉に比べて低く，したがって熱中性子にまでこれを減速して（n,γ）反応で放射化するよりも，（n,p），（n,α），（n,2n）などの反応が利用される．一般に軽い核種では（n,p）や（n,α）反応，重い核種では（n,2n）反応が起こりやすい傾向があり，速中性子が減速されなければ（n,γ）反応は数ミリバーン（10^{-27} cm^2）以下である．表7.2にいくつかの速中性子の放射化に関する資料をあげた．

陽子，重陽子，α粒子あるいはさらに重い原子核を加速して標的核を衝撃することも可能であり，これらの荷電粒子の加速には，サイクロトロン，コック

[†] 化学分離によらず，機器測定のみによる放射化分析をとくに機器放射化分析と呼ぶことがある．

表 7.1 熱中性子放射化

元素	断面積 (b)	生成核種	半減期	生成量 (kBq)	元素	断面積 (b)	生成核種	半減期	生成量 (kBq)
Na	0.530	^{24}Na	14.9590h	6.3×10^6	Se	51.8	^{75}Se	119.779d	8.5×10^3
Mg	38.2m	^{27}Mg	9.458m	1.0×10^6		0.08	^{81m}Se	57.28m	1.6×10^6
Al	0.231	^{28}Al	2.2414m	5.2×10^7		0.61	^{81}Se	18.45m	1.9×10^7
Si	0.107	^{31}Si	157.3m	1.6×10^5	Br	2.4	^{80m}Br	4.4205h	1.3×10^7
P	0.172	^{32}P	14.263d	6.5×10^4		8.6	^{80}Br	17.68m	3.1×10^8
S	0.227	^{35}S	87.51d	7.7×10^2		2.43	^{82m}Br	6.13m	9.0×10^7
Cl	43.6	^{36}Cl	3.01×10^5y	1.5		0.26	^{82}Br	35.282h	1.7×10^6
	0.433	^{38}Cl	37.24m	1.2×10^7	Kr	0.110	^{85}Kr	10.76y	1.3×10^1
Ar	5.2	^{37}Ar	35.04d	2.2×10^3	Rb	0.48	^{86}Rb	18.642d	3.8×10^4
K	1.46	^{42}K	12.360h	8.3×10^5	Sr	0.87	^{85}Sr	64.853d	8.3×10^1
Ca	0.88	^{45}Ca	162.67d	4.9×10^2		0.84	^{87m}Sr	2.815h	1.2×10^6
Sc	27.2	^{46}Sc	83.79d	1.3×10^6		5.8m	^{89}Sr	50.53d	1.9×10^2
Ti	0.179	^{51}Ti	5.76m	1.2×10^6	Y	1.28	^{90}Y	64.00h	9.3×10^5
V	4.9	^{52}V	3.743m	5.8×10^8	Zr	49.9m	^{95}Zr	64.032d	2.6×10^2
Cr	15.9	^{51}Cr	27.7025d	8.3×10^4		22.9m	^{97}Zr	16.90h	1.7×10^3
Mn	13.3	^{56}Mn	2.5789h	3.5×10^8	Nb	1.15	^{94}Nb	2.03×10^4y	2.9×10^{-1}
Fe	2.25	^{55}Fe	2.737y	3.9×10^2	Mo	0.130	^{99}Mo	65.94h	2.1×10^4
	1.28	^{59}Fe	44.495d	2.6×10^2	Ru	1.21	^{103}Ru	39.26d	1.7×10^4
Co	20.4	^{60m}Co	10.467m	2.0×10^9		0.32	^{105}Ru	4.44h	7.6×10^5
	37.18	^{60}Co	5.2713y	5.2×10^4	Pd	8.3	^{109}Pd	13.7012h	6.3×10^6
Ni	1.52	^{65}Ni	2.5172h	3.4×10^5		0.190	^{111}Pd	23.4m	1.1×10^6
Cu	4.50	^{64}Cu	12.700h	1.6×10^7	Ag	37.6	^{108}Ag	2.37m	1.1×10^9
Zn	0.76	^{65}Zn	244.06d	4.0×10^3		4.7	^{110m}Ag	249.950d	1.5×10^4
	72m	^{69m}Zn	13.76h	6.1×10^4	Cd	~1	^{107}Cd	6.50h	6.6×10^4
	1.0	^{69}Zn	56.4m	9.0×10^6		0.14	^{111m}Cd	48.50m	5.4×10^5
Ga	4.71	^{72}Ga	14.10h	7.8×10^6		0.30	^{115}Cd	53.46h	5.9×10^4
Ge	3.43	^{71}Ge	11.43d	1.5×10^5	In	11.2	^{114ml}In	49.51d	1.1×10^4
	0.51	^{75}Ge	82.78m	6.0×10^6		162	^{116ml}In	54.29m	4.4×10^9
	0.15	^{77}Ge	11.30h	5.2×10^4	Sn	1.0	^{113}Sn	115.09d	1.1×10^2
As	4.5	^{76}As	1.0778d	9.4×10^6		0.140	^{121}Sn	27.03h	5.9×10^4

データは日本アイソトープ協会編『アイソトープ手帳』改訂11版（丸善，2011）にもとづき，(n, 熱中性子束 $f = 10^{13}$cm^{-2}s^{-1} で1時間照射したとき，元素1gあたりに生成する放射性核種の放射能をいて，2dpsの放射能を得るに必要な量を感度とすれば，上表から感度は $2/(6.3 \times 10^9) = 3.2 \times 10^{-10}$ (g)

分析に用いられる例

元素	断面積(b)	生成核種	半減期	生成量(kBq)	元素	断面積(b)	生成核種	半減期	生成量(kBq)
Sn	0.180	^{123m}Sn	40.06m	2.7×10^5	Tm	105	^{170}Tm	128.6d	8.4×10^5
Sb	5.9	^{122}Sb	2.7238d	1.8×10^6	Yb	2.3×10^3	^{169}Yb	32.026d	9.4×10^4
	4.1	^{124}Sb	60.20d	4.2×10^4		69.4	^{175}Yb	4.185d	5.3×10^6
Te	1.1	^{123m}Te	119.25d	3.2×10^2		2.85	^{177}Yb	1.911h	3.9×10^6
	40m	^{125m}Te	57.40d	4.5×10^1	Lu	16.2	^{176m}Lu	3.664h	9.4×10^7
	0.135	^{127m}Te	109d	3.2×10^2		2.09×10^3	^{177}Lu	6.647d	8.0×10^6
	0.90	^{127}Te	9.35h	6.6×10^5	Hf	13.04	^{181}Hf	42.39d	1.0×10^5
	15m	^{129m}Te	33.6d	1.9×10^2	Ta	20.5	^{182}Ta	114.43d	1.7×10^5
	0.1997	^{129}Te	69.6m	1.3×10^6	W	50.3	^{181}W	121.2d	4.7×10^2
	0.27	^{131}Te	25.0m	3.5×10^6		1.7	^{185}W	75.1d	6.6×10^3
I	6.2	^{128}I	24.99m	2.4×10^8		37.9	^{187}W	23.72h	1.0×10^7
Xe	0.450	^{133}Xe	5.2475d	3.0×10^4	Re	112	^{186}Re	3.7183d	1.0×10^7
	0.265	^{135}Xe	9.14h	9.3×10^4		76.4	^{188}Re	17.0040h	6.1×10^7
Cs	2.5	^{134m}Cs	2.903h	2.4×10^7	Os	13.1	^{191}Os	15.4d	2.0×10^5
	29	^{134}Cs	2.0648y	5.0×10^4		2.0	^{193}Os	30.11h	6.0×10^5
Ba	0.360	^{139}Ba	83.1m	5.6×10^6	Ir	954	^{192}Ir	73.827d	4.3×10^6
La	8.93	^{140}La	1.6781d	6.6×10^6		111	^{194}Ir	19.28h	7.7×10^7
Ce	0.57	^{141}Ce	32.508d	1.9×10^4	Pt	2.2	^{193m}Pt	4.33d	3.5×10^3
	0.95	^{143}Ce	33.039h	9.9×10^5		0.72	^{197}Pt	19.8915h	1.6×10^5
Pr	11.5	^{142}Pr	19.12h	1.6×10^7		4.01	^{199}Pt	30.8m	6.6×10^6
Nd	1.4	^{147}Nd	10.98d	2.6×10^4	Au	98.65	^{198}Au	2.69517d	3.2×10^7
	2.5	^{149}Nd	1.728h	2.0×10^6	Hg	4.89	^{203}Hg	46.612d	2.7×10^4
Sm	206	^{153}Sm	46.284h	3.3×10^7	Tl	11.4	^{204}Tl	3.78y	2.1×10^3
Eu	3.3×10^3	^{152m1}Eu	9.3116h	4.5×10^9	Pb	0.49m	^{209}Pb	3.253h	1.5×10^3
Gd	2.2	^{159}Gd	18.479h	8.8×10^5	Bi	24.2m	^{210}Bi	5.012d	4.0×10^3
Tb	23.4	^{160}Tb	72.3d	4.0×10^5	Th	7.37	^{233}Th	22.3m	1.6×10^8
Dy	2.65×10^3	^{165}Dy	2.334h	7.1×10^9	U	2.680	^{239}U	23.45m	5.7×10^7
Ho	61.2	^{166}Ho	26.83h	5.7×10^7					
Er	2.74	^{169}Er	9.40d	5.9×10^4					
	5.8	^{171}Er	7.516h	2.7×10^6					

γ) 反応によるもののみを示した．断面積は (n, γ) 反応の核反応断面積（m はミリバーン）である．kBq（10^3dps）単位で示してある．実際の分析感度は実験条件に依存するが，たとえば Na の場合につと求められる．

表 7.2 14 MeV の速中性子による放射化分析に用いられる例

元素	核反応	生成核種の半減期	断面積 (mb)	元素	核反応	生成核種の半減期	断面積 (mb)
N	^{14}N(n, 2n)^{13}N	9.965m	5.67	Sr	^{86}Sr(n, 2n)^{85m}Sr	67.63m	247(22)
O	^{16}O(n, p)^{16}N	7.13s	43.7	Zr	^{90}Zr(n, 2n)^{89m}Zr	4.161m	80(6)
F	^{19}F(n, 2n)^{18}F	109.771m	42.94	Ru	^{96}Ru(n, 2n)^{95}Ru	1.643h	770
Al	^{27}Al(n, p)^{27}Mg	9.458m	77.96	Pd	^{110}Pd(n, 2n)^{109m}Pd	4.696m	510(35)
Si	^{28}Si(n, p)^{28}Al	2.2414m	261.6	Ag	^{107}Ag(n, 2n)^{106m}Ag	8.28d	600(80)
P	^{31}P(n, α)^{28}Al	2.2414m	121.2		^{109}Ag(n, 2n)^{108}Ag	2.37m	840(150)
S	^{34}S(n, α)^{31}Si	157.3m	60.42	Cd	^{112}Cd(n, 2n)^{111m}Cd	48.50m	725(50)
Cl	^{37}Cl(n, p)^{37}S	5.05m	23.92	Sn	^{112}Sn(n, 2n)^{111}Sn	35.3m	1035
K	^{41}K(n, p)^{41}Ar	109.61m	48.16		^{124}Sn(n, 2n)^{123m}Sn	40.06m	547(23)
	^{41}K(n, α)^{38}Cl	37.24m	29.67	Sb	^{121}Sb(n, 2n)^{120}Sb	15.89m	1080(90)
Ca	^{44}Ca(n, p)^{44}K	22.13m	34.93		^{123}Sb(n, 2n)^{122m}Sb	4.191m	731(73)
Sc	^{45}Sc(n, 2n)^{44}Sc	3.97h	188(14)	Te	^{130}Te(n, 2n)^{129}Te	69.6m	570(30)
V	^{51}V(n, p)^{51}Ti	5.76m	29.05	Ba	^{138}Ba(n, 2n)^{137m}Ba	2.552m	1020(70)
Cr	^{52}Cr(n, p)^{52}V	3.743m	89.47	Pr	^{141}Pr(n, 2n)^{140}Pr	3.39m	1720
Mn	^{55}Mn(n, α)^{52}V	3.743m	27.68	Nd	^{150}Nd(n, 2n)^{149}Nd	1.728h	1762
Fe	^{56}Fe(n, p)^{56}Mn	2.5789h	114	Eu	^{153}Eu(n, 2n)^{152m}Eu	9.3116h	72(6)
Co	^{59}Co(n, α)^{56}Mn	2.5789h	32.2	Dy	^{158}Dy(n, 2n)^{157}Dy	8.14h	1955
Ni	^{60}Ni(n, p)^{60m}Co	10.467m	95(10)	Ho	^{165}Ho(n, 2n)^{164m}Ho	38.0m	1211(180)
Cu	^{63}Cu(n, 2n)^{62}Cu	9.673m	489.7	Er	^{164}Er(n, 2n)^{163}Er	75.0m	2030
Zn	^{64}Zn(n, 2n)^{63}Zn	38.47m	107.3	Ta	^{181}Ta(n, 2n)^{180}Ta	8.152h	2133
Ga	^{69}Ga(n, 2n)^{68}Ga	67.71m	790.8	W	^{180}W(n, 2n)^{179m}W	6.40m	490(45)
Ge	^{76}Ge(n, 2n)$^{75m+g}$Ge	47.7s +82.78m	1164		^{186}W(n, 2n)^{185m}W	1.597m	642(60)
As	^{75}As(n, p)$^{75m+g}$Ge	47.7s +82.78m	18.2	Ir	^{191}Ir(n, 2n)^{190m}Ir	1.120h	220(26)
				Pt	^{198}Pt(n, 2n)^{197}Pt	95.41m	910(60)
Se	^{82}Se(n, 2n)^{81m}Se	57.28m	1008(120)	Au	^{197}Au(n, 2n)^{196m}Au	9.6h	150(20)
Br	^{79}Br(n, 2n)^{78}Br	6.46m	854	Hg	^{200}Hg(n, 2n)^{199m}Hg	42.66m	789(120)
Kr	^{86}Kr(n, 2n)^{85m}Kr	4.480h	350(35)	Pb	^{208}Pb(n, α)^{205}Hg	5.2m	0.237
Rb	^{85}Rb(n, 2n)^{84m}Rb	20.26m	505(34)				

データは日本アイソトープ協会編『アイソトープ手帳』改訂11版（丸善，2011）にもとづく．断面積の（ ）内の数値は不確かさを示すものである．

クロフト・ウォルトン型，バンデグラーフ型，線型加速器などが用いられる（6.2節参照）．正に荷電している荷電粒子は，原子核に衝突するさいに，核の正電荷による静電反発力を受けるので（クーロン障壁），大きい原子番号の原子核ほど一般に大きい運動のエネルギーを衝撃粒子に与えねばならない．したがって荷電粒子による放射化分析も一般に軽元素について有効である．

線型加速器で加速した電子を白金板などにあてると，制動放射による電磁波を放出するが，これを利用して（γ,n），（γ,p），（γ,pn）などの核反応を起こすことができ，放射化分析に利用されることがある．

特殊な応用としては，たとえば，分析試料をリチウム化合物とよく混合して，中性子照射により $^6Li(n, \alpha)^3H$ 反応を起こさせ，生じたトリチウム原子（2.73 MeV）で，その近傍にある試料中の酸素原子を衝撃させ，$^{16}O(t, n)^{18}F$ 反応で生ずる放射性 ^{18}F を計測し酸素の定量をすることができる．この場合，試料とリチウム化合物の混合の条件などに結果が左右される可能性があるので注意しなければならない．

d）アクチバブルトレーサー

放射性核種は放射能という信号を出し続けながら，元素の行動を教えてくれるので，トレーサーとしては便利で各方面に用いられる（第8章）．用いる量も超微量で感度よく検出できるが，その放射能が対象に影響を与えるおそれのある場合や，環境あるいは食品などの放射能汚染の可能性がある場合には，その適用が便利であるからといってみだりに使うべきではなかろう．

これに代わるものとして，アクチバブルトレーサー（放射化できるトレーサー）の使用が注目されている．これは，放射化分析の感度が高く，対象中にある元素や安定同位体により誤差を生ずることがなく，化学的にも挙動が類似していてトレーサーの役目が果たせる，という諸条件を備えた元素や非放射性核種（安定同位体）が用いられる．検出定量には放射化分析が用いられ[†]，

[†] 有名な例として，サケ，マスの系統群識別の調査に，Eu を含む飼料を与えた稚魚を放流して，約1年にわたって Eu の放射化によってしらべられた報告がある．なお，上記核種のほか，^{55}Mn，^{79}Br，^{139}La なども用いられている．

10^{14} cm^{-2} s^{-1} の中性子線束で照射して 10^{-10}〜10^{-11} mg の感度があり，^{115}In，^{151}Eu，^{164}Dy，^{165}Ho，^{191}Ir，^{197}Au などが用いられる．

e) PIXE（荷電粒子励起X線）分析法

　対象とする試料の元素の同位体に原子炉や加速器で核反応により放射性核種をつくり，その放射能の測定をするのが放射化分析であった．元素の原子核だけでなく負電荷をもつ核外軌道電子も入射してくる荷電粒子と大きい相互作用を受けるが，とくに内殻の軌道電子が相互作用により放出されると，外殻の軌道電子がこれを充填して，そのさいにX線を発生する．このように入射粒子に誘導されて生じた励起状態から発生するX線 (particle induced X-ray emission) の測定による分析がその頭文字をとって呼ばれる PIXE 分析法である．

　原理的には従来から知られている蛍光X線分析法と同様であるが，蛍光X線分析法でのX線発生には試料にX線を照射するが，PIXE 分析法では荷電粒子を用いてX線を発生させるのであるから，前者が入射X線と内殻軌道電子との相互作用であるのに比べて，後者は荷電粒子であるから内殻軌道電子との相互作用が格段に大きい．したがって感度も前者よりもはるかに大きい．荷電粒子としては陽子が多く用いられるが，重水素も用いられ，また α 粒子なども用いられる．いずれにしてもこれらを加速する装置が必要である．加速器にはバンデグラーフやサイクロトロンなどが用いられるが，PIXE 分析用に小型の荷電粒子加速装置も実用化が進んでいる．

　放射化分析は核種の性質により核反応断面積が大きく異なるので，ある元素にはきわめて高い分析感度を示すのに，他の元素には感度が低い場合もある．しかし PIXE 分析は原子番号により多少の感度の大小はあるが，原理的にはほとんどすべての元素が対象となりうる．そしてほぼ 10^{-8} g 以上，条件によっては 10^{-9}〜10^{-12} g の検出感度で測定ができ，荷電粒子のビームを細く絞ることができるので，放射化分析に比べてとくに微小の形状でわずかな量の試料の多元素同時分析に適している．このため，環境分析用の試料や生体試料中の元素分析などに威力を発揮している．

　技術的な詳細は専門書にゆずるが，荷電粒子を用いるのであるから，試料に

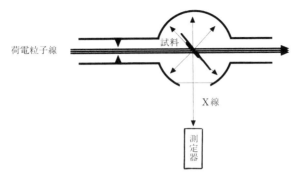

図7.4 PIXE分析法の原理
ビームを薄い支持膜にのせた試料に照射して,発生する特性X線の Si(Li) 検出器など測定器によるエネルギー解析から,試料中の成分元素を分析する.

よる自己吸収を防ぎ,相互作用による温度上昇を防ぐために,図7.4のように試料をマイラー膜などにのせて荷電粒子のビーム上にセットし,照射中に放出されるX線を観測する.荷電粒子のエネルギーは,たとえば陽子の場合には2～3 MeV 程度が用いられる.エネルギーが高いほど相互作用は大きく感度が高くなるはずであるが,発生する2次電子などによる制動放射やコンプトン散乱などで測定したいX線に対するバックグラウンドが増すとS/N比が低下し,かえって感度の低下を招き,また試料の加熱分解のおそれもあるから注意が必要である.

目的元素の特性X線のピーク面積を,成分既知の標準分析試料で観測される同じ元素の特性X線のピーク面積と比較して,概略の元素の定量も可能である.加速器を用いたり,発生するX線の測定にはSi(Li)半導体検出器が用いられるなど,放射化学的な知識や技術が必要であり役立つ.目的元素の特性X線,共存元素によるX線吸収端の影響や,外殻電子の遷移における蛍光収率などの知識も大切である.

7.1.3 放射分析

非放射性の元素に,放射性核種の既知量を含む化学種を化学量論的に結合さ

140 —— 7 同位体の化学

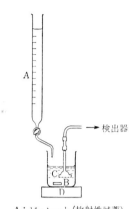
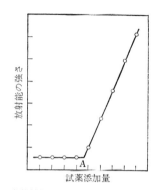

A：ビュレット（放射性試薬）
B：回転子，C：ガラス沪過
器，D：磁気かきまぜ器

非放射能性のものに放射性試薬を加え
た場合，Aは滴定曲線の終点を示す．

図 7.5 放射滴定の装置と滴定曲線

せ，その量論的関係から目的の非放射性元素の定量をする分析法を放射分析といい，放射性指示薬分析と呼ばれることもある．

　分析化学で用いられる重量分析法では，沈殿を沪別し重量が一定となる条件で秤量する．ところが水分の吸着その他の理由で，化学量論的な反応で沈殿しても秤量に適した沈殿にならないことも多い．このような場合にも放射分析は利用できる．たとえば塩化物イオン Cl^- の量を求めたいとき，その溶液に ^{110m}Ag で標識された硝酸銀溶液の過剰の一定量を加え，沈殿した塩化銀 $AgCl$ を沪別洗浄後[†]，その沈殿の放射能を測定または沪液の放射能の減少量を測定して，塩化銀生成に消費された銀の量を算出し，それと当量（この場合は 1:1 という化学量論的関係がある）の塩化物イオンの定量ができる．

　この原理を滴定操作に応用したものが放射滴定と呼ばれる方法である．たとえば図 7.5 のように，^{110m}Ag で標識した濃度のわかった硝酸銀水溶液をビュレットに入れ，濃度未知の塩化物イオン水溶液に滴下し，沪液の放射能を滴下量とともに測定していけば，当量点を過ぎたあとでは放射能値の増加が観測さ

[†] 塩化銀の沈殿は重量分析ではよい秤量形ではない．

れる．2直線の交点が当量点に相当するので，このときの銀と当量の塩化物イオンの量が求められる．

現在では他の分析方法の発展により，放射分析は次に述べる同位体希釈分析に拡張応用されて用いられるほうが多い．

7.1.4 同位体希釈分析

試料中の成分の定量において，各成分を相互分離して定量する分離分析法と，各成分共存のままそれぞれの特色を生かして検出定量する同時定量法がある．各成分が異なる波長の吸収スペクトルを示したり，異なる酸化還元電位や放射化後のγ線スペクトルを示す場合などは後者の例に属する．ところが同一元素からできている化学種どうしなどのように，化学的挙動も類似し，吸収スペクトルなど諸性質が似通っている場合には，一般に分離も不完全でしかも同時分析も困難なことが少なくない．

このような場合でも，もし一部分だけでも他の成分を含まない純粋なフラクションが得られる場合には，目的とする成分の標識化合物を用いて同位体希釈分析（isotope dilution analysis）によりその成分の定量が可能となる．つぎにその基本となる直接希釈法の原理を説明しよう†．

試料中に成分 X, Y, Z などが含まれ，そのうちのXの量xを求める場合を考える．蒸留や各種クロマトグラフ法などで，少なくとも一部分はY, Z など他の成分を含まないXの成分のみの純粋なフラクションが得られるとする．いまXと同じ化学形の標識化合物を用い，その質量aと放射能A_0を測定しておき（したがって比放射能$S_0 = A_0/a$も既知），これを試料とよく混合したのち適当な方法で分離を行い，純粋なXのフラクションを分取する．このフラクション中のXの量wと放射能Aを測定すれば，そのフラクションの比放射能$S = A/w$も求められる．この比放射能は，

$$S = \frac{A}{w} = \frac{A_0}{x+a} = \frac{S_0 a}{x+a} \tag{7.9}$$

---

† ここでは放射性核種による同位体希釈分析について説明するが，天然の同位体存在度よりも濃縮された安定核種を用いても（スパイクという），これと同じ原理で同位体希釈分析が可能であり，地球化学などでしばしば行われる．

と書き表されるから，これを解いて，

$$x = a\left(\frac{S_0}{S} - 1\right) \tag{7.10}$$

となり，Xの全量xが求められる．標識化合物として高い比放射能をもつものが利用できれば，第2項は省略することもできる．

$$x \simeq a\frac{S_0}{S} \tag{7.11}$$

一方，試料中に放射性の成分X^*が含まれ，その量xが未知で比放射能S_0のわかっている場合は，Xと同一の非放射性化学種の既知量aを加えたのちに，化学分離によってX成分を一部純粋に取り出して，添加したXによって比放射能がどのくらい希釈されたかを，その純粋フラクションの比放射能Sを測定してxを求めることができる．これを逆希釈法といい，直接希釈法と同一の原理から，

$$x = \frac{a}{\left(\frac{S_0}{S} - 1\right)} \tag{7.12}$$

となる．

実際には，試料中の放射性成分X^*の量xも，比放射能S_0もともに不明の場合のほうが多い．このときには，その成分と同一の非放射性化学種Xの既知量aおよびbを用いて（$a \neq b$），逆希釈法を2回行い，連立方程式をといてS_0を消去しxを求めることができる．これを2重希釈法という．

これらの方法では，比放射能S_0や分離後の比放射能Sを求めるさいに，それぞれの放射能とともにその成分の量を定量しなければならない．このような通常の分析法を用いる代りに放射能測定のみによる方法が考案され，サブストイキオメトリー（substoichiometry）と呼ばれている[†]．直接法の場合で説明すると，標識化合物の量aおよび分離後の純粋フラクション内のXの量wよりも少ない一定量mと化学量論的にきちんと反応する試薬を用い，mのもつ放射能を測定してそれぞれの放射能がI_0およびIであったとすれば，

[†] この方法は鈴木信男（東北大）によってはじめて用いられ，不足当量法などとも呼ばれている．

$$S_0 = \frac{I_0}{m}, \quad S = \frac{I}{m}$$

であるから，式（7.10）は次式で表される．

$$x = a\left(\frac{I_0}{I} - 1\right) \tag{7.13}$$

この場合 m は $a>m$, $w>m$ でさえあればその量はわからなくてもよく，分離後の定量法が放射能測定だけですむ点が簡便である．微量の m を分取する方法としては溶媒抽出法などが多く用いられている．

　直接希釈法が用いられる条件として，しらべようとする成分の標識化合物が利用できることが必要であることを述べた．しかし標識化合物が入手できない場合にも，その成分が化学量論的な化合物をつくるときには，つぎのようにして定量ができる．

　いまアミノ酸のように，化学的によく似た成分，A, B, C, ……の混合物中のAを定量する場合を考えよう．Aの標識化合物があれば前述の直接希釈法がそのまま適用できるが，それがない場合でも，A, B, C, ……と化学量論的に結合する試薬Rに標識化合物 R* があればよいのである．すなわち標識試薬 R* を試料に加えて，AR*, BR*, CR*, ……をつくらせておきこれを試料とする．これに非放射性の AR の一定量 a を加え，混合した後（AR＋AR*）の一部を純粋に分離し，その比放射能 S を測定する．AR* の比放射能 S_0 は R* の比放射能とAとの化学量論的関係からあらかじめ求められるので，試料中の AR* の量 x は逆希釈法の関係式（7.12）によって求められ，さらにAの量が算出できる．この方法は同位体誘導体法と呼ばれ，放射分析の拡張と考えることもできる．重量をモルで表し，比放射能もモルあたりで表現しておけば，AR* の量 x モルはもとの試料のAの含有量のモル単位での表示に相当し，S_0 は R* の比放射能であると同時に AR* の比放射能にもなる．Rの例としては，アミノ酸と1:1で下の式のように結合する塩化ピプシルなどがあり，そのヨウ素や硫黄がそれぞれ ^{131}I や ^{35}S で標識されたものが R* として用いられる．

$$p\text{-I*-}C_6H_4\text{-S*}O_2Cl + H_2N\text{-CHR-COOH}$$

$$\xrightarrow{-\text{HCl}} p\text{-I*-}C_6H_4\text{-S*}O_2\text{NH-CHR-COOH}$$

7.1.5 ラジオイムノアッセイ

抗原抗体反応の特異性と[†]，放射性核種で標識した抗原を用いて，試料中の類似のホルモン，たんぱく質，ステロイドなどのなかから特定のホルモン，たんぱく質，ステロイドなどを定量する方法が，1959年バーソン（Berson）とヤロー（Yalow）によって用いられた．この方法は，7.1.4項で説明した同位体希釈分析法の応用ということができるが，免疫反応の高い選択性と放射能測定の感度のよさが相乗的に生かされていて，広く生化学，生物学，医学に応用されている．原理は簡単なので以下に紹介しよう．

いま，既知量の標識された抗原 G^* を用意し，これと抗原抗体反応をする抗体 B を G^* の 1/2 モル量用いて反応させる．抗原と抗体は 1:1 のモル比で反応するものとする．

$$2G^* + B \longrightarrow G^* + G^*B \qquad (7.14)$$

抗原と抗体は選択的に強く結合してしまい，結合していない抗原や抗体および他の共存物から容易に分離できる（遠心分離，沪過，クロマトグラフ法などが用いられる）．

たとえば，この試料溶液から抗原・抗体結合体を分離，溶液と結合体の放射能 I を測定すると，式（7.14）の右辺の G^* と G^*B のモル比は 1:1 であるから，$I_{G^*}/I_{G^*B}=1$ である．

さてつぎに濃度未知の抗原 G の分析にとりかかろう．重量 X の抗原を含む試料溶液に，上と同様の操作で標識抗原 G^* を重量 a^* 加え，G^* の 1/2 モル量の抗体を加える．抗原抗体反応による結合体を分離して，その放射能と溶液に残る結合しなかった過剰の標識抗原の放射能を測定する．いうまでもなく，試料中の抗原 G によって前者の放射能は減少し，後者の放射能は増大する．反応式で示すと，

[†] 抗原（免疫源とも呼ばれる）が生体内に入ると，これと特異的に反応する物質（抗体）がつくられるが，これを生体が"免疫"されたという．radioimmunoassay はカナ書きされることのほうが多い．放射免疫分析ともいう．

$$2\mathrm{G}^* + x\mathrm{G} + \mathrm{B} \longrightarrow$$

モル比　　2　：x：1
重　量　　a^*　　 X

$$\frac{2}{2+x}\mathrm{G}^*\mathrm{B} + \frac{x}{2+x}\mathrm{GB} + \left(2-\frac{2}{2+x}\right)\mathrm{G}^* + \left(x-\frac{x}{2+x}\right)\mathrm{G} \tag{7.15}$$

放射能比は，結合体 G*B と結合していない溶液中の G* のモル比に相当するから，

$$\frac{I_{\mathrm{G\cdot B}}}{I_{\mathrm{G}^*}} = \frac{\dfrac{2}{2+x}}{2-\dfrac{2}{2+x}} = \frac{1}{1+x} \tag{7.16}$$

G* の重量 a^* がわかっているので，未知試料中の抗原 G の重量 X は，反応式のモル比から，

$$X = \frac{a^*}{2}x = \frac{a^*}{2}\left(\frac{I_{\mathrm{G}^*}}{I_{\mathrm{G\cdot B}}} - 1\right) \tag{7.17}$$

となり，放射能比を実測して求められるのである．実際には a^* の正確な値を求める代りに，既知濃度の抗原を含む試料を標準として，これと未知濃度の抗原を含む目的の試料との比較を行う．放射性核種として [3]H，[75]Se，[125]I，[131]I などが用いられ，これらを標識した抗原および非放射性抗原の標準試料，抗体などが市販されている．これら核種の放射能特性に応じて，液体シンチレーション計数器はじめ γ 線計数器などが利用される．抗体の代りに，レセプター（受容体）を用いるラジオレセプターアッセイも同じ原理で用いられ，さらに応用範囲が広がっている．

7.2 同位体交換

同位体希釈分析は，同位体で標識した化学種がどのくらい同一化学種で希釈されるかを観測して分析するものであった．その場合，同位体核種は標識化合物内にとどまっていることが前提になっているが，同位体どうしは化学的性質

の差がほとんどないので，本来は同位体相互の間で交換し，平均した分布をする傾向がある．

7.2.1 同位体交換平衡

元素Xを含む2種の化学種 AX と BX が平衡して共存する系で，X の同位体 X* が分配される反応は次式で表される．

$$AX^* + BX \rightleftharpoons AX + BX^* \tag{7.18}$$

この分配平衡定数 K は，

$$K = \frac{[AX][BX^*]}{[AX^*][BX]} = \frac{[AX]/[AX^*]}{[BX]/[BX^*]} \tag{7.19}$$

で示される．

AX と BX は元素Xが元素AおよびBに結合した状態でもよく，また元素Xが異なる状態（たとえばAを気相，Bを液相）にあることを表したものとしてもよい．平衡定数 K は同位体 X と X* の質量の差によっており，1にはならないが，多くの場合1に近い値をとる．

式（7.18）で示されるような同位体交換では，交換に伴う化学種の対称性に変化が現れないが，

$$CX_2 + CX_2^* \rightleftharpoons 2CXX^* \tag{7.20}$$

の形式の交換では，CX_2 または CX_2^* と CXX^* では対称性が異なる．平衡定数 K は

$$K = \frac{[CXX^*]^2}{[CX_2][CX_2^*]} \tag{7.21}$$

で示され，この場合には対称性の差が大きくきいてきて，K は4に近い値となる．

交換平衡定数の理論的計算は，各化学種の並進，振動，回転の分配関数などを用いて行うことができ，上述の対称性の違いは化学種の回転の分配関数の比となって現れてくる．

7.2.2 同位体交換速度

同位体交換は，通常の化学反応では平衡に達している系においてもなお進行しているということができ，その進行する速度を交換速度という．ふたたび式 (7.18) の交換を考えてみよう．

AX* の時間 t における濃度 (AX*) (mol l^{-1}) の時間変化，$d(\text{AX}^*)/dt$，は AX と BX* との交換で増し，AX* と BX の交換で減少するから，交換の割合すなわち交換速度を R (mol l^{-1} s^{-1}) とすると，

$$\frac{d(\text{AX}^*)}{dt} = R\frac{(\text{AX})}{(\text{AX})+(\text{AX}^*)} \cdot \frac{(\text{BX}^*)}{(\text{BX})+(\text{BX}^*)}$$

$$-R\frac{(\text{AX}^*)}{(\text{AX})+(\text{AX}^*)} \cdot \frac{(\text{BX})}{(\text{BX})+(\text{BX}^*)}$$

$$= R\left[\frac{(\text{BX}^*)}{(\text{BX})+(\text{BX}^*)} - \frac{(\text{AX}^*)}{(\text{AX})+(\text{AX}^*)}\right] \quad (7.22)$$

同位体 X* の総量は時間によらず一定であり，交換平衡のときの AX* および BX* の濃度をそれぞれ (AX*)$_\infty$ および (BX*)$_\infty$ で表すと，

$$(\text{AX}^*) + (\text{BX}^*) = (\text{AX}^*)_\infty + (\text{BX}^*)_\infty$$

また，平衡に達したときには X* は均一に化学種 AX と BX 内に分布すると近似すれば，

$$\frac{(\text{AX}^*)_\infty}{(\text{BX}^*)_\infty} = \frac{(\text{AX})+(\text{AX}^*)}{(\text{BX})+(\text{BX}^*)}$$

であるから，両式より次式を得る．

$$(\text{BX}^*) = \frac{(\text{BX})+(\text{BX}^*)}{(\text{AX})+(\text{AX}^*)}(\text{AX}^*)_\infty + (\text{AX}^*)_\infty - (\text{AX}^*)$$

これを式 (7.22) 第 1 項の分子に代入して，

$$\frac{d(\text{AX}^*)}{dt} = R\left[\frac{1}{(\text{AX})+(\text{AX}^*)} + \frac{1}{(\text{BX})+(\text{BX}^*)}\right][(\text{AX}^*)_\infty - (\text{AX}^*)]$$

$$= R\left(\frac{A+B}{AB}\right)[(\text{AX}^*)_\infty - (\text{AX}^*)] \quad (7.23)$$

が得られ，これを積分すると

148──7 同位体の化学

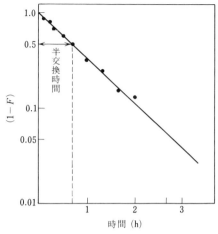

図 7.6 同位体交換反応の時間変化

$$\ln\left[1 - \frac{(AX^*)}{(AX^*)_\infty}\right] = -\frac{A+B}{AB}Rt$$

あるいは,

$$R = -\frac{AB}{A+B} \cdot \frac{\ln(1-F)}{t} \tag{7.24}$$

でRが表される．Fは時間t経過のさいの交換の程度$(AX^*)/(AX^*)_\infty$であり，AおよびBは化学種$AX+AX^*$および$BX+BX^*$のそれぞれ全濃度であることは式の誘導を見てわかるであろう．図7.6に$(1-F)$の時間変化を示す．同位体交換反応は見かけ上1次反応として示され，半減期に相当する半交換時間を定義することができ，Rは1次反応速度定数に見かけ上対応しているが,

$$R = kA^aB^b \tag{7.25}$$

のように，一般に両化学種の濃度に依存していて，kが反応速度定数となる．

7.2.3 同位体交換と化学

$\ln(1-F)$と時間tの関係を実験的に求めるには，AXまたはBXのどちら

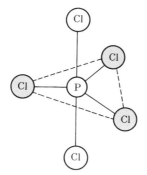

図 7.7 PCl$_5$ の分子構造
破線は正三角形の面を表す.

かを X* で標識しておき,恒温槽中で両者を混合して,一定時間ごとに一部を取り出して,化学種 AX と BX を分離しそのなかの X* を定量する(放射性同位体であれば放射能測定で容易に定量でき,安定同位体であれば質量分析計などで定量する).分離には,沈殿法,溶媒抽出法,蒸留法など短時間に分離できる方法が用いられる.

図 7.6 に示したような単一の直線にならない場合は,AX や BX の化学種が複数存在するか,これら化学種のなかに化学結合状態の異なる 2 種類以上の X 原子が存在することが考えられる.

たとえば,五塩化リン PCl$_5$ の四塩化炭素溶液に,^{36}Cl を含む塩素ガス Cl$_2$ を溶かして交換速度を見ると,PCl$_5$ の約 60% はすみやかに交換し,約 40% はゆっくりと交換することが交換速度曲線の解析からわかる.このことは PCl$_5$ の 5 個の Cl のうち 3 個と 2 個が異なる結合状態にあるとして説明される.実際に PCl$_5$ 分子は図 7.7 のような三角両錐構造をもち,P を含む三角形の頂点にある Cl 原子の交換の早いことがわかる.チオ硫酸イオン S$_2$O$_3^{2-}$ 中の 2 個の硫黄原子も,そのうち 1 個のみがすみやかに S*O$_3^{2-}$ イオンと同位体交換することから,S$_2$O$_3^{2-}$ イオン中の 2 個の硫黄原子が等価でないことがわかる.

同位体交換反応は,平衡系でもなお進行する交換速度が観測されるので,原系と生成系の熱力学的安定性の差に左右されることなく,反応性そのものを知ることができるので,種々の配位子や置換基の置換反応性をしらべ,他の置換

反応や異性化と比較して反応機構を研究することができる．

たとえば，多くの配位子の同位体交換から，第1遷移元素の錯体では，結晶場の安定化の大きさが交換速度の小さいことに関係しており，さらに交換の中間体として6配位から5配位または7配位の状態を経由していることなども，それぞれの交換速度の比較から研究され，また式（7.25）の速度定数の温度変化を観測して，交換反応の活性化エネルギーが算出され，予想した中間体のエネルギー状態と比較検討されている．同様な手法は，有機化学の反応や触媒反応の機構の解明にもさかんに応用されている．

一方，交換反応の平衡定数が温度に依存することから，天然に共生する鉱物間などの同位体の分配をしらべて，それら鉱物などの形成温度を推定するなどの興味ある応用もある．

7.3 同位体効果

元素の化学的性質は，原子核をとりまく核外軌道電子の性質によって支配される．したがって，ある元素の同位体相互の間では化学的性質の差はないはずである．実際に多くの場合，この差はほとんど無視できるので，同位体をすぐれたトレーサーとして用いることができるのであり，本章で述べてきた同位体の化学も同位体間の化学的挙動の著しい類似性に基づくものであった．

しかしながら，化学的な性質は原子，分子，イオンなどの粒子の集団の性質でもあり，また電子状態のみならず，これら粒子の回転，振動，並進運動状態にも関係がある[†]．そのため同位体間の差が化学的性質に現れることがあり，トレーサーとしての利用にさいして注意の必要な場合がある．他方この差を利用して，反応機構の解明や同位体の濃縮および分離の研究ができる．

7.3.1 結合エネルギーの同位体効果

同位体原子AとA*にそれぞれ原子Bの結合した2原子分子，A-Bおよび

[†] 7.2節の同位体交換平衡定数の計算にも，厳密にはこのような同位体効果が考慮されねばならない．

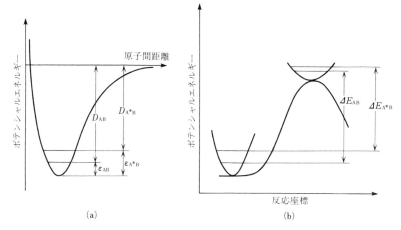

図 7.8 結合解離エネルギー(a)と活性化エネルギー(b)における 2 原子分子の同位体効果

A*-B の結合エネルギーを比較してみよう．同位体間において電子状態には差がないとすれば，その電子的結合エネルギー曲線は図 7.8 のような共通の曲線で表される．曲線の底の近傍では化学結合は調和振動で近似できるとして，これら 2 原子分子の零点振動準位 ε は，

$$\varepsilon = h\nu = \frac{h}{2\pi}\sqrt{\frac{\beta}{\mu}} \tag{7.26}$$

で示される．ここに μ は換算質量

$$\mu = \frac{m_A m_B}{m_A + m_B} \tag{7.27}$$

であり，m_A, m_B は原子 A, B の質量である．

分子 A-B と A*-B では力の定数 β は共通であるが，各換算質量が異なるので零点エネルギーも異なり，解離エネルギーも異なる．式から明らかなように重い同位体原子の結合したほうが解離エネルギーは大きくなる．

同様にして反応経路，

$$A - B + C \rightleftarrows (A\cdots\cdots B\cdots\cdots C)^* \longrightarrow$$

の途中の活性錯合体（A……B……C)* での零点振動準位は，

$$\varepsilon^* = h\nu^* = \frac{h}{2\pi}\sqrt{\frac{\beta^*}{\mu}} \qquad (7.28)$$

で示され，一般に力の定数は両状態で異なるので，A-B と A*-B の活性化エネルギーも差を生じ，反応速度に同位体効果が現れることになる．

7.3.2 原子・分子のスペクトルの同位体効果

2原子分子の振動エネルギー準位間隔が，重い同位体を含む結合ほど狭くなることは，式（7.26）や式（7.28）で示したとおりである．したがって，分子スペクトルにはこのような質量の差による同位体効果が主として現れ，これを同位体シフトと呼んでいる．

原子スペクトルは，正電荷の原子核に束縛されている電子のエネルギー準位間の遷移であるが，たとえばボーア模型で表されるエネルギー準位 E_n は，

$$E_n \propto \frac{\mu Z^2 e^4}{8n^2 \varepsilon_0^2 h^2} \qquad (7.29)$$

である．ここで ε_0 は真空の誘電率，μ は電子と原子核の系の換算質量で，電子と原子核の質量 m_e，m_N を用い，

$$\mu = \frac{m_e m_N}{m_e + m_N} \qquad (7.30)$$

で示される．^{1}H 原子核と ^{2}H 原子核では，この換算質量が異なるので，それらの水素原子でのエネルギー準位 E_n も変化し，わずかながら異なる位置に線スペクトルを与える[†]．

原子スペクトルにおける同位体効果すなわち同体位シフトは，原子番号約 40 以下の元素では主としてこのような原子核の質量差に基づくが，それより大きい原子番号の元素では，同位体シフトは主として原子核の体積や核スピンの違いで生ずる．

これは 3.2 節で述べた原子核と核外軌道電子状態の相互作用，すなわち超微細相互作用に基づくもので，第1に核の正電荷が核外の負電荷の電子雲のなか

[†] この水素原子のスペクトル線の弱い成分は 1931～32 年ユーリー（Urey）により発見され，彼の重水素発見（1934 年ノーベル化学賞）の証拠となった．

で，1点に集中しないで有限の空間に分散するとエネルギーがやや高くなることによる．第2には，核スピンをもつと原子核は磁気モーメントや電気的四極モーメントをもつようになり，核外電子の状態によっては相互作用をするからである．これらの原因による同位体シフトは相対的に原子スペクトルにも現れ，スペクトルの線が十分鋭い場合には観測される．

7.3.3 同位体効果と化学

同位体交換平衡定数に同位体の質量差の効果や，質量が異なることによる対称性の変化の効果などの現れることから（7.2節参照），この平衡定数への同位体効果を詳しく検討すれば，地質学的な温度の推定が可能であることはすでに7.2.3項で述べた．

分子スペクトルにおける同位体シフトは，たとえば複雑な赤外線吸収スペクトルのピークの帰属を，関係する原子をその同位体に代えてみて，シフトの有無から判別するのに用いられ，また基準振動の計算において力の定数を一義的に決めるデータとして利用されている．

化学反応の素過程などの詳しい研究にも同位体効果が用いられ，とくに水素原子の関与する反応には有効であり，プロトン移行反応や水素原子の吸脱着反応などの研究が行われ，活性化エネルギーや頻度因子などへの同位体効果の詳しい検討から，これら素過程の妥当性が確かめられる．

また，同位体効果は同位体の分離や濃縮という実用面でも重要な関連があり，現在各種の同位体効果を有効に利用した経済的な分離が検討されているが，その代表的なものをつぎの節で紹介しよう[†]．

7.4 同位体の分離と濃縮

放射性同位体は各種の核反応を用いて製造することができるが，その質量としての収量はきわめて小さい．ここで述べる同位体の分離濃縮は，このような

[†] ホットアトム化学（3.5節）における同位体効果は，核変換の過程や生成核の特性などの違いを含んでおり，かなり特殊な場合であるので省略した．

核反応のスケールではなく，マクロなスケール，したがって主として天然の同位体を対象とするものである．

現在，エネルギー源として重要な核分裂や核融合の原料となる ^{235}U をはじめ，^6Li，^3H，^2H などの需要はますます増している．また放射能の影響を避けるために，近年は放射性核種をトレーサーとする代りに，非放射性核種をトレーサーとして使用し，検出定量の段階で放射化分析をするのに適したアクチバブルトレーサーの利用が増しているが（7.1.2 項），これには特定の安定同位体の分離濃縮が必要となる．放射化分析によらないで，質量分析計などによる分析を用いる安定同位体の需要も多く，NMR をはじめ各種分光法でも同位体の利用が進んでいる．

つぎに，前節で述べた同位体効果によって生ずる統計的な同位体の分布の差を利用する同位体の濃縮と，同位体の性質の差を積極的に利用して分離する同位体の分離とに便宜上分けて説明する[†]．

7.4.1 同位体の濃縮

a）蒸留法

^1H_2O と ^2H_2O の水では沸点は後者のほうが約 1.4°C 高い．酸素の同位体まで含めると 9 種類の分子量の水がある．一般に重い分子量のものほど沸点が高いので，分別蒸留によって濃縮することができ，ネオンの同位体濃縮（1931年）や，液体水素の同位体濃縮による重水素の発見（1931 年）など歴史的にも有名な方法となっている．現在でも他の方法と組み合わせて利用されている．軽い元素の濃縮に適した方法で，BF_3 によるホウ素の同位体濃縮もその例である．

b）化学交換法

7.2 節で述べたように，同位体交換反応の交換平衡定数は同位体効果のために 1 からずれてくる．たとえば，

[†] ふつうは同位体の濃縮をも，広義には同位体の分離と呼ぶ場合が多い．

7.4 同位体の分離と濃縮──155

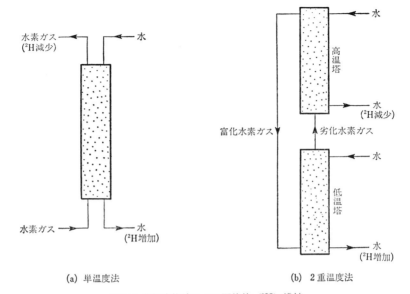

(a) 単温度法 (b) 2重温度法

図 7.9 化学交換法による同位体 (^{2}H) 濃縮

$$^1H^2HS(g) + {}^1H_2O(l) \rightleftharpoons {}^1H_2S(g) + {}^1H^2HO(l) \qquad (7.31)$$

の平衡定数は 25°C で約 3.9 である．図 7.9(a)のような塔のなかを気体の水素と液体の水を通して，両者が塔通過中に交換反応をくり返すようにしてやると，塔の下からは重水素の濃縮された水，塔の上からは軽水素の濃縮された水素ガスが得られる．

さらに式 (7.31) の平衡定数は温度に依存し，たとえば 100°C では約 2.7 のように変化する．そこで図 7.9(b) のように異なる温度の塔を組み合わせることによって，図(a)の方法では必要であった濃縮された水素ガスを水から電解して取り出すための電力消費を避けることができる．この方法は 2 重温度法と呼ばれている．現在多く用いられている重水素濃縮の化学交換法の 1 つに，

$$^1H^2HS(g) + {}^1H_2O(l) \rightleftharpoons {}^1H_2S(g) + {}^1H^2HO(l)$$

の交換平衡がある．25°C と 100°C の交換平衡定数はそれぞれ約 2.3 および 2.0 であり，やはり 2 重温度法が適用できる．

上述の 2 法は交換平衡を成立させての可逆的過程での分離ということができるが，つぎに不可逆的過程を利用する方法の例をあげる．

c) 電解法

たとえば水の電解（通常水酸化カリウム水溶液が用いられる）においては，電解で発生する水素ガスよりも，電解液の水には重水素が約 6 倍も濃縮されることが知られている．電解においてはイオンへの解離や移動，および電極上での反応など多くの過程が考えられ，同位体の濃縮の詳しい機構はなお明確ではない．水溶液の電解の副産物として，重水素の濃縮された水が用いられ，また他の方法と組み合わせて ^2H や ^3H の濃縮法として採用される．水溶液以外に溶融塩の電解も行われ，さらにイオン交換膜や不活性粉体を用いた電気泳動法による研究もされていて，^6Li を 90% にまで濃縮した報告もある．

d) 気体拡散法

理想気体の拡散速度は気体の密度，したがって分子量に反比例するが，これを応用して同位体の濃縮ができる．歴史的にはアストン（Aston）やハーツ（Hertz）らのネオン同位体の濃縮が有名であり，さらに第二次大戦中の ^{235}U の濃縮が六フッ化ウラン UF_6 の拡散法により行われた．理想的には分離係数は $^{235}UF_6$ と $^{238}UF_6$ の分子量の比の平方根 $(352/349)^{1/2} = 1.0043$ となるが，多孔性の膜の面で逆方向の拡散の非拡散流の生ずること，および理想的混合が起こらないことなどの理由でこの分離係数よりもさらに低くなる．したがって数千段の拡散をくり返させる．戦後も原子力利用のために ^{235}U の濃縮がこの方法で行われてきた．

e) 熱拡散法

図 7.10 のように管の中心にヒーターにより高温部をつくり，管の外壁を低温にして管内に同位体を含む気体を入れると，一般に軽い同位体は高温部に優先的に集まり，この結果管の上部に対流により軽い同位体がしだいに濃縮され，低温部に集まった重い同位体は管の下部に運ばれる．この方法はクラシウス

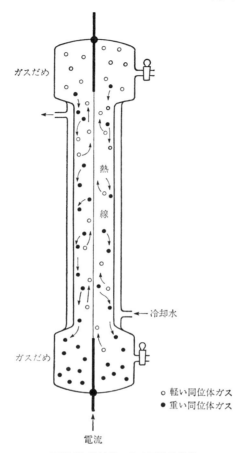

図 7.10 熱拡散による同位体濃縮

(Clusius) とディッケル (Dickel) により実用化されたもので，気体分子の分子量，分子間力，同位体分子存在比，および温度に依存して分離係数が決まる．小規模の同位体分離には適しているが，大規模な分離には熱エネルギーの消費が大きいという難点がある．^{13}C, ^{18}O, ^{22}Ne, ^{37}Cl, ^{36}Ar などがこの方法で99%以上濃縮されている．

f） 遠心分離法

気体分子を質点の力学として扱えば，その分子量Mに比例した重力を受け，一定温度Tでは高さhにおける気体の密度は，ボルツマン分布$\exp(-Mgh/RT)$に従う．もちろん地球の重力の加速度gの大きさでは，対流圏の気体はほぼ完全に混合されて組成の差は認められない．しかし遠心分離器を用いて，重力の代りに大きい遠心力を作用させると同位体を含む気体の濃縮ができる．たとえば拡散法と比較すると，分子量比ではなく分子量差に依存する濃縮機構のため，重い元素の同位体濃縮にも有効であることがわかる．このため^{235}Uの濃縮などに実用化されている．

7.4.2 同位体の分離

a） 電磁的分離法

質量分析計の原理と同様，電場と磁場によって陽イオンをその質量と電荷の比によって偏向させるもので，同位体分離用につくられた巨大な質量分析器（米国の Caltron はその例）が用いられる．ほとんど100％に近い純度の同位体を1回の操作で分離することができるが，大量生産には費用の点で不適当であり，研究や分析の用途での同位体分離法として，多くの元素の各同位体の供給に用いられている．

b） レーザー同位体分離法

7.3節で原子スペクトルや分子スペクトルに同位体シフトの現れることを述べた．このシフトを利用すると，特定の同位体の原子または分子のみをそのエネルギー準位にのみ吸収される波長の光を用いて励起することができ，他の同位体の原子や分子と選択的に分離できる．

この方法の原理は古くから知られていたにもかかわらず，水銀灯による水銀の同位体の分離など少数の試みしかされていなかった．ところが単色で強力な光源であるレーザー光の出現により，最近では著しい発展をし注目を浴びてい

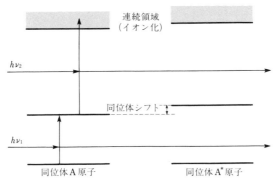

図7.11 2段階光電離法の原理

る．選択的に励起した同位体原子や分子を有効に分離して取り出すためには，あわせて物理化学的過程が利用されているが，その例の1つとして2段階光電離法がある．

これは図7.11のように原子状の同位体AとA*があるとき，Aのみを振動数ν_1のレーザー光で励起し，この励起原子がいろいろな過程で他の準位に移る以前に，第2の振動数ν_2の光でイオン化し，静電場をかけてA*（励起されてもいないしイオン化もされていない）から分離するのである[†]．

分子スペクトルの同位体シフトを利用して同様の分離ができるが，分子の場合はイオン化という大きい第2の励起をしなくても，結合性の電子状態に近いところに反結合性の電子状態が図7.12のようにあり，この励起に相当する第2の光によって，選択的にAを含む分子ABのみを解離させることができ，この方法は2段階光解離法と呼ばれる．

1段階または多段階の励起により解離したA原子のみが反応するような条件をあらかじめつくっておけば，選択的にAB $\xrightarrow{C}$ ACとすることができ，同位体AとA*を化学種ACとA*B（A*は励起解離されないのでCと反応しないままである）とし，両者を蒸留など古典的な方法で分けることができる[††]．

[†] U, Rb, Caなどの同位体がこの原理で分離されている．
[††] $^{235}UF_6$のみを励起して，$^{235}UF_6 + HCl \longrightarrow {}^{235}UF_5Cl + HF$の反応をさせ，励起されない$^{238}UF_6$と分離できる．

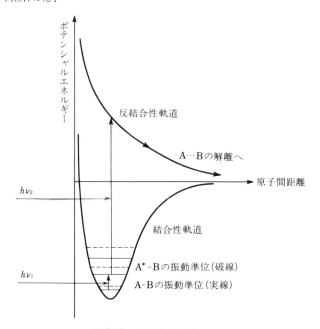

図7.12 2段階光解離法の原理
振動準位の実線と破線は同位体 A, A* を含む A-B および A*-B 分子のものを示す.

　レーザー同位体分離法はこのほか多くの工夫がされているが，任意の振動数，しかも強い出力をもつレーザー光源の開発，同位体シフトに比べて十分狭く（たとえば回転準位の寄与の少ない），そしてエネルギー損失の少ない準位の励起状態の選定など，実用化にはなお解決すべき問題も残されている．しかし近い将来，この方法で多くの元素の同位体が高い純度で分離されるものと期待されている．

安定同位体でむかしを探る

　放射性同位体の壊変による時間的変化は，自然界の時計として，さまざまな考古試料や岩石・鉱物などの年代を推定する手がかりに利用されてきた（年代測定の方法につい

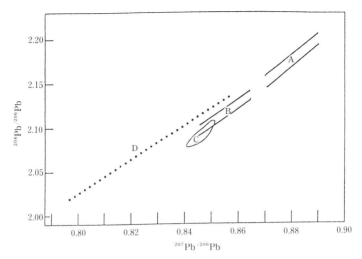

図 7.13 日本出土青銅器の鉛同位体比（馬淵久夫博士らによる）
A：前漢鏡；B：古墳出土鏡；C：日本の鉛；D：朝鮮系遺物ライン

ては第8章で詳しく述べる）．一方，安定同位体の同位体比からも，考古学や地球科学にとって有用なむかしの情報を引き出すことができる．ここでは，そのような応用の例を2つ紹介しよう．

わが国では，弥生時代・古墳時代から奈良時代にかけて，銅鏡・銅鐸・銅剣・銅銭などの青銅器が多数考古遺物として発掘されている．青銅製品には鉛が含まれるが，鉛の安定同位体 ^{204}Pb, ^{206}Pb, ^{207}Pb, ^{208}Pb の存在度は，ふつう鉛の鉱山ごとに異なったほぼ一定の値となる．これは鉛鉱床ができた年代と，そのときの鉛に含まれるウラン，トリウムの割合によって，その後のウラン・トリウムの壊変で生じる ^{206}Pb, ^{207}Pb, ^{208}Pb の存在度が決まるためである．したがって，これら考古試料について鉛の同位体比を分析すれば，どこの鉱山の鉛でつくられたか原料産地が推定できる．これまでの研究から，たとえば弥生時代の銅鏡や銅鐸などは，はじめは朝鮮半島産の鉛，その後は中国北部産の鉛を含むことがわかっており（図 7.13），これらの青銅器がどこでどのようにしてつくられたかを知る重要な手がかりとなる．

地球のむかしの環境についての貴重な情報が酸素同位体比（$^{18}O/^{16}O$）の測定によって明らかになる．たとえば，地層中や海底の堆積物中の貝殻の化石は $CaCO_3$ からなっているが，これが生成するさいには，水と水に解けた CO_2 の間で酸素同位体 ^{16}O, ^{18}O の交換反応が起きている．このとき ^{18}O の分配（平衡定数）は，そのときの温度によって決まるので，化石貝殻中の酸素同位体比を測定すれば当時の気候を知る手がかりとなる．また，水が蒸発するときには，同位体効果で水蒸気中に ^{16}O が濃縮し，その割合も

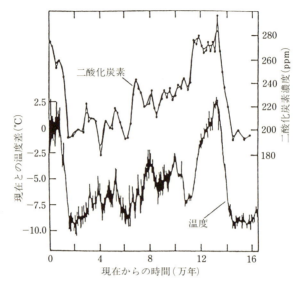

図 7.14 南極（ボストーク基地）の氷床からの試料で得られた過去 16 万年間の大気の温度と二酸化炭素濃度の変動 [J. M. Barnola *et al.*, *Nature*, **329**, 408. 1987 より]

気温によって決まる．そこで，太古に降った雪が氷となって積重なった南極やグリーンランドの氷床をボーリングして得たコア試料について，酸素同位体比を分析すれば，降雪のあった当時の気温が推定できることになる．このようにして約 16 万年前までの地球の気温変動がしらべられ，また氷柱内に閉じこめられた微量の太古の大気試料の分析が行われた（図 7.14）．同様な研究は，その後さらに古い年代のコア試料に対しても続けられ，過去数十万年にわたって地球大気中の CO_2 濃度と気温に相関関係があることが示されている．もっとも，これでは過去の気温と CO_2 濃度の変化の傾向がよく似ていることを示すだけで，両者の一方が他方の変動要因であると一義的に実証しているわけではない．

8 放射能現象の応用——現状と将来

　20世紀のはじめ，放射能や放射性元素が発見され，その性質が明らかになるとともに，それらは化学の分野の研究に応用されるようになった．今日では化学ばかりでなく理工学の各分野や医学・薬学・生物学・農学などライフサイエンスの分野まで自然科学のほとんどあらゆる領域において放射性同位体（ラジオアイソトープ）が利用されている．このような応用はすでに述べたように，放射能が原子と1対1に対応する現象であり（高感度），空間および時間についての情報を伝えうることや，放射能が核種によってそれぞれ特有な性質をもち，かつエネルギーを供給しうることなどの特性に基づくものであり，利用の方法は多種多様である．利用の形式に着目すると，たとえば放射性同位体をプローブあるいはトレーサーとして対象系に直接入り込ませるか（これを"非密封"という），あるいは線源として出てくる放射線だけを利用するか（これを"密封"という）に区別できるし，また対象の性質や挙動についての情報を引き出すために利用するか，あるいは反応などを起こすエネルギー源として利用するかに分類することもできる．さらに地球化学における年代決定のように自然界にもともと存在する放射性同位体を利用して地球環境についての重要な情報を引き出す応用もある．

　科学技術の諸分野における放射性同位体の応用は今後ますます盛んになることが期待され，周辺分野での技術の発展に伴って新たな利用が開拓される可能性が大きい．エネルギー源として現在すでに重要な原子力利用は，今世紀にはさらに核融合という新たな課題に挑戦することになるであろう．化学の分野の応用では，とくに第3章で述べたような原子核現象の化学効果を利用して物

質の化学状態についての情報を直接引き出す核的手法の開発が将来期待される．また，放射性同位体とともに，安定同位体のトレーサーとしての利用が最近各方面でさかんに研究されるようになっているが，本章はアイソトープの応用に関するものであるから，安定同位体の問題にもふれることにする．

ここでは，まず8.1節で放射性同位体の応用を利用方法・形式に基づいて分類し，8.2節以降で理工学・ライフサイエンスなど応用分野に従って実際の応用例を取り上げることにしよう．

8.1 アイソトープの利用の分類

放射性同位体の利用を，利用の方法によって分類すると表8.1のようになる．すなわちトレーサーとしての利用と線源からの放射線の特性の利用に大別される．また，この表に含めていないものに，原子力エネルギーの利用や地球化学の年代測定への利用などの重要な応用分野がある．表8.1に示されたおもな利用方法の例は，本書の各章でその原理などについてすでに説明したものがほとんどであるから，関連のところを読み返していただきたい．未説明のものについてのみ，次節以下で述べる．

安定同位体は放射能をもたないから放射線の利用を主とした用途には用いられないが，トレーサーとしての応用では放射性同位体の代りに用いうる場合がある．表8.1のうち化学的・物理的トレーサーや同位体希釈分析などはその例である．そこで放射性同位体（RI）と安定同位体（SI）をトレーサーとして用いた場合の得失を比較すると，つぎのようになる（(1)〜(5)は放射性同位体を用いたときの利点，(6)〜(8)は安定同位体を用いたときの利点と考えてよい）．

(1) 放射能を測定するRI使用のほうが質量分析など高い熟練度の測定の必要なSIよりも一般に測定は容易であり，装置もそれほど高価でないことが多い．
(2) RIの場合は放射能測定により直接・非破壊分析が可能であるが，SIは一般に分析のため対象とする試料を分解して目的元素を取り出さねばならない．したがってSIの使用では分析に熟練と長い時間が要求され，また

表8.1 おもなアイソトープの利用法の分類

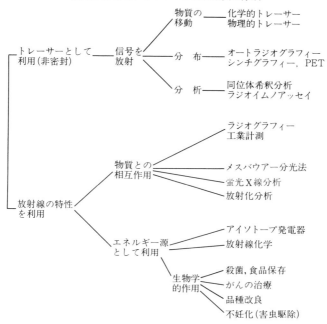

生体系などの非破壊的な分析は困難である.

(3) RIは長寿命のもの以外は放射能による検出感度がSIよりはるかにすぐれているので、極微量のトレーサーを用いるだけでよい。したがってRIトレーサーの導入が対象系を化学的に乱すおそれはほとんどない。たとえば、わずか10^{-13}gの^{32}P(半減期14.263d)をトレーサーに用いても、その放射能は計数効率を10%としてもおよそ$6×10^3$cpmもある。

(4) トレーサーを使用後回収し、さらに使用をくり返すとしだいに他の安定同位体で薄められるために見分けがつかなくなる。一般にRIのほうがSIよりもこのような希釈の限度が大きい。

(5) RIトレーサーは、ほとんどすべての元素に対して入手しやすく、市販品を購入するか、核種によっては原子炉やサイクロトロンで比較的容易に製造できるが、SIトレーサーで市販のものは限られていて、どれでも入

手できるわけではない．

(6) RI は時間とともに壊変・消滅していくので使用や分析に時間的な制約が大きい．SI ではその心配がまったくない．

(7) RI をトレーサーに用いるとき放射能強度が大きいと対象系（生体など）や分析試薬（溶媒抽出の有機溶媒やイオン交換樹脂など）が放射線効果により影響を受けるおそれが生じ，また，実験者の放射線による被曝が問題になる．SI の場合は，このような放射線効果はないが，多量の SI トレーサーを用いた場合には，同位体効果のため生体系などを化学的に乱すことがある．

(8) 放射能による種々な危険を防止するため，RI の使用については使用する者や使用場所，使用方法などについて厳しい法的規制があり，取扱いのために特別の施設が必要であるが（第 4 章参照），SI の使用についてはこのような制約はまったくない．

このように，RI はほとんどすべての元素について得られるので，トレーサーとして RI が圧倒的に多く用いられている．しかし例外的に，軽い元素の N や O は手頃な半減期の RI がないため，^{17}O，^{18}O，^{15}N などの SI がトレーサーとして用いられる．また，H や C には，手頃な RI も SI もあるが SI としては D や ^{13}C が用いられる．最近は，核磁気共鳴で検出される ^{13}C や発光分光法で検出される ^{15}N が SI トレーサーとしてライフサイエンスの分野でさかんに用いられるようになっている．

8.2 理工学における応用

アイソトープの理工学における応用のうち，とくに化学，地球化学，考古学，工学などの分野における利用の現状をながめてみよう．

8.2.1 化学における応用

化学の領域での重要なアイソトープの利用の 1 つは種々な核的分析方法である．放射能を検出の手がかりとする元素組成分析法には，α 線や γ 線のスペク

トロメトリー，放射分析（放射滴定など），放射化分析，同位体希釈分析（安定同位体を用い質量分析による場合もある），サブストイキオメトリー（不足当量分析）などがあるが，これについては第5章および第7章で説明したので省略する．また，第3章で述べたメスバウアー分光法やポジトロニウム化学などは，化学状態についての情報を与える手法，すなわち状態分析法として有用なものである．

化学反応の機構や構造の研究，あるいは物理化学的な挙動の研究へのトレーサーの応用例はきわめて多い．トレーサーは，集団のなかのある一部（分子あるいは原子）に目印をつけ（これを標識するという），それらを手がかりとして集団全体の挙動を追跡するものである[†]．同位体をトレーサーとして利用するとき2つの場合がある．第1は，同位体間の識別が必要な現象を研究する場合であって，このときには同位体の使用は不可欠であるが，放射性同位体，安定同位体のいずれも使用できる．第2は，検出の容易さや高い感度のために同位体の利用が有利な（不可欠ではない）場合であって，このさいは放射性同位体が使用される．

同位体間の識別が必要な現象には，たとえば同位体交換反応（7.2節参照）や自己拡散，反応機構の研究などがある．自己拡散とは，たとえばある純物質中でこれを構成する原子や分子が拡散する現象であり，同位体で標識しなければ同じ物質中での移動を観測することはできない．放射性同位体で標識した物質と，非放射性同位体からなる同じ物質とを接触させて，接触面からいろいろの距離で放射能の移動の時間的変化を測定すれば拡散速度を求めることが可能である．

放射性同位体が放射能によって検出しやすく，感度が高いためにトレーサーとして用いられる例としては，種々な分析手法の分離効率のチェックや，溶液化学，気体・溶液中における極低濃度の現象，界面での現象などの研究がある．たとえば，イオン交換や溶媒抽出による元素や化学種間の分離効率の検討を行う場合に放射性同位体を用いれば，化学的には微量ですみ，かつ放射能測定に

[†] 同位体をトレーサーとして用いるとき，ふつうは同位体間の挙動のわずかな違いを無視することが多いが，厳密には同位体効果（7.3節参照）を考えねばならない場合がある．

よって検出・同定・定量がきわめて容易に行われる．溶媒抽出と関連して，溶液中における金属イオンは配位子の錯生成によってどのような化学種ができ，2相間にどのように分配されているかという溶液化学的な研究にも，放射性同位体を用いれば定量が容易なばかりでなく理論的に取り扱いやすい希薄溶液で実験できるという利点がある．また，低濃度の物質を対象とする点では，難溶性塩（たとえばAgBr）の溶解度や，固体の蒸気圧，固体粉末の表面積の測定などにも応用されている．

8.2.2 地球化学および考古学における応用

長寿命の放射性同位体は，いわば天然の時計であり，岩石・鉱物などいろいろな地球化学的試料や考古遺物中に自然に埋め込まれたトレーサーとして時間についての重要な記録を与えてくれる．地球化学や考古学における放射性同位体の応用として最も重要なものは年代測定である．いま，ある試料に含まれる壊変定数 λ の放射性同位体について現在と t 年前との原子数をそれぞれ N_p，N_0 とするとき，もし t 年間にこの試料と外界との間でその同位体の出入りがない（閉じた系）ならば，

$$N_p = N_0 e^{-\lambda t} \tag{8.1}$$

なる関係があり，これより経過年数は，

$$t = \frac{1}{\lambda}\ln\left(\frac{N_0}{N_p}\right) \tag{8.2}$$

で与えられる．t を求めるには (N_0/N_p) を何らかの方法で知らねばならない．これには2つの方法がある．その1つは，もしこの放射性同位体の壊変生成物が系外に逃げずに蓄積されている場合，その量の測定から N_0-N_p が求められ，また現在量 N_p を測定すれば N_0，したがって N_0/N_p がわかるもので，カリウム－アルゴン法，ルビジウム－ストロンチウム法，ウラン－鉛法，トリウム－鉛法などはこの方法に属する．いま1つは，もし t 年前におけるこの放射性同位体と他の安定同位体との存在比（比放射能）が何らかの方法でわかれば，N_0 したがって N_0/N_p が求められるもので，炭素14年代測定法がその例である．

a) カリウム–アルゴン法

^{40}K は地殻に広く分布している天然の長寿命核種(半減期 1.251×10^9 y)で図 2.10 のように壊変して ^{40}Ar と ^{40}Ca になる.^{40}Ar は岩石生成のさいに,それ以前に生じた分は散逸するが,それ以後現在までの t 年間に壊変した ^{40}Ar は岩石中に蓄積されるので,岩石中の ^{40}K および ^{40}Ar の原子数を測定すれば t は次式で求められる.

$$t = \frac{1}{\lambda}\ln\left(1+\frac{\lambda}{\lambda_e}\frac{[^{40}\mathrm{Ar}]}{[^{40}\mathrm{K}]}\right) \tag{8.3}$$

ただし λ,λ_e はそれぞれ ^{40}K の壊変定数および EC の部分壊変定数,$[^{40}\mathrm{Ar}]$,$[^{40}\mathrm{K}]$ はそれぞれ現在の ^{40}Ar,^{40}K の原子数である[†].この方法によれば数十億年までの古い岩石の年齢が求められる.

b) ルビジウム–ストロンチウム法[††]

^{87}Rb(半減期 4.923×10^{10} y)は β^- 壊変して ^{87}Sr となる(現在の ^{87}Sr の同位体存在度は 7.0%,残りは放射性起源でない ^{86}Sr などである).t 年前に生成した鉱物中の ^{87}Rb,^{87}Sr の ^{86}Sr に対する量比(存在比)について次式が成立する.

$$\left(\frac{^{87}\mathrm{Sr}}{^{86}\mathrm{Sr}}\right)_p = \left(\frac{^{87}\mathrm{Sr}}{^{86}\mathrm{Sr}}\right)_0 + \left(\frac{^{87}\mathrm{Rb}}{^{86}\mathrm{Sr}}\right)_p (e^{\lambda t}-1) \tag{8.4}$$

λ は ^{87}Rb の壊変定数,$(^{87}\mathrm{Sr}/^{86}\mathrm{Sr})$ などは存在比で,添字の p は現在,0 は t 年前を表す.式 (8.4) で実測できるのは $(^{87}\mathrm{Sr}/^{86}\mathrm{Sr})_p$ と $(^{87}\mathrm{Rb}/^{86}\mathrm{Sr})_p$ であり,$(^{87}\mathrm{Sr}/^{86}\mathrm{Sr})_0$ と $(e^{\lambda t}-1)$ という2つの未知数が含まれている.そこで,実測される2つの存在比を座標軸とし,t 年前に生成した岩石試料中の異なった鉱物

[†] K–Ar 法では,K を分光分析,^{40}Ar を質量分析でそれぞれ定量するが,この方法を改良したものが ^{40}Ar–^{39}Ar 法である.試料を速中性子照射して ^{39}K(n, p)^{39}Ar 反応で生成される ^{39}Ar と ^{40}Ar の同位体比を測定するもので,K や Ar の定量は不要である.段階加熱法やレーザー加熱法により Ar を抽出することで,すぐれた結果が得られる.

[††] このほかにも,ランタノイドの長寿命核種を用いた年代測定法が近年開発され,隕石や月,地球の岩石に応用されるようになった.たとえば,^{147}Sm から ^{143}Nd への α 壊変,^{176}Lu から ^{176}Hf への β^- 壊変,^{138}La から ^{138}Ba,^{138}Ce への EC,β^- 壊変などで,それぞれ Sm–Nd 法,Lu–Hf 法,La–Ba 法,La–Ce 法などと呼ばれている(p. 29 の表 2.2 参照).

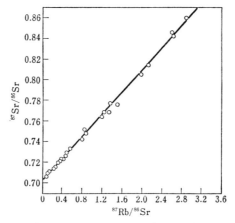

図 8.1 ルビジウム-ストロンチウム法による年代測定の例（グリーンランドの岩石，年齢約 3.7×10^9 y）[S. Moorbath *et al.*, *Nature, Phys. Sci.*, **240**, 78, 1972 より]

成分について測定を行えば，図 8.1 のようなプロットが得られ，これらを結んだ直線（等時線）の切片から $(^{87}\text{Sr}/^{86}\text{Sr})_0$ が，勾配から $(e^{\lambda t}-1)$，したがって t が得られることになる．

c) **ウラン-トリウム-鉛法**

ウラン，トリウムなどを含む鉱物の生成した年代を測定するには，長寿命の ^{238}U，^{235}U あるいは ^{232}Th からそれぞれ最終生成物として得られる ^{206}Pb，^{207}Pb，^{208}Pb の量に着目すればよい（2.4 節参照）．これら 3 種の鉛同位体は放射性起源の鉛と呼ばれるが，放射壊変では生じない ^{204}Pb は量が不変であるから，^{204}Pb に対する相対比（^{206}Pb/^{204}Pb など）でこれらの量の時間的変化を表すことができる．

$$\left.\begin{array}{l}\left(\dfrac{^{206}\text{Pb}}{^{204}\text{Pb}}\right)_p = \left(\dfrac{^{206}\text{Pb}}{^{204}\text{Pb}}\right)_0 + \left(\dfrac{^{238}\text{U}}{^{204}\text{Pb}}\right)_p (e^{\lambda_1 t}-1) \\[6pt] \left(\dfrac{^{207}\text{Pb}}{^{204}\text{Pb}}\right)_p = \left(\dfrac{^{207}\text{Pb}}{^{204}\text{Pb}}\right)_0 + \left(\dfrac{^{235}\text{U}}{^{204}\text{Pb}}\right)_p (e^{\lambda_2 t}-1) \\[6pt] \left(\dfrac{^{208}\text{Pb}}{^{204}\text{Pb}}\right)_p = \left(\dfrac{^{208}\text{Pb}}{^{204}\text{Pb}}\right)_0 + \left(\dfrac{^{232}\text{Th}}{^{204}\text{Pb}}\right)_p (e^{\lambda_3 t}-1)\end{array}\right\} \quad (8.5)$$

ただし添字のpは現在，0はt年前で，$(^{206}\text{Pb}/^{204}\text{Pb})$などはいずれも$^{204}\text{Pb}$に対する各核種の存在比である．式（8.5）のそれぞれの関係からb）と同様等時線によってtを求めることができる．これらの方法では壊変系列内のラドンなどが系から逃げないことが条件となる．また，式（8.5）のはじめの2式を変形すると次式が得られる．

$$\frac{\left(\frac{^{207}\text{Pb}}{^{204}\text{Pb}}\right)_p - \left(\frac{^{207}\text{Pb}}{^{204}\text{Pb}}\right)_0}{\left(\frac{^{206}\text{Pb}}{^{204}\text{Pb}}\right)_p - \left(\frac{^{206}\text{Pb}}{^{204}\text{Pb}}\right)_0} = \frac{1}{138} \frac{e^{\lambda_2 t}-1}{e^{\lambda_1 t}-1} \tag{8.6}$$

ただし138は$(^{238}\text{U}/^{235}\text{U})_p$に相当する．この場合は鉛の同位体比だけを測定すればよいので実験上都合がよい．ウラン－トリウム－鉛法では年齢数十億年の古い岩石まで測定可能である．

d）炭素14年代測定法

宇宙線による核反応で高空で生じた放射性炭素^{14}C（半減期5.70×10^3 y）は，二酸化炭素中に取り込まれ，大気にほぼ均一の濃度で分布している（^{14}Cの比放射能は炭素1gあたり毎分約14壊変）．地球環境におけるCO_2の循環に伴い^{14}Cは海水中に溶け込み，また炭素同化作用により生きた植物体内に入り，これを食物とする動物の体内にも取り込まれ，大気中とほぼ同じ濃度（比放射能）で存在している．動植物が死ぬと外界との炭素の出入りが断たれる結果，^{14}Cは上の半減期に従って壊変し，比放射能は年々低下することになる．したがって，遺跡や地層中から，泥炭，木片，木炭，貝殻，人獣骨など炭素を含む遺物が見つかれば，これらを化学的に処理してCO_2，メタン，ベンゼンなどに変え，^{14}Cの比放射能を測定することによって，これら生物の死から現在までの経過年数が求められる．図8.2はリビーらが年代のわかっている遺物について^{14}Cの比放射能をしらべ，それらが現在の地球上の生きた炭素中の^{14}Cの比放射能の減衰とよく一致していることを示した有名な例である．炭素14年代測定法では，t年前（生物が死んだ時点）の^{14}Cと安定同位体^{12}Cとの同位体比（比放射能といってもよい）が現在と同じであるものと仮定しているが，この仮定は厳密には正しくなく，実際には大気中の^{14}C濃度は過去に変動して

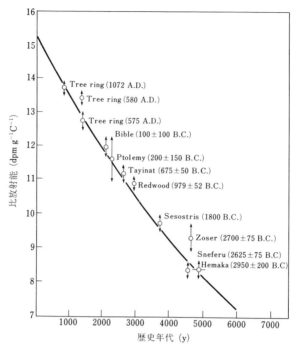

図 8.2 既知年代の遺物中の ^{14}C の比放射能 [W. F. Libby, *Radiocarbon Dating*, Univ. Chicago Press, 1955 より]
曲線は現代の炭素中の ^{14}C 比放射能の壊変による減衰を示す.

おり，図 8.3 のように炭素 14 年代を実年代に合わせるための補正が必要である．炭素 14 年代測定法は，考古学や地質学で数百年前から数万年前までの遺物の年代決定に用いられる重要な方法である．

このように天然の放射性同位体の壊変から求めた岩石・鉱物の年代は，従来化石や層序から推定した地層の相対的年代に対して，絶対年代あるいは放射性元素年代と呼ばれている．放射能現象に関連した年代測定法はこのほかにもフィッショントラック法（ウランの自発核分裂によってできる放射線損傷，すなわちフィッショントラックの数から経過年数を推定する）や熱ルミネッセンス法（固体中に貯えられた自然放射線のエネルギーが加熱によって光として放出

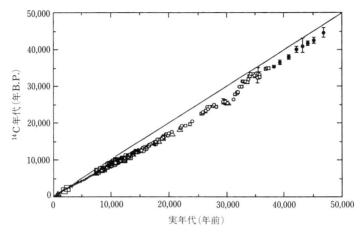

図 8.3 炭素 14 年代と実年代の比較 [H. Kitagawa and J. van der Plicht, *Science*, **279**, 1187, 1998 より]
福井県水月湖の年縞のある湖底堆積物の分析によって得られた較正曲線．炭素 14 年代の測定は加速器質量分析法（次項参照）による．

される熱ルミネッセンス量の測定から経過年数を推定する）などがある．

　大気中の ^{14}C の濃度（比放射能）の過去の変動は前述したが，さらに新しい年代については，19世紀の産業革命以後大量の化石燃料（石炭，石油／これらは古い炭素でほとんど ^{14}C が消滅している）の燃焼により放出された二酸化炭素でうすめられて ^{14}C 濃度が低下している．このように，^{14}C をはじめ宇宙線起源の天然の放射性同位体は，地球化学的なトレーサーとして，物質の循環や，人間活動の地球環境への影響をしらべるのに重要な手がかりとなる．

e) 加速器質量分析法による年代測定

　炭素 14 年代測定法は，生物の死後体内の放射性炭素が時間とともに壊変し，安定同位体の ^{12}C（あるいは ^{13}C）に対する同位体比が減衰することを利用している．現代の炭素でも 1 g 中に ^{14}C（同位体存在度は 1.2×10^{-12}）は原子数では 6×10^{10} 個もあるが，半減期が長いため壊変数は毎分 14 くらいしかなく，5～6 万年前の遺物となると放射能はさらに 1/1000 くらいに弱くなる．そこで

^{14}C の放射能を測る代りに，壊変する前の ^{14}C 原子を質量分析計で直接計数したほうがはるかに効率がよいはずであるが，実際にはふつうの質量分析では大気中から極微量の同重体 ^{14}N が混入するため難しい問題があった．

質量分析計と小型加速器（タンデム加速器など）を組み合わせて用いることによりこの壁を越えたのが加速器質量分析法（accelerator mass spectrometry，略称 AMS）で，1980 年代から実用に供されるようになった．この方法では，まずイオン源部で遺物からの固体状炭素に Cs$^+$ イオンを照射して C$^-$ を取り出し，質量数 14 の負イオンとして質量分析を行い（このとき ^{14}N$^-$ は不安定なためほとんどが除かれる），つぎに加速器で高エネルギーに加速し，荷電変換した正イオン C^{3+} をエネルギー分析・質量分析にかけて ^{14}C を取り出し検出器で計数するのである（検出器に入る前に薄膜を通して阻止能の差により ^{14}N をさらに完全に除去）．同様に ^{12}C，^{13}C も交互に分離測定されて ^{14}C の同位体比が求められる．

加速器質量分析法によれば，従来の炭素 14 年代測定法（β^- 線の放射能測定）に比べて，はるかに微量（1/1000 程度の量）の試料で測定ができるようになり，測定時間も短くてすみ，宇宙線をはじめ計数のバックグラウンドがきわめて低いため，今から 6 万年程度以前までの古い試料の年代測定が可能になった．また，^{14}C に限らず，^{10}Be，^{26}Al，^{36}Cl などの核種にもこの方法が用いられるようになっている．

8.2.3 工学における応用

工学の分野におけるアイソトープ利用は，液体や気体の流れや漏れ，固体表面の摩耗や腐食，物質の混合や拡散など広く物質の移動を追跡するトレーサーとしての応用や，ラジオアイソトープ線源からの放射線を用いる種々の計測器の開発，放射線エネルギーによる化学反応の促進（放射線化学反応）やアイソトープ発電器など多岐にわたっている．また，原子炉（8.4 節参照）や核融合炉（8.5 節参照）など工業的エネルギー源として，現在・将来ともに重要な課題であることはいうまでもない．

工業的なトレーサー利用では，目的の物質（集団）の物理的な行動を追跡す

表 8.2 アイソトープ密封線源を用いたおもな測定装置の例

装置名	線源に用いるアイソトープの例
非破壊検査装置	^{60}Co ^{192}Ir
厚 み 計	^{85}Kr ^{241}Am ^{90}Sr ^{147}Pm ^{204}Tl ^{137}Cs
密 度 計	^{137}Cs ^{60}Co
レ ベ ル 計	^{60}Co ^{137}Cs
水 分 計	^{241}Am ^{252}Cf
ECD ガスクロマトグラフ	^{63}Ni
静 電 除 去 装 置	^{210}Po
蛍光 X 線分析装置	^{55}Fe ^{244}Cm ^{109}Cd ^{241}Am
イ オ ウ 分 析 計	^{241}Am
煙 感 知 器	^{241}Am

ることが多いので，化学的性質が必ずしも同じでなくても，その集団と物理的挙動が同じならばトレーサーとして用いられる[†]．工場での配管からの気体，液体のリーク検査や流速・流量などの測定，混合や撹拌のチェック，材料表面の摩耗・腐食，地下水や港湾における土砂の移動の調査などはその例で，適当なアイソトープを物理的トレーサーとして用いれば容易にしらべられる．

アイソトープを密封線源として利用する工業計測には表 8.2 のような測定装置があるが，それぞれの目的に応じて α, β, γ (X) 線あるいは中性子を試料に照射し，これら放射線の吸収，散乱あるいは核反応の様子によって情報を得るものである．非破壊検査装置は，γ(X) 線をあててその透過の様子から金属鋳物などの製品の構造や内部の欠陥の有無を非破壊的にしらべるもので，この方法は γ (X) 線ラジオグラフィーと呼ばれる．厚み計は，放射線の吸収または後方散乱を利用して製品の厚みを測定するものであって，紙やセロファンのように薄いものから厚い鋼板までさまざまである．薄いものには低エネルギーの β^- 線が，厚くなると高エネルギーの β^- 線や γ 線が用いられる．密度計も同様の原理に基づいたものである．レベル計はタンク内の液面を γ 線の透過率の変化によってしらべるもの，水分計は，速中性子が水素と衝突して減速され生成する熱中性子を計測して試料中の水分の含有量（水素含有量）を知るもの

[†] 放射性同位体のほかに，安定同位体をアクチバブルトレーサー（7.1 節参照）として用いることもある．

である．ECD（電子捕獲型）ガスクロマトグラフの検出器は，キャリヤーガスを β^- 線で絶えず電離させて電極間に一定のイオン電流が流れるようになっており，電子を奪いやすい物質（有機ハロゲン化物など）が微量でも入ってくると，電子がこれと結合してイオン電流が減少するため検出されるものである．静電除去装置は紙，プラスチック，ゴムなどの絶縁物質の製造過程で生ずる静電荷を放射線でつくり出した電離空気でリークさせ放電や引火を防ぐものである．放射性同位体からの低エネルギーの γ 線を試料にあてると，含まれている元素の特性 X 線が放出される．これを蛍光 X 線といい，そのエネルギーと強度を分析して元素の定量分析を行うことができる．これが RI 蛍光 X 線分析装置である．このほか，低エネルギーの γ（X）線の特定の元素による選択的な吸収を利用して，その元素を分析する計測装置があり，石油中のイオウを分析するイオウ分析計はその1例である．

　密封線源からの放射線エネルギーを化学反応に利用するのは放射線化学であり，誘起されたラジカル反応やイオン分子反応でいろいろな生成物が得られる（4.2節参照）．工業的には，放射線で生成したラジカルの重合によりポリマーを製造する放射線重合や，ポリマーの放射線照射でさらに枝を出して架橋度を高め性質を改良するプロセス（改質）などが重要である．

　放射線エネルギーは最終的に熱に変わるので，これを熱源とし，電気エネルギーに変換すれば，寿命の長い放射性同位体は出力の安定した電源（アイソトープ発電器）となる．^{90}Sr や，^{144}Ce，^{210}Po，^{238}Pu などが用いられている．

8.3 ライフサイエンスにおける応用

　アイソトープの生物学的応用は1920年代にはじまり，今日では生物学，生化学，医学，薬学，農学などライフサイエンスの諸分野において不可欠な研究手段となっている．生体内における物質の移動や代謝の経路の研究にはトレーサーとしてのアイソトープの利用が大きな役割を果たしてきたが，^{14}C を用いたカルビン（Calvin）らによる光合成の研究はあまりにも有名な例である．また，放射性トレーサーと抗原抗体反応とを組み合わせたラジオイムノアッセ

イ(第7章参照)は,微量生体物質の *in vitro* な分析法として非常に重要である.放射性同位体を生体内でトレーサーとして診断用に用いるとともに,それを線源として放出される放射線を治療に用いる核医学も今日著しい発展をとげている応用分野の1つである.農学の分野では,放射線を利用した品種改良(育種)や食品の保存・殺菌などの応用も行われている.

8.3.1 生物学における応用

生物学での応用においては放射性同位体をトレーサーとして利用することが多い.この場合には,分子内の特定の原子を放射性同位体で置き換えた標識化合物を用いて,生物体内における物質の移動や蓄積をしらべたり,合成・代謝などの動的なプロセスを追跡することになる.このようなアイソトープ利用は核酸やたんぱく質などの重要な生体物質の合成についての研究や遺伝学の研究など最先端の生物学的研究においてもさかんである.また,生体に対する放射線の効果をしらべる分野は放射線生物学と呼ばれている.

8.3.2 医学における応用

医学の分野におけるアイソトープの利用も放射能の発見後まもなく天然放射性同位体を用いてはじめられた.サイクロトロンなどの加速器や原子炉により人工的に多くの放射性同位体が製造されるようになって,アイソトープの医学利用は大いに発展し,最近では,放射線測定技術やエレクトロニクス,コンピューター技術の進歩もあって病気の診断や治療に放射性同位体を用いる核医学が著しい発達をとげている.生体内に入った放射性トレーサーの空間的分布はまずオートラジオグラフィーによって分布像をとらえた.やがて,体内の臓器などに分布したアイソトープからの放射線を体外の測定器を用いて走査することによって分布像をしらべるイメージングの技術が発達した.甲状腺に集まりやすい ^{131}I の γ 線をシンチスキャナーで測定し,その分布像から甲状腺の形状や機能を診断する甲状腺イメージング(シンチグラフィー)はその1例である.同様に ^{198}Au は肝臓に集まるので,肝イメージングに用いられる.現在,最も多く用いられているのは ^{99m}Tc であり,心臓や脳をはじめいろいろな臓器や組

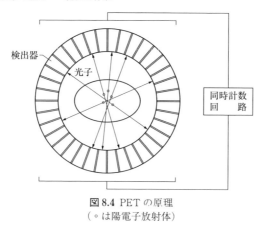

図 8.4 PET の原理
(。は陽電子放射体)

織に集まる性質をもった標識化合物（放射性医薬品）が得られている．

^{99m}Tc は半減期が約 6 時間と比較的短く，放出する γ 線のエネルギーも 141 keV で体外からのイメージングに適し，核医学診断に好都合な核種である．テクネチウムは天然元素でも，生体構成元素でもないので，標識化合物製造には多くの工夫がされている．近年の核医学の動向は，生体構成元素の同位体を開発する方向に努力が払われている．サイクロトロンでできる ^{11}C，^{13}N，^{15}O や ^{18}F など短寿命の陽電子放射体はこの条件にかなっており[†]，陽電子消滅で 180°方向に 2 本の γ 線を出すため空間分布を測定しやすい．これらの γ 線を体外に配置した 1 対の γ 線検出器で同時計数しコンピューター処理によってトレーサーの立体的な分布像を得る手法を PET（positron emission tomography）という．図 8.4 にこのような陽電子放射体を用いた PET の原理を示す．この手法は，診断や治療だけでなく，たとえば人の脳の機能や知覚作用などをしらべる重要な手段ともなる．^{11}C で標識した ^{11}CO$_2$ を吸入すると血中のヘモグロビンと結合するので血液の動きを知るトレーサーとなるし，^{11}C で標識したグルコースや ^{18}F で標識したグルコース誘導体を注入すれば知覚作用に伴う

[†] フッ素原子は酸素原子と近い大きさであり，また糖類などの OH と等電子配置なので，これを置換して ^{18}F 標識しても生体内の挙動は糖類とあまり変わらない．

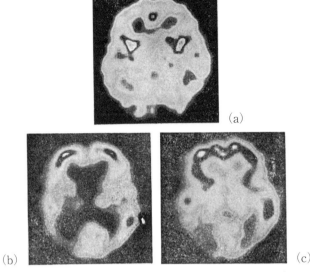

図 8.5 PET によって得られた脳の写真［飯尾正明博士提供］
(a)正常男子の脳（カバーにカラー写真あり）．$C^{15}O_2$ を吸入させ，同位体交換で標識された血液中の $H_2{}^{15}O$ を測定したもの．分布は左右ほぼ対称である．
(b)脳梗塞回復期の男子の脳．^{11}C-グルコーズフラクトースを経口投与．左下の患部の濃度が低いため分布は非対称である．
(c)(b)と同じ患者の脳．$^{11}CO_2$ を吸入させて測定．血液の分布は左下の患部が低い．

脳のグルコース代謝がモニターできる．図 8.5 に PET によって得られた脳の写真の例を示す．

　特定の臓器や組織（たとえば腫瘍などの疾患部）に選択的にとりこまれる放射性同位体（放射性医薬品）を用いてイメージングによる核医学診断が行われているが，そればかりではなく，このような性質は治療面でも利用されてきた．甲状腺シンチグラフィーで前述した ^{131}I は，甲状腺機能抗進症や甲状腺がんの治療にすでに多年にわたって臨床的に用いられている．^{131}I の β^- 線による患部の内部照射の効果によるものである．

　さらに近年は，がん細胞との免疫反応によって生成させた抗体（モノクロー

ナル抗体）に抗がん剤を結合させて体内にもどし，がん組織を選択的に攻撃する治療法（ミサイル療法）が注目されている．同様にモノクローナル抗体に放射性同位体を結合させた標識抗体を用いる放射免疫療法は，内部照射の放射線効果によって抗がん剤よりもさらに大きな治療効果が期待されている．現在，放射免疫療法でモノクローナル抗体の標識に用いられる同位体は ^{90}Y や ^{131}I などであり，悪性リンパ腫などの治療にすでに実用化されている．放射免疫療法では，^{90}Y や ^{131}I の β^- 線が飛程内のがん組織（細胞）を集中的に攻撃するが，β^- 線エネルギーが大きく飛程が長くなると周辺の正常組織への影響も大きくなるので，β^- 放出体の代りに α 放出体を利用する可能性なども検討されている．第3章末で紹介したホウ素中性子捕捉療法（BNCT）では，がん組織内にとりこまれたホウ素化合物に低速中性子をあてて ^{10}B(n, α)^{7}Li 反応で飛程の短い α 粒子や ^{7}Li 反跳原子を生成させ，がん細胞を集中的に攻撃するもので，がん細胞に高い選択性で結合するホウ素化合物が今後見出されれば，照射による抗腫瘍効果が高まると期待されている．

　放射線治療は今やがんの重要な治療法の1つとなっている．ここまで示したのは，体内に取り込まれたアイソトープからの放射線の内部照射を利用した例であるが，一般には加速器などさまざまな外部放射線源による放射線療法が広く用いられている．がん組織に放射線を照射した際の遺伝子や細胞への直接・間接の放射線効果を利用してがんを治療するものであるから，対象とするがんの性状に応じて最適な外部線源のビームを選択するのが望ましい．外部線源としては，^{60}Co 線源などからの γ 線や，線型加速器（LINAC）・ベータトロンなどからの電子線，あるいはX線などが広く臨床的に用いられており，ビームの特性や照射方法にもいろいろな工夫がされている．放射線の外部照射では，病巣の周辺の正常組織にも放射線があたるため副作用が生じる．そこで，腫瘍病巣部での吸収線量ができるだけ大きく，正常組織にあたる線量ができるだけ小さくなることが，高い治療効果を達成するために重要となる．最近注目されている（重）粒子線による放射線療法は，このような目的で，γ 線や電子線などに比べて体内での飛程が短く，飛程末端部で集中的にエネルギーが吸収される陽子線や炭素線などのビームを照射することによって，とくに深部がんの効

果的な治療をめざす先進的医療への応用が進められている．これらのビームは，医療用に設置されたサイクロトロンやシンクロトロンで供給されている．

8.3.3 農学における応用

農学におけるトレーサー利用は1923年ヘベシー（Hevesy）が ^{210}Pb を用いて植物体による鉛の吸収および分布をしらべたのが最初である．また，1954年カルビンらが ^{14}C で標識した CO_2 を用い緑藻類について光合成のさいの炭素固定のプロセスを明らかにし，その業績に対しノーベル化学賞（1961）を受けたことは有名である．今日でも作物や家畜の体内に摂取された物質の挙動の研究には，放射性同位体が用いられ，たとえば農薬の開発にさいしては，その標識化合物を合成して動植物体への取り込み，体内での分布・代謝・残留の様子が研究される．また，植物による肥料成分（N, P など）や微量元素（Co, Cu, Mn, Mo, Zn など）の吸収・代謝，家畜の飼料からの必須元素（P）の摂取なども，放射性同位体を用いてしらべられている．

アイソトープを線源として放射線を利用する研究の例も農学には多い．生物に放射線を照射し，これにより生ずる遺伝学的変化のうち有用なものを取り出す品種改良（育種）の試みや，同じく放射線照射による害虫の不妊化を利用した駆除，食品などの放射線照射による殺菌や保存（ジャガイモの発芽防止）などがその例である．

安定同位体をトレーサーとして与えた後，試料を回収してトレーサーを放射化するアクチバブルトレーサー法（7.1節参照）は，環境における物質の挙動などをしらべるのに都合のよい手法であり，Eu を用いて回遊魚群の標識を試みた例がある（7.1.2項参照）．

8.4 原子炉

2.1.3項で述べたように，質量数が100付近の核に比べて200あたりの原子核では，核子1個あたりの結合エネルギーがほぼ1 MeV 小さいから，この重い核が質量数が半分程度の軽い核に分裂するとおよそ200 MeV のエネルギー

が放出される.この核分裂エネルギーを連続的に取り出す装置が原子炉である.もともと不安定な重い核種が自然に分裂しないのは,分裂には越えなければならないポテンシャル障壁があるためであることも 6.1.2 項で述べた.^{233}U,^{235}U,^{239}Pu,^{240}Pu などでは中性子が結合すると,その結合エネルギーでポテンシャル障壁を越えることができて分裂し,分裂ごとに 2〜3 個の中性子が放出される.

原子炉として連続的にエネルギーを取り出せるためには,つぎつぎに核分裂の続く条件が必要である.この条件が満たされた段階を原子炉が臨界に達したといい,つねに過不足なく同数の中性子の放出が継続的に起こる状態である.この過不足のないほぼ同数と見てよい許容幅は狭いので厳密な制御が重要である.核分裂生成物のうち,β^-壊変後に中性子を放出する遅発中性子のわずかな存在がこの制御の幅をやや広げてくれている.一方,連鎖反応で発生する中性子が増加しはじめると,核分裂は指数関数的に急増し制御できなくなる.これは原子爆弾の場合に相当し,原子炉で起これば炉の暴走という事故になる†.原子炉では,中性子を吸収しやすい物質の制御棒を用いて,安定した連鎖反応(燃焼)を維持している.

最も一般的な原子炉では ^{235}U の含有量を 3〜4% に濃縮した低濃縮ウランが燃料として用いられる.これは,天然ウランでは 99.28% もある ^{238}U が高速中性子でなければ分裂せず,しかも減速段階の中性子を吸収して消費し,連鎖反応を消滅させるからである.核燃料による中性子のすべての捕獲に対する核分裂で中性子を生成する確率を,核分裂で生成する中性子数に乗じた値が有効中性子数と呼ばれる.すなわち,これは核燃料に 1 個の中性子が入ったとき放

---

† 1986 年 4 月下旬,旧ソ連のチェルノブイリ原子力発電所 4 号炉で,実用発電炉史上最大の事故が起きた.原子炉が暴走発熱し,蒸気爆発/水素爆発/黒鉛燃焼爆発などを招き,炉から膨大な死の灰が噴出し近隣諸国まで拡散した.被害は死者 30 人,急性放射線障害者 134 人,汚染のため疎開させられた住民約 11 万 6,000 人,比較的高い放射線被曝者約 20 万人といわれ,放射線障害者が以降 10 年で約 800 人と急増している.この炉は,現在広く用いられている軽水炉とは形式を異にする黒鉛減速・軽水冷却圧力管チャネル型であるが,格納容器も省略されていて,爆発の規模とともに,被害範囲を拡大した.この事故による放射性物質の放出や汚染は 14×10^{18} Bq に及び,広島投下の原爆汚染の約 400 倍と多いが,20 世紀半ばの大気圏内核実験汚染量に比べればその数百分の 1 に過ぎないとも言われている.事故の規模は国際原子力事象評価尺度(INES)の最高基準の 7 とされている.

出される中性子数に相当する．実際には核燃料は有限の体積の形状をもち，中性子は核燃料の外部にも散逸するから体積や形状によっても連鎖反応は影響を受ける．連鎖反応が起こるための最低量（体積）を臨界量（大きさ）という．核燃料物質によって，核分裂に用いられる中性子のエネルギーについても適当な範囲があり，中性子反射材や減速材が選ばれなければならない．

例としてウランの場合を考えてみよう．2MeV 付近の速い中性子（核分裂中性子）に対しては，^{235}U も ^{238}U も核分裂の断面積は小さく（1 b 程度），(n, γ) 反応の断面積もやはり小さい．一方，中性子が十分減速されて熱中性子（1/40 eV 程度）になると，^{235}U の核分裂の断面積（約 580 b）が ^{238}U の核分裂や (n, γ) 反応の断面積に比べて圧倒的に大きくなる（^{235}U の (n, γ) 反応の断面積は約 100 b で核分裂の 1/6 程度）．ところが，これらの中間のエネルギー領域の中性子に対しては ^{238}U の (n, γ) 反応の断面積が ^{235}U の核分裂よりもはるかに大きい．天然ウランは ^{235}U と約 140 倍の ^{238}U からなっているから，純天然ウラン中では核分裂で放出された中性子は減速過程でほとんど ^{238}U に共鳴現象により吸収されて，その (n, γ) 反応に消費されてしまい連鎖反応は起こらない．この問題はつぎの方法によって解決され，中性子の速度で 2 つのタイプの原子炉に分類できる．

(1) 熱中性子炉：高速中性子を ^{238}U に共鳴吸収されないうちに減速して熱中性子に変えてしまえば，熱エネルギー領域では ^{235}U の核分裂の断面積が最も大きいから連鎖反応が進むことになる．中性子のエネルギーを効率よく奪うためには，水，重水，黒鉛などの軽くて中性子を吸収しにくい元素からなる物質を減速材として燃料ウランの周りに配置した原子炉の軽水炉，重水炉，黒鉛炉がある．現在用いられているのはこの熱中性子炉が多い．

a) 黒鉛炉：歴史的には発電炉ではなく ^{239}Pu 生産を目的として 1942 年末に最初に開発され，長崎投下の原爆製造につながった原子炉である．その後，中性子減速能の低い二酸化炭素などを冷却剤として発電炉としても開発が進み，構造が比較的簡単なため，原子力開発能力の低い国でも使用されている．発電効率は低いが ^{239}Pu の生成効率が高い（^{240}Pu の生成が少ない）ので核兵器製造の疑惑も生ずる．わが国でも初の商業用発電炉とし

て1965年に黒鉛減速二酸化炭素冷却型原子炉が稼働したが，現在は運転を終了し解体計画が進められている．

b) 重水炉：重水は，高速中性子の減速能力は軽水に劣るが，中性子吸収量が軽水の300分の1と小さく，減速材として優れている．重水は高価であるが，燃料として安価な天然ウランを使用できるため，天然ウラン資源が豊富なカナダが開発し，1960年代に重水減速重水冷却圧力管型炉が実用化された．黒鉛炉と同じくこの炉は軽水炉よりも ^{239}Pu の生成効率が高いことから核兵器製造の疑惑も伴う．

c) 軽水炉：わが国の商業用発電炉はこのタイプであり，世界的にも最も普及している実用炉である．これについては8.4.1項で詳しく述べる．

(2)高速炉：天然ウランから ^{238}U を除いておけば，^{235}U は高速中性子でも核分裂を起こし（熱中性子の場合よりずっと断面積は小さいが），かつ（n, γ）反応による中性子の吸収はきわめてわずかであるため，連鎖反応が可能である．このように高速中性子を用いる原子炉を高速炉という．

高速炉で ^{238}U や ^{232}Th を反射材として用いると，^{235}U に吸収されずに反射材に達した中性子とのつぎのような核反応によって核燃料物質の ^{239}Pu や ^{233}U が得られる．

$$^{238}\text{U}(n, \gamma)^{239}\text{U} \xrightarrow{\beta^-} {}^{239}\text{Np} \xrightarrow{\beta^-} {}^{239}\text{Pu}$$
$$^{232}\text{Th}(n, \gamma)^{233}\text{Th} \xrightarrow{\beta^-} {}^{233}\text{Pa} \xrightarrow{\beta^-} {}^{233}\text{U}$$

このように，原子炉を運転しながら同時に核燃料をつくり出す方式の炉を転換炉（converter）という．とくに，消費された核分裂性核種の原子数よりも新たにつくり出されるもののほうが多いとき増殖炉（breeder）という．増殖炉では ^{235}U よりも核分裂のさいに得られる有効中性子数の多い ^{239}Pu が核燃料に用いられる．

つぎに，現在最も多く稼働している実用原子炉について紹介しておこう．

8.4.1 実用原子炉

^{235}U の核分裂に利用される中性子は，共存する ^{238}U に共鳴吸収されないように減速しなければならない．このための減速材には中性子と質量の近い水素

原子との衝突が有効である．経済的にも有利なふつうの水（軽水）が，核分裂で発生する熱を交換して熱機関に与える冷却材の役目もかねて用いられる．水は比熱が大きく熱伝導度も高い点でも適している．この軽水の熱交換の方式により沸騰水型原子炉（BWR）と加圧水型原子炉（PWR）に分類される．

沸騰水型の原理は，図8.6に示すように，火力発電のボイラーを炉室に置き換えたものに相当し，炉室にある炉心の核分裂の熱で沸騰して発生した水蒸気をタービンに導き，これを回転させて発電機を運転し，復水器で凝縮した水は再び炉室に強制的に循環させる．復水器は海水など外部の水が用いられている．炉心の制御棒には炭化ホウ素などが用いられる．

加圧水型では，図8.7のように，加圧調整して液体の水のまま炉心の熱を2次冷却水に伝えて水蒸気として発電用のタービンを運転する．復水器やタービンは核分裂や核反応で発生する放射性核種に接する1次冷却水と隔離されていて，タービン建屋には放射性の冷却水が移動しない点が沸騰水型と異なる．制御棒には，銀－インジウム－カドミウム系合金などが用いられている．

沸騰水型や加圧水型のいずれにしても，原子炉に所定レベルを超える異常や故障が発生した場合，炉心の核分裂を直ちに停止させる装置の原子炉停止系があり，異常時には制御棒を炉心に急速挿入し，連鎖核分裂反応を緊急停止（原

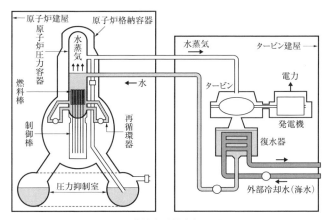

図8.6 沸騰水型軽水炉の原理

186 ── 8 放射能現象の応用 ── 現状と将来

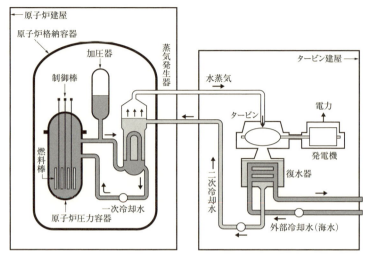

図 8.7 加圧水型軽水炉の原理

子炉スクラム)させる.また,図 8.6, 8.7 では省略してあるが冷却材喪失の場合の非常用炉心冷却系なども備えられている.過熱した炉心材料や生成核分裂生成物が漏逸飛散しないように,核燃料は耐火性のペレットとしてジルコニウム合金などの容器に収納され,高圧に耐える炉心圧力容器,原子炉格納容器,さらに原子炉建屋によって 5 重に保護されている.全体として,いわゆる「止める,冷やす,取り囲む」の安全対策が重要な 3 原則とされている.

冷却水の放射性核種の量はつねに計測され除去され,また腐食物質の生成も極力抑えて管理され,腐食や金属疲労による放射性物質の漏洩や破損への対応がなされている.

これら ^{235}U を数パーセント含む低濃縮ウラン 50〜100 トンの発電炉の熱出力は 1 基あたり約 300 万 kW,電気出力は約 100 万 kW 程度のもので,現在運転中のもの約 50 基,総出力 4250 万 kW であり,全稼働時にはわが国の全電力の約 3 分の 1 を発電するとされている.

原子力発電では少なくとも直接には,現在地球温暖化の原因と危惧されている二酸化炭素などの温室効果ガスの発生はない.しかし,発電に伴って放射性

ガス，冷却水の除染廃液，フィルター，イオン交換樹脂，スラッジなどに放射性廃棄物が発生する．そこで，環境に放出される極低レベルの廃液以外の廃液は濃縮しアスファルトなどを混ぜ，あるいはガラス化して固体廃棄物とともにドラム缶に詰めて放射性廃棄物処理施設に貯蔵される．年間このようなドラム缶が数千本発生する．放射性廃棄物は温室効果ガスよりも固定化が容易である面もあるが，数十年稼働した後や事故，廃炉処分の費用，時間，最終処理施設の問題など，長く未来に問題を残し続けることには十分な配慮が必要である[†]．

発電用の原子炉のほかにいくつかの研究用原子炉があるが，目的は中性子を利用した放射性核種の製造，材料の放射線照射試験，中性子線回折などの物性研究，医療への応用，放射化分析など多岐にわたっている．冷却・減速材には軽水が多く用いられているが重水利用のものもある．その熱出力は発電用原子炉に比べればはるかに小さく，100 kWから5万kWであり，中性子流束は$10^{12} \sim 10^{14} \mathrm{cm}^{-2} \mathrm{s}^{-1}$のものが稼働している．

8.4.2 核燃料サイクル

鉱山から採掘されたウランを含む鉱石を精練してU_3O_8にし，さらにUF_6として^{235}Uを濃縮する．これらの段階はカナダ，米国，フランスなどで行われ

[†] 2011年3月11日のマグニチュード9.0の東日本大地震とそれに伴う津波により，東京電力の沸騰水型の福島第一原子力発電所では，地震直後に原子炉は緊急停止したが，予備電源も含め全電源が相次いで喪失する事態となった．1，2，3号炉の炉心の冷却や4号炉の燃料貯蔵タンクなどの冷却も困難となり，相次ぐ水素爆発による原子炉建屋の破壊，各炉心のメルトダウンと原子炉格納容器の一部破壊などがあった．冷却用の海水などの外部注入で溢れた汚染水の一部は海洋にも流出し，約10^{17}Bqの^{131}Iや^{137}Csなどの放射性物質が環境に放出され続けた．その規模は，チェルノブイリ原子炉事故よりもやや小さいが，複数の原子炉が長期間安定的冷却状態に達することが出来ず，暫定的にINES基準7に相当していると申告された．原子力安全・保安院の2011年8月26日発表では，福島第1原子力発電所1〜3号機の大気中放射性物質放出量試算値は^{137}Cs15×10^{15}Bqで広島原爆（89×10^{12}Bq）の約168.5個分の^{137}Cs放出量と試算している．文部科学省の8月30日発表では，同原発周辺土壌1平方米当たり1.545×10^{7}Bqを最高に，南相馬市，富岡，大熊，双葉，浪江の各町と飯舘村の6市町村34地点でチェルノブイリ原発事故の居住禁止基準（1.48×10^{6}Bq）以上の汚染地点が示された．

1979年3月米国ペンシルベニア州スリーマイル島の加圧水型原発で発生した事故は，炉心が融けたが，給水回復処置が取られ事故は早期に終息した．環境に放出された放射能は〜10^{16}Bqであり，半径5マイル以内の妊婦と児童の避難が行われた．周辺住民の被曝は0.01〜1 mSv程度とされる．INES基準5の判定であった．

て日本に持ち込まれ濃縮 UO_2 粉末のペレットとして燃料棒に加工される．加工された燃料棒は燃料集合体に組み立てられ，加圧水型原子炉，沸騰水型原子炉などの原子力発電所で燃料として用いられる．

軽水炉で1年間燃やした燃料は ^{235}U の濃縮度の低下や中性子吸収断面積の大きい核分裂生成物の蓄積が起こるために再処理をしなければならない．そこで燃料集合体は炉心から取り出され，原子力発電所内の貯蔵プールで半年以上保管したのち核燃料再処理工場に運び，さらに150日間ほど保管してから再処理を行う．再処理には，まずウランやプルトニウムの溶液とストロンチウムやセシウムなどの核分裂生成物を含む溶液に分離し，溶液中のウランとプルトニウムは還元して分離される．これらの過程では溶媒抽出，イオン交換などが用いられている．現在，再処理の過程の一部は，フランス核燃料公社で行われている．

原子力発電所の使用済み燃料の再処理で得られたプルトニウム（約1％）は加工工程に，^{235}U の濃縮度の低下したいわゆる減損ウランは，それでも天然ウランよりは濃縮されているので，転換工場へ運ばれ，ふたたび燃料として使用される．再処理の過程で出る放射性廃棄物は，原子炉廃棄物と同様に長期にわたって管理される．その概要はつぎのようである．

原子力発電所で発生する液体廃棄物・雑固体廃棄物などは，凝縮・焼却して容積を減らし，たとえばセメントでドラム缶などに固定され，これら低レベル放射性廃棄物は発電所など施設の敷地内貯蔵庫に保管後，青森県六ケ所村の低レベル放射性廃棄物埋設センターで埋設処分される．使用済燃料を再処理しふたたび使えるウラン・プルトニウムを回収して残る放射能レベルの高い廃液は濃縮して容積を減らしガラスと混ぜ合わせ，ステンレス製容器に固化し専用貯蔵庫に30～50年，冷却のため管理・保管し，最終的には人間環境と隔離した地下深い地層の中に埋設処分する．

原子炉の廃止措置は，以下の「洗う」「待つ」「解体する」の3段階で行われる．すなわち，使用済み燃料や未使用燃料などを再処理工場や貯蔵施設に搬出し，主要な配管・容器内の放射性物質を薬品などで系統除染後に，約10年かけて発電施設の放射線量の減少を待つ．その後，放射性物質の外部飛散を避け，

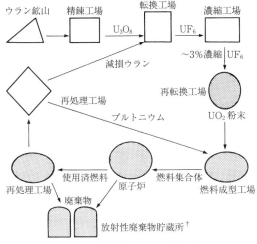

図 8.8 核燃料サイクルの概要
灰色部分は国内の施設や工場である.

建屋内部の配管・容器などを解体撤去し,建屋内部を除染し,その完了確認後は通常のビル解体と同様に解体工事を行う.

　解体中に発生する廃棄物で,放射性物質として扱う必要のないものは,安全を確認し国の検査を受けた後,再利用できるものはリサイクルし,その他は産業廃棄物として処分するクリアランス制度がある.放射性物質として扱う必要の有無を区分する放射能レベルを「クリアランスレベル」といい,金属やコンクリートが再利用され,また廃棄物として埋め立てられても,それらの放射線からの人体への影響が無視できるレベルとして国際的に認められているのは年間 0.01 mSv 以下(身体への影響が自然界からうける影響の 1/200 以下)とされている.再処理過程や廃炉で生じた高レベル放射性廃棄物は深さ 300 m の安定した地層,低レベル廃棄物はそれよりも浅い地中への長期間の安定した保管の適地が現在も検討されている[†].これら全体の過程を図 8.8 にまとめておく.

[†] 平成 27 年 5 月,経済産業省は,高レベル放射性廃棄物の最終処分に関する「科学的特性マップ」を公表した.活断層地帯を避け,海上輸送の便から沿岸地帯を候補地に選定する方針という.
http://www.enecho.meti.go.jp/about/special/johoteikyo/final_disposal.html

核燃料サイクルでは国際間の協力ならびに国民の信頼が不可欠であり，核拡散防止の国際的な規制とわが国の原子力基本法に従って行われている．また，国内で再処理を進めるために工場が青森県六ケ所村に建設されているが，最終処分場はまだ決まっていない．なお，わが国，英国，フランスなどの国以外では，燃料再処理よりも貯蔵する方針を採用している．欧米の主要国でも，高レベル放射性廃棄物の処理施設や地層処分の適地の選択や安全な処分方法が検討されなければならない†．

8.4.3 転換炉と高速増殖炉

動力用原子炉のなかでは，核燃料が消費される一方で親の核分裂物質が中性子を吸収して核分裂性物質に転換されることを本節のはじめに述べた．この割合を転換比というが，軽水炉の場合には約 0.6，増殖炉の場合には 1 より大きく，転換炉では両者の中間の値になる．

新型転換炉の原型炉「ふげん」は電気出力 16.5 万 kW の原型炉で，減速材の重水タンクのなかに圧力管が配置され，そのなかに燃料集合体が収められ，燃料には微濃縮ウランあるいはプルトニウム富化天然ウランが用いられた．その特徴は，転換比が高く燃料に ^{239}Pu やウラン・プルトニウム混合酸化物燃料（MOX）が使えることにあり，1978 年初送電したが重水使用の採算面から，2003 年運転を終了し 35 年かけて解体の予定である．

軽水炉の使用済み燃料を再処理して抽出したプルトニウムの利用法は軽水炉にリサイクルするか，あるいは「ふげん」のような新型転換炉で積極的に用いることであるが，実際にはすでに原子力発電の約 30% は生成したプルトニウ

---

† 1957 年 9 月，ソ連時代のウラル地方チェリャビンスク州の核処理施設で爆発事故が発生した．放射性廃棄物はその崩壊熱で高温となるが，冷却装置が故障し温度が急上昇して爆発し，大量の放射性物質が大気中に放出された．爆発規模は TNT 火薬 70 t 相当で約 1 km 上空に舞い上がった放射性廃棄物は北東方向に幅約 9 km，長さ 105 km の帯状の地域を汚染，約 1 万人が避難．1 週間に 0.025-0.5 Sv，合計で平均 0.52 Sv，最高 0.72 Sv を被曝した．INES 基準 6 と評価される．事故は 1989 年グラスノスチ（情報公開）の一環として資料が公開されるまで真相は明らかにされず，地域住民に放射能汚染が知らされたのはロシア政府発足後の 1992 年前後であった．

世界初の地層処分施設として，フィンランドでは，2012 年の建設許可申請に向けて，オルキルオトの地下約 400 m の深さの結晶質岩盤中での地層処分ができるように，面積約 2〜3 km²，坑道延長距離約 42 km の処分施設（ONKALO）の建設が 2004 年 6 月より進められている．

ムが燃料になってそのまま利用されているという．軽水炉でMOXとして成形した核燃料を利用した炉（プルサーマル）もある．

　消費した以上の核燃料を生産する原子炉すなわち増殖炉を用いれば，軽水炉に比べてウラン資源を100倍近く利用できるはずである．軽水炉では減速中性子により核分裂させるのに対して，増殖炉では発生した高速中性子を用いるので高速増殖炉と呼ばれる．炉心の熱を取り出す冷却材としては減速効果の大きい軽い元素は用いられないので，現在のところ液体の金属ナトリウムが1次冷却系に用いられ，2次冷却水に熱交換させて発電させる仕組みになっている．

　わが国では実験炉の「常陽」[†]とその後継の「もんじゅ」の2基があるが，「常陽」は2007年に照射試験用実験装置上部の事故が発生したため運転休止，実用化のための原型炉「もんじゅ」は1995年12月にナトリウム漏れを起こし運転が中断した．対策を講じて2010年5月に運転を再開したが，様々な事故が続き長期の運転休止を余儀なくされている．高速増殖炉の実用化には軽水炉よりも厳しい制御の問題や液体ナトリウムへの対応などの幅広い総合的な技術開発が要求され，軽水炉に数倍するコストや燃料の経済性，プルトニウムの毒性や核不拡散の問題，環境への負荷およびエネルギー政策など解決すべき重要な多くの面が指摘されている．

8.5 核融合炉

　重い核種の核分裂では核子あたり約1 MeVの結合エネルギーに相当するエネルギーの放出があることを先に述べたが，第2章では^{4}Heの核子あたりの結合エネルギーが約7 MeVであることを記した．ヘリウムよりも軽い核種を融合させてもエネルギーを取り出せる．一般に，核反応により標的核よりも重

[†] 1999年9月，茨城県東海村JCO核燃料加工施設の「常陽」の核燃料加工作業で，「溶解塔」を使用する正規手順を，背丈が低く内径の広い冷却水に包まれた沈殿槽容器を用いる非正規の裏手順で行ったため，水が中性子反射材となってU溶液が臨界状態となり中性子線などの放射線が大量に放射され，3名の作業員が推定1～20 Gy相当の放射線（中性子線）を浴びた．冷却水を抜きホウ酸投入などをして連鎖反応を止めて事故は終息したが，2名の作業員は1年を経ずして多臓器不全で死亡した．INESのレベル4とされた．

い核種を生成する過程が核融合であるが，実際に太陽など恒星内ではこの反応でエネルギーを放出している．たとえば太陽はその主成分の水素を用いてつぎのような核融合反応が起こっているとされている．

$$\left.\begin{array}{l} {}^1H + {}^1H \rightarrow {}^2H + e^+ + \nu \\ {}^2H + {}^1H \rightarrow {}^3He \\ {}^3He + {}^3He \rightarrow {}^4He + 2{}^1H \end{array}\right\} \quad 4{}^1H \rightarrow {}^4He + 2e^+ + 2\nu + 26.2 \text{ MeV}$$

これと同じ反応を地上で再現できれば水素を原料として新しいエネルギー炉になるが，同じ反応は再現が難しい．しかしつぎの類似の反応は可能性がある．

$$\begin{array}{l} {}^2H + {}^2H \rightarrow {}^3He + n + 3.27 \text{ MeV} \\ \phantom{{}^2H + {}^2H} \rightarrow {}^3H + {}^1H + 4.03 \text{ MeV} \\ {}^3H + {}^2H \rightarrow {}^4He + n + 17.59 \text{ MeV} \end{array}$$

前者はD-D反応，後者はT-D反応と呼ばれている．瞬間的なエネルギーの取り出しとしては，${}^6Li{}^2H$からつくった${}^3H$を用いて核分裂物質を起爆剤として上記の両反応を起こさせる水素爆弾が開発された．

核分裂反応も原子炉として平和利用されたように，核融合反応も実用的なエネルギー源として開発できれば，今日のエネルギー問題もかなり解決されると思われているが，多くの困難のあることも明らかになっている．

上にあげたいくつかの核融合反応のうち，反応断面積やQ値の点で現在最も実現の可能性の高いものは上記のT-D反応である．重水素は同位体存在比は0.015%と少ないが，水素が豊富にあるので原料としては十分と考えてよい．

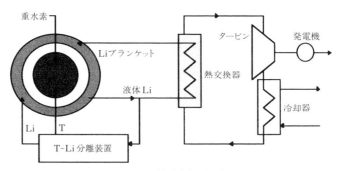

図8.9 T-D核融合炉の概念図

したがってトリチウムの補給をしなければならないが，これにはつぎのようなリチウムと中性子の反応を利用することが考えられている．

$$^6\text{Li} + n \rightarrow {}^3\text{H} + {}^4\text{He}$$
$$^7\text{Li} + n \rightarrow {}^3\text{H} + {}^4\text{He} + n$$

原料の ^{3}H と ^{2}H が反応するためには原子核が軌道電子と分離したプラズマ状態に保たなければならないが，この状態にするには温度にして約1億℃にしなければならない．一定の空間にプラズマ状態のこれらの原子核を高密度に保つことにより，核融合反応を進行させ，反応で放出されるエネルギーを中性子の運動エネルギーとして液体リチウムでとらえ，リチウムを熱交換器で発電させ，かつその中性子をトリチウム製造に用いる方法として図 8.9 のような方式が考えられている．

得られたトリチウムを分離しながら液体リチウムを扱う技術は，高速増殖炉の1次冷却材として用いられた液体ナトリウムの扱いと類似のものである．発生するエネルギーが大きいだけに中性子やヘリウム粒子による大きい放射線損傷や核反応も予想される．エネルギーの全体の収支もかなりの余剰が見込まれなければならないなど，プラズマの高温保持の問題以外にも課題は少なくない．人類の英知と努力によりこれらの問題を乗り越えることが期待されている．

8.6 核兵器と核軍縮

核分裂の発見に続くそのエネルギーの応用は米国のマンハッタン計画での核兵器開発であった．電磁濃縮法による ^{235}U の濃縮と，黒鉛炉による ^{239}Pu の製造が進められ，それぞれの原爆が広島と長崎に投下された．その後は東西冷戦の時代となり多くの核兵器がつくられた．

広島に用いられた原爆は，臨界量よりも少ない2つの未臨界の濃縮 ^{235}U 部分を爆薬で合体させて臨界量を十分超えた形にすると同時に，イニシエーターから中性子を入射させて核分裂の連鎖反応を始めさせる「砲身型原爆」である．広島型原爆では ^{235}U が約 60 kg（80％の濃縮 ^{235}U 75 kg）が使用されたとされる．構造は簡単で信頼性も高いが高濃縮の ^{235}U が必要であり，その利用効率

は低く，広島型原爆では核分裂した ^{235}U は約 1% で，それ以外は核分裂することなく飛散したと見られている．また構造上小型化に制約があり，自発核分裂の確率が高い ^{240}Pu を含むプルトニウムでは兵器としての応用が難しいなどの制約がある．

プルトニウムの爆発力を充分に発揮できないのは，^{239}Pu の製造時に (n, γ) 反応で高い自発的核分裂の確率をもつ ^{240}Pu も副生されるからであり，^{240}Pu が共存するとその自発的核分裂の中性子によって 2 つの未臨界部分が合体する前に一部の連鎖反応が始まり，核分裂による中性子の増殖率が小さく十分な連鎖反応にならない未熟核爆発（過早爆発）と呼ばれる不完全な爆発に終わるからである．この欠点の軽減には，^{240}Pu の副産の多い軽水炉ではなく，重水炉，黒鉛炉，さらには高速増殖炉による ^{239}Pu 製造が適している．

上記のような未熟核爆発を避けるために考案されたのが「爆縮型原爆」であり，長崎に投下された原爆である．これは球状の未臨界量の ^{239}Pu を爆薬で球の外側から均一に圧縮して密度を高めて超臨界状態にするもので，球の中心にはイニシエーターが置かれていて爆縮と同時に中性子を出す構造になっている．長崎投下の原爆には約 6 kg の ^{239}Pu が用いられ，そのうち 1 kg の ^{239}Pu が核分裂した．その効率は約 17% というから，^{235}U の利用よりも少量の ^{239}Pu で効率も良いが，均一に爆縮する高い技術が必要とされる．

^{6}Li^{2}H からつくった ^{3}H を用いて，核分裂物質を起爆剤として T–D 反応を起こさせる水素爆弾が開発されたことは 8.5 節で述べた．核融合には核外電子を取り除いて原子核を互いに圧縮して融合させる必要があり，プラズマ技術や核分裂による爆縮技術も用いられている[†]．爆弾周辺は中性子反射や高密度を保

[†] 1945 年から約半世紀の間に 2000 回以上（大気圏内は約 500 回）の核実験が各国で行われた．1954 年のキャッスル作戦は，米国がビキニ環礁，エニウェトク環礁の二つの環礁で行った一連の核実験であるが，合計 6 回の実験が行われ，3 月 1 日のブラボー実験では第五福竜丸などがいわゆる 3F（Fission-Fusion-Fission）爆弾に被爆し，世界の広い範囲が放射性降下物（フォールアウト）で汚染され，この年の雨期には放射性雨が広く観測され，秋には旧ソ連の水爆実験によると見られる放射性雨もあるなど，大気圏核実験による世界的な放射能汚染が蓄積した．1963 年これを禁止する国際条約（通称部分的核実験禁止条約：PTBT）では，地下核実験は禁止対象外であったが，その後これも禁止する包括的核実験禁止条約（CTBT）が提案された．しかし発効条件である特定 44 国全ての批准が実現されておらず有効にはなっていない．なお臨界前核実験は CTBT では禁止されていない．

つために ^{238}U で囲まれ，超高温ではこれも核分裂する．その小型化も進んでいると言われるが，核兵器の詳細は明らかになっていないことが多い[†]．しかし一方では，核兵器の過当競争への不安も認識され，核不拡散条約締結，核軍縮や核査察の動きも進み，電力消費や発熱量の多いウラン濃縮工場の宇宙衛星による探査，^{239}Pu 製造目的原子炉の査察なども行われている．

天然原子炉（オクロ現象）

　ウランなどの核分裂では，1 原子（核）あたりおよそ 200 MeV のエネルギーが放出され，これは熱エネルギーの形で取り出される．核分裂で生じた中性子が，つぎつぎに新たな核分裂の引金を引いて連鎖反応が持続するような条件をととのえたものが原子炉である．シカゴ大学でフェルミらの手によって最初の原子炉がつくられたのは 1942 年 12 月のことで，「人類が初めて自己持続的な連鎖反応を達成し，原子核エネルギーを制御しつつ解き放った」と記した記念碑が残されている．

　しかし，地球上に最初の原子炉を誕生させたのは実は人類ではなかったのである．1956 年，米国アーカンソー大学の黒田和夫博士は，人類の出現よりはるかに古い約 21 億年前には天然の ^{235}U の存在度は今日原子炉燃料に用いられる濃縮ウランなみ（約 4 %）であり，ウラン含量の大きい鉱床で中性子を吸収する物質がほとんど共存せず中性子減速材となる大量の水が存在するならば，核分裂の連鎖反応が進行しうるという可能性を発表した．この天然原子炉の存在を予言した黒田博士の説は長い間受け入れられなかったが，1972 年フランス原子力庁によって ^{235}U の同位体存在度が異常に低いウラン鉱石の存在が確認されたことからその正しさが実証された．これはアフリカのガボン共和国オクロ（Oklo）鉱山産のウラン鉱石で，^{235}U の同位体存在度が 0.4400% まで低下しており（現在の天然ウラン中の同位体存在度は 0.7204%），また含まれている Nd などのランタノイドの同位体比に核分裂生成物の影響がはっきりと現れていた．そして，このような異常の原因は，約 17 億年前に，このウラン鉱床で ^{235}U の核分裂が連鎖反応として進み，^{235}U が"燃えた"ためと考えられている．

　ガボン共和国のオクロ鉱山やバンゴムベ（Bangombé）鉱山ではこのような"天然原

[†] 2017 年 9 月 3 日，北朝鮮が行った核実験は，^{235}U や ^{239}Pu の過早核分裂を，重水素とトリチウムを配置して小規模核融合による中性子で防ぎ，核分裂効率を数倍に向上させた「ブースター型原爆」か，または，重水素とトリチウムの小型の「核融合による水爆」（小型ミサイルに登場可能の水爆）なのかは，議論も評価も分かれているが，地震波からは従来の地下核実験の威力よりも約 10 倍以上の威力と見積もられている．

子炉''がいくつも見つかっており，同位体比を研究することによって過去に起きた現象の詳細が明らかになるとともに，そこでは"燃えた"あとの核分裂生成物がきわめて長い期間保存されてきたことから，今日の原子炉放射性廃棄物の地中貯蔵の問題にも有用な手がかりが得られるものと期待されている．

付表 1 核種表

元素ごとに，安定同位体およびおもな放射性同位体の核種の存在度（括弧内）や半減期を示してある．放射性核種については，壊変形式（1% 以下のものは括弧内）を示すとともに，放出されるおもな β 線（または α 線）や光子（γ 線など）のエネルギーを放出割合の大きいものから小さいもの（およそ 1% 以下のものは省略）へ順にならべて示した．なお，β^+ 壊変の消滅 γ 線（消滅放射線），特性 X 線は括弧内に表示した．また，壊変形式のうち自発核分裂は SF と略記してある．表のデータは主として参考文献 12) などによった．

核 種	半減期 (存在度)	壊変 形式	おもな β 線（または α 線） のエネルギー(MeV)	おもな光子のエネルギー (MeV)
^{1}H	(99.9885)			
^{2}H	(0.0115)			
^{3}H	12.32 y	β^-	0.0186	
^{3}He	(1.34×10^{-4})			
^{4}He	(99.999866)			
^{6}Li	(7.59)			
^{7}Li	(92.41)			
^{7}Be	53.22 d	EC		0.478
^{9}Be	(100)			
^{10}B	(19.9)			
^{11}B	(80.1)			
^{11}C	20.39 m	β^+, (EC)	0.960	(0.511 β^+)
^{12}C	(98.93)			
^{13}C	(1.07)			
^{14}C	5.70×10^3 y	β^-	0.157	
^{13}N	9.965 m	β^+, (EC)	1.198	(0.511 β^+)
^{14}N	(99.636)			
^{15}N	(0.364)			
^{15}O	122.24 s	β^+, (EC)	1.732	(0.511 β^+)
^{16}O	(99.757)			
^{17}O	(0.038)			
^{18}O	(0.205)			

付表 1 核種表

核種	半減期 (存在度)	壊変 形式	おもなβ線(またはα線) のエネルギー(MeV)	おもな光子のエネルギー (MeV)
^{18}F	109.771 m	β^+ EC	0.634	$(0.511\beta^+)$
^{19}F	(100)			
^{20}Ne	(90.48)			
^{21}Ne	(0.27)			
^{22}Ne	(9.25)			
^{22}Na	2.6019 y	β^+ EC	0.546	1.275 $(0.511\beta^+)$
^{23}Na	(100)			
^{24}Na	14.9590 h	β^-	1.391	1.369, 2.754
^{24}Mg	(78.99)			
^{25}Mg	(10.00)			
^{26}Mg	(11.01)			
^{27}Mg	9.458 m	β^-	1.767, 1.596	0.844, 1.014, 0.171
^{28}Mg	20.915 h	β^-	0.459, 0.212	0.0306, 1.342, 0.941, 0.401, 1.373, 1.589
^{26}Al	7.17×10^5 y	β^+ EC	1.173	1.809, 1.130 $(0.511\beta^+)$
^{27}Al	(100)			
^{28}Al	2.2414 m	β^-	2.863	1.779
^{28}Si	(92.223)			
^{29}Si	(4.685)			
^{30}Si	(3.092)			
^{31}Si	157.3 m	β^-	1.492	1.266
^{30}P	2.498 m	β^+, (EC)	3.210	2.235 $(0.511\beta^+)$
^{31}P	(100)			
^{32}P	14.263 d	β^-	1.711	
^{33}P	25.34 d	β^-	0.249	
^{32}S	(94.99)			
^{33}S	(0.75)			
^{34}S	(4.25)			
^{35}S	87.51 d	β^-	0.167	
^{36}S	(0.01)			

核種	半減期（存在度）	壊変形式	おもなβ線（またはα線）のエネルギー（MeV）	おもな光子のエネルギー（MeV）
^{35}Cl	(75.76)			
^{36}Cl	3.01×10⁵ y	β⁻ EC, (β⁺)	0.709	(0.511 β⁺)
^{37}Cl	(24.24)			
^{38}Cl	37.24 m	β⁻	4.917, 1.107, 2.749	2.167, 1.643
^{36}Ar	(0.3336)			
^{37}Ar	35.04 d	EC		(0.00260 Cl-X)
^{38}Ar	(0.0629)			
^{40}Ar	(99.6035)			
^{41}Ar	109.61 m	β⁻	1.198, 2.492	1.294
^{42}Ar	32.9 h	β⁻	0.599	
^{39}K	(93.2581)			
^{40}K	1.251×10⁹ y (0.0117)	β⁻ EC	1.311	1.461
^{41}K	(6.7302)			
^{42}K	12.360 h	β⁻	3.525, 2.001	1.525
^{43}K	22.3 h	β⁻	0.825, 1.222, 0.421, 1.815, 1.442	0.373, 0.618, 0.397, 0.593, 0.221, 1.022
^{40}Ca	(96.941)			
^{42}Ca	(0.647)			
^{43}Ca	(0.135)			
^{44}Ca	(2.086)			
^{45}Ca	162.67 d	β⁻	0.257	
^{46}Ca	(0.004)			
^{47}Ca	4.536 d	β⁻	0.695, 1.992	1.297, 0.489, 0.808
^{48}Ca	(0.187)			
^{44m}Sc	58.61 h	IT EC		0.271 1.002, 1.126, 1.157
^{44}Sc	3.97 h	β⁺ EC	1.474	1.157, 1.499 (0.511 β⁺)
^{45}Sc	(100)			
^{46}Sc	83.79 d	β⁻	0.357	0.889, 1.121
^{47}Sc	3.3492 d	β⁻	0.441, 0.600	0.159
^{49}Sc	57.2 m	β⁻	1.944	

核 種	半減期 （存在度）	壊変 形式	おもなβ線（またはα線） のエネルギー（MeV）	おもな光子のエネルギー （MeV）
^{44}Ti	60.0 y	EC		0.0784, 0.0679 (0.00406-, 0.00443 Sc-X)
^{45}Ti	184.8 m	β^+ EC	1.040	(0.511 β^+) (0.00406 Sc-X)
^{46}Ti	(8.25)			
^{47}Ti	(7.44)			
^{48}Ti	(73.72)			
^{49}Ti	(5.41)			
^{50}Ti	(5.18)			
^{51}Ti	5.76 m	β^-	2.153, 1.545	0.320, 0.929, 0.609
^{48}V	15.9735 d	β^+ EC	0.695, 2.007	0.984, 1.312, 0.944, 2.240 (0.511 β^+) (0.00447-, 0.00490 Ti-X)
^{49}V	330 d	EC		(0.00447-, 0.00490 Ti-X)
^{50}V	(0.250)			
^{51}V	(99.750)			
^{52}V	3.743 m	β^-	2.542, 1.208	1.434, 1.334
^{50}Cr	(4.345)			
^{51}Cr	27.7025 d	EC		0.320 (0.00491-, 0.00539 V-X)
^{52}Cr	(83.789)			
^{53}Cr	(9.501)			
^{54}Cr	(2.365)			
^{52m}Mn	21.1 m	β^+ EC IT	2.633	1.434 (0.511 β^+) 0.378
^{52}Mn	5.591 d	β^+ EC	0.576	1.434, 0.936, 0.744, 1.334, 1.246, 0.848 (0.511 β^+, 0.00537-, 0.00591 Cr-X)
^{53}Mn	3.7×10^6 y	EC		(0.00537-, 0.00591 Cr-X)
^{54}Mn	312.03 d	EC		0.835 (0.00537-, 0.00591 Cr-X)
^{55}Mn	(100)			
^{56}Mn	2.5789 h	β^-	2.849, 1.038, 0.736, 0.326	0.847, 1.811, 2.113, 2.523, 2.657

付表1 核種表——201

核 種	半減期 (存在度)	壊変 形式	おもなβ線(またはα線) のエネルギー(MeV)	おもな光子のエネルギー (MeV)
^{52}Fe	8.275 h	β^+ EC	0.804	0.169 (0.511β^+, 0.00586-, 0.00645 Mn-X)
^{54}Fe	(5.845)			
^{55}Fe	2.737 y	EC		(0.00586-, 0.00645 Mn-X)
^{56}Fe	(91.754)			
^{57}Fe	(2.119)			
^{58}Fe	(0.282)			
^{59}Fe	44.495 d	β^-	0.466, 0.274, 0.131	1.099, 1.292, 0.192, 0.143
^{55}Co	17.53 h	β^+ EC	1.498, 1.021, 1.113	0.931, 0.477, 1.409, 1.317, 1.370, 0.804, 0.0919 (0.511β^+, 0.00636-, 0.00702 Fe-X)
^{56}Co	77.23 d	β^+ EC	1.459, 0.421	0.847, 1.238, 2.598, 1.771, 1.038, 3.253, 2.035, 1.360, 3.202, 2.015, 1.175, 3.273, 0.977 (0.511β^+, 0.00636-, 0.00702 Fe-X)
^{57}Co	271.74 d	EC		0.122, 0.136, 0.0144 (0.00636-, 0.00702 Fe-X)
^{58}Co	70.86 d	β^+ EC	0.475	0.811, 0.864 (0.511β^+, 0.00636-, 0.00702 Fe-X)
^{59}Co	(100)			
^{60m}Co	10.467 m	IT, (β^-)		0.0586 (0.0069 Co-X)
^{60}Co	5.2713 y	β^-	0.318	1.333, 1.173,
^{57}Ni	35.60 m	β^+ EC	0.865, 0.737	1.378, 0.127, 1.920, 1.758 (0.511β^+, 0.00688-, 0.00761 Co-X)
^{58}Ni	(68.077)			
^{59}Ni	1.01×10^5 y	EC, (β^+)	0.0505	(0.00688-, 0.00761 Co-X)
^{60}Ni	(26.223)			

付表 1 核種表

核種	半減期 (存在度)	壊変形式	おもなβ線（またはα線）のエネルギー(MeV)	おもな光子のエネルギー (MeV)
^{61}Ni	(1.1399)			
^{62}Ni	(3.6346)			
^{63}Ni	100.1 y	β^-	0.0669	
^{64}Ni	(0.9255)			
^{65}Ni	2.5172 h	β^-	2.136, 0.654, 1.021	1.482, 1.116, 0.366
^{61}Cu	3.333 h	β^+ / EC	1.215, 0.932, 0.559, 1.148	0.283, 0.656, 0.0674, 1.185, 0.373, 0.589, 0.909 (0.511β^+, 0.00743-, 0.00822 Ni-X)
^{62}Cu	9.673 m	β^+ / EC	2.926, 1.753	(0.511β^+, 0.00743 Ni-X)
^{63}Cu	(69.15)			
^{64}Cu	12.700 h	β^+ / EC / β^-	0.653 / / 0.579	(0.511β^+, 0.00743-, 0.00822 Ni-X)
^{65}Cu	(30.85)			
^{66}Cu	5.120 m	β^-	2.642, 1.603	1.039
^{67}Cu	61.83 h	β^-	0.377, 0.468, 0.562, 0.168	0.185, 0.0933, 0.0913, 0.300 (0.00859 Zn-X)
^{62}Zn	9.186 h	β^+ / EC	0.605	0.597, 0.0409, 0.548, 0.508, 0.243, 0.394, 0.247, 0.260 (0.511β^+, 0.00800-, 0.00886 Cu-X)
^{63}Zn	38.47 m	β^+ / EC	2.345, 1.675, 1.383	0.670, 0.962, 1.412 (0.511β^+, 0.00800-, 0.00886 Cu-X)
^{64}Zn	(49.17)			
^{65}Zn	244.06 d	β^+ / EC	0.329	1.116 (0.511β^+, 0.00800-, 0.00886 Cu-X)
^{66}Zn	(27.73)			
^{67}Zn	(4.04)			
^{68}Zn	(18.45)			
^{69m}Zn	13.76 h	IT, (β^-)		0.439 (0.00859 Zn-X)
^{69}Zn	56.4 m	β^-	0.906	0.318
^{70}Zn	(0.61)			

付表1　核種表——203

核種	半減期(存在度)	壊変形式	おもなβ線(またはα線)のエネルギー(MeV)	おもな光子のエネルギー(MeV)
^{72}Zn	46.5 h	β^-	0.297, 0.250	0.145, 0.192, 0.0164, 0.103, 0.0887, 0.112, 0.794 (0.00920-, 0.0102 Ga-X)
^{66}Ga	9.49 h	β^+ EC	4.153, 0.924, 0.362, 0.772	1.039, 2.752, 0.834, 2.190, 4.295, 1.918, 2.423, 4.806, 3.229, 3.381, 4.068, 1.333, 3.791 (0.511β^+, 0.00859-, 0.00953 Zn-X)
^{67}Ga	3.2612 d	EC		0.0933, 0.185, 0.300, 0.394, 0.0913, 0.209 (0.00859-, 0.00953 Zn-X)
^{68}Ga	67.71 m	β^+ EC	1.899, 0.822	1.077 (0.511β^+, 0.00859 Zn-X)
^{69}Ga	(60.108)			
^{70}Ga	21.14 m	β^-, (EC)	1.656	
^{71}Ga	(39.892)			
^{72}Ga	14.10 h	β^-	0.965, 0.676, 0.659, 3.167, 1.486, 2.537, 1.936, 1.058	0.834, 2.202, 0.630, 2.508, 0.894, 2.491, 1.051, 0.601, 1.861, 1.597, 1.464, 0.786, 0.810
^{68}Ge	270.95 d	EC		(0.00920-, 0.0102 Ga-X)
^{70}Ge	(20.57)			
^{71}Ge	11.43 d	EC		(0.00920-, 0.0102 Ga-X)
^{72}Ge	(27.45)			
^{73}Ge	(7.75)			
^{74}Ge	(36.50)			
^{75}Ge	82.78 m	β^-	1.177, 0.912	0.265, 0.199
^{76}Ge	(7.73)			
^{77m}Ge	52.9 s	β^- IT	2.862, 2.646	0.216 0.160 (0.00983 Ge-X)

付表1 核種表

核種	半減期 (存在度)	壊変 形式	おもなβ線(またはα線) のエネルギー(MeV)	おもな光子のエネルギー (MeV)
^{77}Ge	11.30 h	β^-	2.070, 1.512, 2.227, 0.702, 1.141, 2.486, 1.244, 2.438, 0.731, 0.360, 0.591	0.264, 0.211, 0.216, 0.416, 0.558, 0.367, 0.714, 0.632, 1.085, 1.368, 1.193, 0.810
^{72}As	26.0 h	β^+ EC	2.500, 3.334, 1.870	0.834, 0.630, 1.464 (0.511β^+, 0.00983 Ge-X)
^{73}As	80.30 d	EC		0.0534, 0.0133 (0.00983-, 0.0109 Ge-X)
^{74}As	17.77 d	β^+ EC β^-	0.945, 1.540 1.353, 0.718	0.596 (0.511β^+, 0.00983-, 0.0109 Ge-X) 0.635
^{75}As	(100)			
^{76}As	1.0778 d	β^-	2.962, 2.403, 1.746	0.559, 0.657, 1.216, 1.213, 1.229, 0.563
^{77}As	38.83 h	β^-	0.683, 0.444	0.239
^{72}Se	8.40 d	EC		0.0460 (0.0105-, 0.0117 As-X)
^{74}Se	(0.89)			
^{75}Se	119.779 d	EC		0.265, 0.136, 0.280, 0.121, 0.401, 0.0967, 0.199, 0.304, 0.0661 (0.0105-, 0.0117 As-X)
^{76}Se	(9.37)			
^{77m}Se	17.36 s	IT		0.162 (0.0112-, 0.0125 Se-X)
^{77}Se	(7.63)			
^{78}Se	(23.77)			
^{79}Se	2.95×10^5 y	β^-	0.151	
^{80}Se	(49.61)			
^{81m}Se	57.28 m	IT, (β^-)		0.103 (0.0112-, 0.0125 Se-X)
^{81}Se	18.45 m	β^-	1.585	
^{82}Se	(8.73)			

核種	半減期 （存在度）	壊変形式	おもなβ線（またはα線）のエネルギー(MeV)	おもな光子のエネルギー(MeV)
^{76}Br	16.2 h	β+ EC	3.382, 0.871, 3.941, 0.990, 2.725, 2.819	0.559, 0.657, 1.854, 1.216, 2.951, 2.793, 2.391, 0.563 (0.511 β+, 0.112-, 0.0125 Se-X)
^{77}Br	57.036 h	EC, (β+)	0.343	0.239, 0.521, 0.297, 0.250, 0.579, 0.282, 0.818, 0.755, 0.439, 0.586 (0.511 β+, 0.0112-, 0.0125 Se-X)
^{79}Br	(50.69)			
^{80m}Br	4.4205 h	IT		0.0371 (0.0119-, 0.0133 Br-X)
^{80}Br	17.68 m	β- β+ EC	2.001, 1.384 0.849	0.616 0.666 (0.511 β+, 0.0112 Se-X)
^{81}Br	(49.31)			
^{82}Br	35.282 h	β-	0.444, 0.264	0.777, 0.554, 0.619, 0.698, 1.044, 1.317, 0.828, 1.475, 0.221
^{83}Br	2.40 h	β-	0.931, 0.402	0.530
^{78}Kr	(0.355)			
^{79}Kr	35.04 h	β+ EC	0.604	0.261, 0.398, 0.606, 0.306, 0.217, 0.832 (0.511 β+, 0.0119-, 0.0133 Br-X)
^{80}Kr	(2.286)			
^{81m}Kr	13.10 s	IT, (EC)		0.190 (0.0126-, 0.0141 Kr-X)
^{81}Kr	2.29×10^5 y	EC		(0.0119-, 0.0133 Br-X)
^{82}Kr	(11.593)			
^{83m}Kr	1.83 h	IT		0.00941 (0.0126-, 0.0141 Kr-X)
^{83}Kr	(11.500)			
^{84}Kr	(56.987)			

付表1　核種表

核　種	半減期 (存在度)	壊変 形式	おもなβ線(またはα線) のエネルギー(MeV)	おもな光子のエネルギー (MeV)
^{85}Kr	10.776 y	β^-	0.687	
^{86}Kr	(17.279)			
^{81}Rb	4.576 h	β^+ EC	1.024, 0.578	0.446, 0.510, 0.457, 0.5376 (0.511 β^+, 0.0126-, 0.0141 Kr-X)
^{82}Rb	1.273 m	β^+ EC	3.379, 2.602	0.777 (0.511 β^+, 0.0126 Kr-X)
^{83}Rb	86.2 d	EC		0.520, 0.530, 0.553 (0.0126-, 0.0141 Kr-X)
^{84}Rb	32.77 d	β^+ EC β^-	0.777, 1.659 0.894	0.882 (0.511 β^+, 0.0126-, 0.0141 Kr-X)
^{85}Rb	(72.17)			
^{86}Rb	18.642 d	β^-	1.774, 0.697	1.077
^{87}Rb	4.923×10^{10} y (27.83)	β^-	0.283	
^{88}Rb	17.78 m	β^-	5.316, 2.582, 3.480, 0.802	1.836, 0.898, 2.680
^{82}Sr	25.36 d	EC		(0.0133-, 0.0149 Rb-X)
^{84}Sr	(0.56)			
^{85}Sr	64.853 d	EC		0.514 (0.0133-, 0.0149 Rb-X)
^{86}Sr	(9.86)			
^{87m}Sr	2.815 h	IT, (EC)		0.389 (0.0141-, 0.0158 Sr-X)
^{87}Sr	(7.00)			
^{88}Sr	(82.58)			
^{89}Sr	50.53 d	β^-	1.495	
^{90}Sr	28.79 y	β^-	0.546	
^{91}Sr	9.63 h	β^-	1.127, 2.707, 1.402, 2.054, 0.640	1.024, 0.750, 0.653, 0.926, 0.652, 0.620, 0.275
^{86m}Y	48 m	IT, (β^+, EC)		0.208

付表1 核種表——207

核種	半減期(存在度)	壊変形式	おもなβ線(またはα線)のエネルギー(MeV)	おもな光子のエネルギー(MeV)
^{86}Y	14.74 h	β^+	1.221, 1.545, 1.988, 1.033, 1.736, 1.162	1.077, 0.628, 1.153, 0.777, 1.921, 1.854, 0.443, 0.703, 0.646 (0.511β^+, 0.0141-, 0.0158 Sr-X)
^{87}Y	79.8 h	EC, (β^+)		0.485 (0.511β^+, 0.0142-, 0.0158 Sr-X)
^{88}Y	106.65 d	EC, (β^+)		1.836, 0.898 (0.511β^+, 0.0142-, 0.0158 Sr-X)
^{89}Y	(100)			
^{90}Y	64.00 h	β^-	2.280	
^{91m}Y	49.71 h	IT		0.556 (0.0149 Y-X)
^{91}Y	58.51 d	β^-	1.545	
^{88}Zr	83.4 d	EC		0.393 (0.0149-, 0.0167 Y-X)
^{89m}Zr	4.161 m	IT / β^+ / EC	0.891	0.588 (0.0157 Zr-X) 1.507 (0.511β^+, 0.0149 Y-X)
^{89}Zr	78.41 h	β^+ / EC	0.902	(0.511β^+, 0.0149-, 0.0167 Y-X)
^{90}Zr	(51.45)			
^{91}Zr	(11.22)			
^{92}Zr	(17.15)			
^{93}Zr	1.53×10^6 y	β^-	0.0606, 0.0914	(0.0165-, 0.0186 Nb-X)
^{94}Zr	(17.38)			
^{95}Zr	64.032 d	β^-	0.368, 0.401, 0.889	0.757, 0.724
^{96}Zr	(2.80)			
^{97}Zr	16.90 h	β^-	1.915, 0.552, 1.407, 0.894	0.508, 1.148, 0.355, 0.602, 0.254, 1.750, 0.704, 1.021, 1.363
^{90}Nb	14.60 h	β^+ / EC	1.500	1.129, 2.319, 0.141, 2.186, 0.133, 1.612, 0.371, 0.891, 1.270, 1.913 (0.511β^+, 0.0157-, 0.0177 Zr-X)
^{93m}Nb	16.13 y	IT		(0.0165-, 0.0186 Nb-X)
^{93}Nb	(100)			

付表1 核種表

核　種	半減期 （存在度）	壊変 形式	おもなβ線（またはα線） のエネルギー(MeV)	おもな光子のエネルギー (MeV)
^{94}Nb	2.03×10^4 y	β^-	0.472	0.871, 0.703
^{95m}Nb	3.61 d	IT		0.236 (0.0165-, 0.0186 Nb-X)
		β^-	1.161, 0.957	0.204
^{95}Nb	34.991 d	β^-	0.160	0.766
^{97m}Nb	52.7 s	IT		0.743 (0.0165 Nb-X)
^{97}Nb	72.1 m	β^-	1.276, 0.909	0.658, 1.024
^{92}Mo	(14.53)			
^{93}Mo	4.0×10^3 y	EC		(0.0165-, 0.0186 Nb-X)
^{94}Mo	(9.15)			
^{95}Mo	(15.84)			
^{96}Mo	(16.67)			
^{97}Mo	(9.60)			
^{98}Mo	(24.39)			
^{99}Mo	65.94 h	β^-	1.215, 0.437, 0.848	0.740, 0.181, 0.778, 0.366, 0.406
^{100}Mo	(9.82)			
^{92}Tc	4.25 m	β^+ EC	4.088, 1.931	0.773, 1.510, 0.329, 0.148, 0.244, 0.0850 (0.511 β^+, 0.0174-, 0.0196 Mo-X)
^{95m}Tc	61 d	EC, (β^+) IT		0.204, 0.582, 0.835, 0.786, 0.821, 1.039 (0.0174, 0.0196 Mo-X)
^{95}Tc	20.0 h	EC		0.766, 1.074, 0.948 (0.0174-, 0.0196 Mo-X)
^{99m}Tc	6.015 h	IT, (β^-)		0.141 (0.0183-, 0.0206 Tc-X)
^{99}Tc	2.111×10^5 y	β^-	0.294	
^{96}Ru	(5.54)			
^{98}Ru	(1.87)			
^{99}Ru	(12.76)			
^{100}Ru	(12.60)			
^{101}Ru	(17.06)			
^{102}Ru	(31.55)			

付表1 核種表——209

核種	半減期 (存在度)	壊変 形式	おもなβ線(またはα線) のエネルギー(MeV)	おもな光子のエネルギー (MeV)
103Ru	39.26 d	β−	0.227, 0.113, 0.763	0.497, 0.610
104Ru	(18.62)			
105Ru	4.44 h	β−	1.192, 1.110, 1.130, 0.947, 0.571, 1.786, 1.447, 0.539	0.724, 0.469, 0.676, 0.316, 0.263, 0.393
106Ru	373.59 d	β−	0.0394	
99Rh	16.1 d	β+ EC	0.638, 0.991	0.528, 0.353, 0.0898, 0.322, 0.618, 0.443, 0.175, 0.296, 0.940 (0.511 β+, 0.0193-, 0.0217 Ru-X)
103mRh	56.114 m	IT		0.0398 (0.0201-, 0.0228 Rh-X)
103Rh	(100)			
105mRh	45 s	IT		0.130 (0.0201-, 0.0228 Rh-X)
105Rh	35.36 h	β−	0.566, 0.247, 0.260	0.319, 0.306
106Rh	29.80 s	β−	3.541, 2.407, 3.029,	0.512, 0.622, 1.050
102Pd	(1.02)			
103Pd	16.991 d	EC		(0.0201-, 0.0228 Rh-X)
104Pd	(11.14)			
105Pd	(22.33)			
106Pd	(27.33)			
108Pd	(26.46)			
109Pd	13.7012 h	β−	1.028	(0.0221-, 0.0250 Ag-X)
110Pd	(11.72)			
111Pd	23.4 m	β−	2.157, 0.698, 1.507	(0.0221-, 0.0250 Ag-X)
112Pd	21.03 m	β−	0.270	0.0185 (0.00304 Ag-X)
105Ag	41.29 d	EC		0.345, 0.280, 0.645, 0.443, 0.0640, 0.319, 0.332, 1.088 (0.0211-, 0.0239 Pd-X)
107mAg	44.3 s	IT		0.0931 (0.0221-, 0.0250 Ag-X)

核種	半減期 (存在度)	壊変 形式	おもなβ線(またはα線) のエネルギー(MeV)	おもな光子のエネルギー (MeV)
^{107}Ag	(51.839)			
^{108}Ag	2.37 m	β^- EC, (β^+)	1.649, 1.016	0.633 (0.0211 Pd-X)
^{109m}Ag	39.6 s	IT		0.0880 (0.0221-, 0.0250 Ag-X)
^{109}Ag	(48.161)			
^{110m}Ag	249.950 d	β^- IT	0.0830, 0.530	0.658, 0.885, 0.937, 1.384, 0.764, 0.707, 1.505, 0.678, 0.818, 0.687, 0.744, 1.476, 0.447, 0.620
^{110}Ag	24.6 s	β^-, (EC)	2.892, 2.235	0.658
^{111m}Ag	64.8 s	IT, (β^-)		(0.0221-, 0.0250 Ag-X)
^{111}Ag	7.45 d	β^-	1.037, 0.695, 0.791	0.342, 0.245
^{112}Ag	3.130 h	β^-	3.956, 3.338, 1.951	0.617, 1.388, 0.607, 0.695, 2.106, 2.507
^{106}Cd	(1.25)			
^{107}Cd	6.50 h	EC, (β^+)	0.302	(0.511β^+, 0.0221-, 0.0250 Ag-X)
^{108}Cd	(0.89)			
^{109}Cd	461.4 d	EC		(0.0221-, 0.0250 Ag-X)
^{110}Cd	(12.49)			
^{111m}Cd	48.50 m	IT		0.245, 0.151 (0.0231-, 0.0262 Cd-X)
^{111}Cd	(12.80)			
^{112}Cd	(24.13)			
^{113}Cd	(12.22)			
^{114}Cd	(28.73)			
^{115m}Cd	44.56 d	β^-	1.627, 0.693	0.934
^{115}Cd	53.46 h	β^-	1.110, 0.582, 0.617, 0.849	0.528, 0.492, 0.261 (0.0241-, 0.273 In-X)
^{116}Cd	(7.49)			

核　種	半減期 (存在度)	壊変 形式	おもなβ線(またはα線) のエネルギー(MeV)	おもな光子のエネルギー (MeV)
117mCd	3.36 h	β⁻	0.664, 0.566, 0.339, 0.565, 0.256	1.997, 1.066, 0.564, 1.433, 1.029, 1.235, 0.860, 2.323, 2.096, 0.748, 0.931, 0.367, 0.632, 1.339, 0.763, 1.366, 0.461
117Cd	2.49 h	β⁻	0.633, 2.210, 1.776, 0.528, 0.213	0.273, 1.303, 0.344, 1.577, 0.434, 0.881, 1.052, 0.0897, 0.832, 1.732 (0.0241 In-X)
109In	4.2 h	β⁺ EC	0.795	0.204, 0.624, 1.149, 0.426, 0.0841, 0.650, 0.614, 0.0748, 0.348, 1.622 (0.511β⁺, 0.0231-, 0.0262 Cd-X)
110In	4.9 h	EC, (β⁺)		0.658, 0.885, 0.937, 0.7074, 0.642, 0.997, 0.582, 0.584, 0.462, 0.678, 1.117, 0.845, 0.760, 0.461, 0.818 (0.0231-, 0.0262 Cd-X)
111In	2.8047 d	EC		0.171 (0.0231-, 0.0262 Cd-X)
112In	14.97 m	β⁻ β⁺ EC		0.617, 0.606 (0.511β⁺, 0.0231-, 0.0262 Cd-X)
113mIn	1.6579 h	IT		0.392 (0.0241-, 0.0273 In-X)
113In	(4.29)			
114mIn	49.51 d	IT EC		0.190 (0.0241-, 0.0273-, 0.00338 In-X) 0.558, 0.725 (0.0231 Cd-X)
114In	71.9 s	β⁻, (EC, β⁺)	1.989	

付表1 核種表

核種	半減期 (存在度)	壊変形式	おもなβ線(またはα線)のエネルギー(MeV)	おもな光子のエネルギー(MeV)
^{115m}In	4.486 h	IT		0.336 (0.0241-, 0.0273 In-X)
		β^-	0.831	
^{115}In	4.41×10^{14} y (95.71)	β^-	0.496	
^{116m}In	54.29 m	β^-	1.010, 0.872, 0.600, 0.355	1.294, 1.097, 0.417, 2.112, 0.819, 1.507, 0.138, 1.754
^{117m}In	116.2 m	β^- IT	1.612, 1.770	0.159 (0.0252 Sn-X) 0.315 (0.0241-, 0.0273 In-X)
^{117}In	43.2 m	β^-	0.744	0.553, 0.159 (0.0252-, 0.0286 Sn-X)
^{119m}In	18.0 m	β^- IT	2.675, 2.652, 1.586	0.0239, 1.066, 1.250 0.311 (0.0241-, 0.0273 In-X)
^{119}In	2.4 m	β^-	1.577	0.763, 0.0239
^{112}Sn	(0.97)			
^{113}Sn	115.09 d	EC		0.255 (0.0241-, 0.0273 In-X)
^{114}Sn	(0.66)			
^{115}Sn	(0.34)			
^{116}Sn	(14.54)			
^{117m}Sn	13.76 d	IT		0.159, 0.156 (0.0252-, 0.0286 Sn-X)
^{117}Sn	(7.68)			
^{118}Sn	(24.22)			
^{119m}Sn	293.1 d	IT		0.0239, 0.0253 (0.0252-, 0.0286 Sn-X)
^{119}Sn	(8.59)			
^{120}Sn	(32.58)			
^{121m}Sn	43.9 y	β^- IT	0.359	0.0372 (0.0263-, 0.0298-, 0.00372 Sb-X)
^{121}Sn	27.03 h	β^-	0.390	

核種	半減期 (存在度)	壊変 形式	おもなβ線(またはα線) のエネルギー(MeV)	おもな光子のエネルギー (MeV)
^{122}Sn	(4.63)			
^{123m}Sn	40.06 m	β^-	1.267	0.160 (0.0263-, 0.0298 Sb-X)
^{123}Sn	129.2 d	β^-	1.403	
^{124}Sn	(5.79)			
^{125}Sn	9.64 d	β^-	2.363, 0.473, 0.380	1.067, 1.089, 0.823, 0.916, 2.002, 0.470, 0.332, 1.088, 0.800
^{121}Sb	(57.21)			
^{122}Sb	2.7238 d	β^- EC, (β^+)	1.414, 1.979, 0.722	0.564, 0.693 (0.0252 Sn-X)
^{123}Sb	(42.79)			
^{124}Sb	60.20 d	β^-	0.611, 2.302, 0.211, 1.579, 0.865, 1.656, 0.947	0.603, 1.691, 0.723, 0.646, 2.091, 1.368, 0.714, 0.968, 1.045, 1.326, 0.709, 1.437
^{125}Sb	2.75856 y	β^-	0.303, 0.131, 0.622, 0.0953, 0.446, 0.125 0.241	0.428, 0.601, 0.636, 0.463, 0.176, 0.607, 0.671, 0.380
^{127}Sb	3.85 d	β^-	0.896, 1.108, 0.798, 0.504, 0.950, 0.795, 1.493	0.686, 0.473, 0.784, 0.252, 0.604, 0.445, 0.412, 0.699, 0.291, 0.772 (0.0274 Te-X)
^{120}Te	(0.09)			
^{121m}Te	154 d	IT EC		0.212 (0.0274-, 0.00388-, 0.0311 Te-X) 1.102 (0.0263-, 0.0298 Sb-X)
^{121}Te	19.16 d	EC		0.573, 0.508, 0.470 (0.0263-, 0.0298 Sb-X)
^{122}Te	(2.55)			
^{123m}Te	119.25 d	IT		0.159 (0.0274-, 0.0311 Te-X)
^{123}Te	6.00×10^{14} y (0.89)	EC		(0.0263 Sb-X)

付表1 核種表

核　種	半減期 （存在度）	壊変 形式	おもなβ線（またはα線） のエネルギー(MeV)	おもな光子のエネルギー (MeV)
^{124}Te	(4.74)			
^{125m}Te	57.40 d	IT		$\begin{cases} 0.0355\ (0.0274\text{-},\\ 0.0311\ \text{Te-X}) \end{cases}$
^{125}Te	(7.07)			
^{126}Te	(18.84)			
^{127m}Te	109 d	$\begin{cases} \text{IT} \\ \beta^- \end{cases}$	0.729	(0.0274-, 0.0311 Te-X)
^{127}Te	9.35 h	β^-	0.698, 0.280	0.418
^{128}Te	(31.74)			
^{129m}Te	33.6 d	$\begin{cases} \text{IT} \\ \beta^- \end{cases}$	1.603, 0.908	(0.0275-, 0.0311 Te-X) 0.696
^{129}Te	69.6 m	β^-	1.470, 1.010	0.0278, 0.460, 0.487
^{130}Te	(34.08)			
^{132}Te	3.204 d	β^-	0.240	$\begin{cases} 0.228,\ 0.0497,\ 0.116,\\ 0.112\ (0.0285\text{-},\\ 0.0324\ \text{I-X}) \end{cases}$
^{121}I	2.12 h	$\begin{cases} \beta^+ \\ \text{EC} \end{cases}$	1.037	$\begin{cases} 0.212,\ 0.599\\ (0.511\beta^+,\ 0.0274\text{-},\\ 0.0311\ \text{Te-X}) \end{cases}$
^{123}I	13.2235 h	EC		$\begin{cases} 0.159,\ 0.529\\ (0.0274\text{-},\ 0.0311\ \text{Te-X}) \end{cases}$
^{124}I	4.1760 d	$\begin{cases} \beta^+ \\ \text{EC} \end{cases}$	1.535, 2.138	$\begin{cases} 0.603,\ 1.691,\ 0.723,\\ 1.509,\ 1.376,\ 1.326\\ (0.511\beta^+,\ 0.0274\text{-},\\ 0.0311\ \text{Te-X}) \end{cases}$
^{125}I	59.400 d	EC		$\begin{cases} 0.0355\ (0.0274\text{-},\\ 0.0311\ \text{Te-X}) \end{cases}$
^{126}I	12.93 d	$\begin{cases} \beta^+ \\ \text{EC} \\ \beta^- \end{cases}$	0.869, 1.258, 0.378	$\begin{cases} 0.666,\ 0.754\\ (0.511\beta^+,\ 0.0274\text{-},\\ 0.0311\ \text{Te-X}) \end{cases}$ 0.389, 0.491
^{127}I	(100)			
^{128}I	24.99 m	$\begin{cases} \beta^- \\ \text{EC},(\beta^+) \end{cases}$	2.119, 1.676, 1.150	(0.0274 Te-X)

付表1　核種表——215

核　種	半減期 (存在度)	壊変 形式	おもなβ線(またはα線) のエネルギー(MeV)	おもな光子のエネルギー (MeV)
129I	1.57×10⁷ y	β⁻	0.154	0.0396 (0.0297-, 0.0338 Xe-X)
130I	12.36 h	β⁻	1.005, 0.587, 0.777, 1.141	0.536, 0.669, 0.740, 0.418, 1.157, 0.586, 0.539 (0.0297 Xe-X)
131I	8.02070 d	β⁻	0.606, 0.334, 0.248	0.365, 0.637, 0.284, 0.0802, 0.723 (0.0297 Xe-X)
132I	2.295 h	β⁻	2.140, 1.185, 0.741, 1.617, 1.470, 0.967, 0.910, 0.996, 0.991	0.668, 0.773, 0.955, 0.523, 0.630, 1.399, 0.812, 0.506, 0.670, 0.671, 0.7272, 1.136, 0.7270
133I	20.8 h	β⁻	1.241, 0.896, 0.473, 0.535	0.530, 0.875, 1.298, 0.5105, 0.707, 1.236, 0.856
134I	52.5 m	β⁻	1.185, 1.464, 2.321, 1.699, 1.398, 1.644, 1.504, 2.132	0.847, 0.884, 1.073, 0.595, 0.622, 1.136, 0.677, 0.541, 0.405, 0.857, 1.807 (0.0297 Xe-X)
135I	6.57 h	β⁻	1.388, 0.970, 0.857, 0.680, 1.083, 1.190, 0.415	1.260, 1.132, 1.678, 1.458, 1.039, 1.791, 0.547, 0.837, 1.706, (0.297 Xe-X)
124Xe	(0.0952)			
126Xe	(0.0890)			
128Xe	(1.9102)			
129Xe	(26.4006)			
130Xe	(4.0710)			
131mXe	11.84 d	IT		0.164 (0.0297-, 0.0338 Xe-X)
131Xe	(21.2324)			
132Xe	(26.9086)			
133mXe	2.19 d	IT		0.233 (0.0297-, 0.0338 Xe-X)

核種	半減期 (存在度)	壊変 形式	おもなβ線(またはα線) のエネルギー(MeV)	おもな光子のエネルギー (MeV)
^{133}Xe	5.2475 d	β⁻	0.346	0.0810 (0.0309-, 0.0351 Cs-X)
^{134}Xe	(10.4357)			
^{135m}Xe	15.29 m	IT, (β⁻)		0.527 (0.0297-, 0.038 Xe-X)
^{135}Xe	9.14 h	β⁻	0.915, 0.557	0.250, 0.608 (0.0309 Cs-X)
^{136}Xe	(8.8573)			
^{129}Cs	32.06 h	EC, (β⁺)	0.173	0.372, 0.411, 0.549, 0.0396, 0.318, 0.279 (0.0297-, 0.0338 Xe-X)
^{130}Cs	29.21 m	β⁺ EC β⁻	1.957 0.361	0.536 (0.511 β⁺, 0.0297-, 0.0336 Xe-X)
^{131}Cs	9.689 d	EC		(0.0297-, 0.0338 Xe-X)
^{132}Cs	6.479 d	EC, (β⁺) β⁻	 0.816	0.668 (0.0297-, 0.0338 Xe-X) 0.464
^{133}Cs	(100)			
^{134m}Cs	2.903 h	IT		0.128, 0.0112 (0.0309-, 0.0351 Cs-X)
^{134}Cs	2.0648 y	β⁻	0.658, 0.0886, 0.415	0.605, 0.796, 0.569, 0.802, 0.563, 1.365
^{135}Cs	2.3×10⁶ y	β⁻	0.269	
^{137}Cs	30.1671 y	β⁻	0.514, 1.176	(0.0321-, 0.0365 Ba-X)
^{130}Ba	(0.106)			
^{131}Ba	11.50 d	EC		0.496, 0.124, 0.216, 0.373, 0.249, 0.240, 0.134, 0.487, 0.620, 0.404, 1.048 (0.0309-, 0.0351 Cs-X)
^{132}Ba	(0.101)			
^{133m}Ba	38.9 h	IT, (EC)		0.276, 0.0123 (0.0321-, 0.0365 Ba-X)

付表1　核種表——217

核　種	半減期 (存在度)	壊変 形式	おもなβ線(またはα線) のエネルギー(MeV)	おもな光子のエネルギー (MeV)
133Ba	10.51 y	EC		0.356, 0.0810, 0.303, 0.384, 0.276, 0.0796, 0.0532 (0.0309-, 0.0351 Cs-X)
134Ba	(2.417)			
135Ba	(6.592)			
136Ba	(7.854)			
137mBa	2.552 m	IT		0.662 (0.0321-, 0.0365 Ba-X)
137Ba	(11.232)			
138Ba	(71.698)			
139Ba	83.1 m	β−	2.317, 2.151	0.166 (0.0333 La-X)
140Ba	12.752 d	β−	1.003, 1.017, 0.466, 0.580, 0.884	0.537, 0.0300, 0.163, 0.305, 0.424, 0.438, 0.0138 (0.0334 La-X)
138La	(0.08881)			
139La	(99.91119)			
140La	1.6781 d	β−	1.350, 1.679, 1.240, 1.246, 1.298, 1.414, 2.166, 1.281	1.596, 0.487, 0.816, 0.329, 0.925, 0.868, 0.752, 2.521, 0.432, 0.920 (0.0347 Ce-X)
136Ce	(0.185)			
138Ce	(0.251)			
139Ce	137.641 d	EC		0.166 (0.0333-, 0.0380 La-X)
140Ce	(88.450)			
141Ce	32.508 d	β−	0.435, 0.581	0.145 (0.0359-, 0.0410 Pr-X)
142Ce	(11.114)			
143Ce	33.039 h	β−	1.111, 1.404, 0.739, 0.524	0.293, 0.0574, 0.665, 0.722, 0.351, 0.490, 0.232 (0.0359-, 0.0410 Pr-X)
144Ce	284.91 d	β−	0.319, 0.185, 0.239	0.134, 0.0801 (0.0359-, 0.0410 Pr-X)

核　種	半減期 （存在度）	壊変 形式	おもなβ線（またはα線） のエネルギー（MeV）	おもな光子のエネルギー （MeV）
¹⁴¹Pr	(100)			
¹⁴²Pr	19.12 h	β⁻	2.162, 0.587	1.576
¹⁴³Pr	13.57 d	β⁻	0.934	
¹⁴⁴ᵐPr	7.2 m	IT, (β⁻)		0.0590 (0.0359-, 0.0410 Pr-X)
¹⁴⁴Pr	17.28 m	β⁻	2.998, 0.812, 2.301	0.697
¹⁴²Nd	(27.152)			
¹⁴³Nd	(12.174)			
¹⁴⁴Nd	2.29×10¹⁵ y (23.798)	α	1.852	
¹⁴⁵Nd	(8.293)			
¹⁴⁶Nd	(17.189)			
¹⁴⁷Nd	10.98 d	β⁻	0.804, 0.364, 0.209	0.0911, 0.531, 0.319, 0.440 (0.0387-, 0.0438 Pm-X)
¹⁴⁸Nd	(5.756)			
¹⁴⁹Nd	1.728 h	β⁻	1.480, 1.153, 1.036, 1.421, 1.577	0.211, 0.114, 0.270, 0.655, 0.424, 0.541, 0.268, 0.156, 0.327, 0.240 (0.0386-, 0.0441 Pm-X)
¹⁵⁰Nd	(5.638)			
¹⁵¹Nd	12.44 m	β⁻	1.144, 2.442, 1.589, 1.528, 2.186, 1.601, 2.117, 1.902, 2.016	0.117, 0.256, 1.181, 0.139, 0.175, 0.4236, 0.736, 0.7975, 1.123, 0.1708, 1.016, 0.678, 0.0851 (0.0386-, 0.0441 Pm-X)
¹⁴⁷Pm	2.6234 y	β⁻	0.225	
¹⁴⁹Pm	53.08 h	β⁻	1.071, 0.785	0.286
¹⁵¹Pm	28.40 h	β⁻	0.842, 1.019, 0.741, 0.364, 1.182, 1.187, 0.863, 0.446, 1.082	0.340, 0.168, 0.275, 0.718, 0.446, 0.177, 0.240, 0.105, 0.100 (0.0400-, 0.0457 Sm-X)

付表1 核種表—219

核種	半減期(存在度)	壊変形式	おもなβ線(またはα線)のエネルギー(MeV)	おもな光子のエネルギー(MeV)
^{144}Sm	(3.07)			
^{147}Sm	1.060×10^{11} y (14.99)	α	2.248	
^{148}Sm	7×10^{15} y (11.24)	α	1.932	
^{149}Sm	(13.82)			
^{150}Sm	(7.38)			
^{151}Sm	90 y	β−	0.0767	
^{152}Sm	(26.75)			
^{153}Sm	46.284 h	β−	0.705, 0.635, 0.808	0.103, 0.0697 (0.0414-, 0.0473 Eu-X)
^{154}Sm	(22.75)			
^{155}Sm	22.3 m	β−	1.523, 1.381, 1.320	0.104, 0.246, 0.141 (0.0414-, 0.0473 Eu-X)
^{151}Eu	(47.81)			
^{152m}Eu	9.3116 h	EC, (β+)		0.842, 0.963, 0.122 (0.0400-, 0.0457 Sm-X)
		β−	1.864, 1.520, 0.550	0.344
^{152}Eu	13.537 y	EC, (β+)		0.122, 1.408, 0.964, 1.112, 1.086, 0.245, 0.867, 0.44396 (0.0400-, 0.0457 Sm-X)
		β−	0.696, 1.475, 0.385	0.344, 0.779, 0.411
^{153}Eu	(52.19)			
^{154}Eu	8.593 y	β−	0.571, 0.249, 0.841, 1.845, 0.972, 0.351	0.123, 1.274, 0.723, 1.005, 0.873, 0.996, 0.248, 0.592, 0.757 (0.0430-, 0.0487 Gd-X)
^{155}Eu	4.7611 y	β−	0.147, 0.166, 0.252, 0.192, 0.134	0.0865, 0.105, 0.0453, 0.0600 (0.0428-, 0.0490 Gd-X)
^{156}Eu	15.19 d	β−	2.451, 0.485, 0.264, 0.424, 1.209, 0.181, 1.283	0.812, 0.0890, 1.231, 1.1537, 1.242, 0.646, 0.723, 1.065, 1.1541, (0.0428-, 0.0490 Gd-X)

核　種	半減期 （存在度）	壊変 形式	おもなβ線（またはα線） のエネルギー(MeV)	おもな光子のエネルギー (MeV)
^{152}Gd	1.08×10^{14} y (0.20)	α	2.147	
^{153}Gd	240.4 d	EC		$\begin{cases} 0.0974,\ 0.103,\ 0.0697 \\ (0.0414\text{-},\ 0.0473\ \text{Eu-X}) \end{cases}$
^{154}Gd	(2.18)			
^{155}Gd	(14.80)			
^{156}Gd	(20.47)			
^{157}Gd	(15.65)			
^{158}Gd	(24.84)			
^{159}Gd	18.479 h	β⁻	0.971, 0.913, 0.607	$\begin{cases} 0.364,\ 0.0580\ (0.0443\text{-}, \\ 0.0507\ \text{Tb-X}) \end{cases}$
^{160}Gd	(21.86)			
^{157}Tb	71 y	EC		(0.0430-, 0.0487 Gd-X)
^{159}Tb	(100)			
^{160}Tb	72.3 d	β⁻	$\begin{cases} 0.571,\ 0.869,\ 0.477, \\ 0.786,\ 0.436,\ 0.549 \end{cases}$	$\begin{cases} 0.879,\ 0.299,\ 0.966, \\ 1.178,\ 0.0868,\ 0.962, \\ 1.272,\ 0.197,\ 0.216 \\ (0.0458\text{-},\ 0.0525\ \text{Dy-X}) \end{cases}$
^{161}Tb	6.906 d	β⁻	$\begin{cases} 0.519,\ 0.461,\ 0.593, \\ 0.567 \end{cases}$	$\begin{cases} 0.0257,\ 0.0489, \\ 0.0746,\ 0.0572\ (0.0458\text{-}, \\ 0.0525\ \text{Dy-X}) \end{cases}$
^{156}Dy	(0.056)			
^{157}Dy	8.14 h	EC		$\begin{cases} 0.326,\ 0.182 \\ (0.0443\text{-},\ 0.0507\ \text{Tb-X}) \end{cases}$
^{158}Dy	(0.095)			
^{160}Dy	(2.329)			
^{161}Dy	(18.889)			
^{162}Dy	(25.475)			
^{163}Dy	(24.896)			
^{164}Dy	(28.260)			
^{165}Dy	2.334 h	β⁻	1.287, 1.192, 0.292	$\begin{cases} 0.0947\ (0.0473\text{-}, \\ 0.0542\ \text{Ho-X}) \end{cases}$
^{166}Dy	81.6 h	β⁻	0.404, 0.433, 0.487	$\begin{cases} 0.00825,\ 0.0282 \\ (0.0473\text{-},\ 0.0542\ \text{Ho-X}) \end{cases}$

核　種	半減期 （存在度）	壊変 形式	おもなβ線（またはα線） のエネルギー(MeV)	おもな光子のエネルギー (MeV)
^{165}Ho	(100)			
^{166m}Ho	1.20×10^3 y	β^-	0.0730, 0.0324, 1.314, 0.664	0.184, 0.810, 0.712, 0.280, 0.0806, 0.752, 0.4109, 0.831, 0.530 (0.0489-, 0.0561 Er-X)
^{166}Ho	26.83 h	β^-	1.854, 1.773	0.0806 (0.0489-, 0.0561 Er-X)
^{162}Er	(0.139)			
^{164}Er	(1.601)			
^{166}Er	(33.503)			
^{167}Er	(22.869)			
^{168}Er	(26.978)			
^{169}Er	9.40 d	β^-	0.351, 0.342	
^{170}Er	(14.910)			
^{171}Er	7.516 h	β^-	1.066, 1.491, 0.578	0.308, 0.296, 0.112, 0.124, 0.117 (0.0505-, 0.579 Tm-X)
^{169}Tm	(100)			
^{170}Tm	128.6 d	β^-, (EC)	0.968, 0.884	0.0843 (0.0521-, 0.0598 Yb-X)
^{171}Tm	1.92 y	β^-	0.0964, 0.0297	0.0667 (0.0521-, 0.0598 Yb-X)
^{168}Yb	(0.123)			
^{169}Yb	32.026 d	EC		0.0631, 0.198, 0.177, 0.110, 0.131, 0.3077, 0.0936, 0.0630, 0.118, 0.261 (0.0505-, 0.0579 Tm-X)
^{170}Yb	(2.982)			
^{171}Yb	(14.09)			
^{172}Yb	(21.68)			
^{173}Yb	(16.103)			
^{174}Yb	(32.026)			
^{175}Yb	4.185 d	β^-	0.469, 0.0725, 0.355	0.396, 0.283, 0.114 (0.0538 Lu-X)

付表1 核種表

核種	半減期 (存在度)	壊変 形式	おもなβ線(またはα線) のエネルギー(MeV)	おもな光子のエネルギー (MeV)
^{176}Yb	(12.996)			
^{177}Yb	1.911 h	β^-	1.398, 1.248, 1.276, 0.167, 0.157, 1.109	0.151, 1.080, 1.241, 0.123, 0.139 (0.0538-, 0.0617 Lu-X)
^{175}Lu	(97.401)			
^{176m}Lu	3.664 h	β^-, (EC)	1.227, 1.318	0.0884 (0.0555-, 0.0637 Hf-X)
^{176}Lu	(2.599)			
^{177}Lu	6.647 d	β^-	0.498, 0.176, 0.385	0.208, 0.113 (0.0555-, 0.0637 Hf-X)
^{174}Hf	(0.16)			
^{175}Hf	70 d	EC		0.343, 0.0894, 0.433 (0.0538-, 0.0617 Lu-X)
^{176}Hf	(5.26)			
^{177}Hf	(18.60)			
^{178}Hf	(27.28)			
^{179}Hf	(13.62)			
^{180m}Hf	5.5 h	IT, (β^-)		0.332, 0.443, 0.215, 0.0575, 0.0933, 0.501 (0.0555-, 0.0637 Hf-X)
^{180}Hf	(35.08)			
^{181}Hf	42.39 d	β^-	0.413, 0.409	0.482, 0.133, 0.346, 0.136 (0.0572-, 0.0657 Ta-X)
^{180m}Ta	(0.01201)			
^{180}Ta	8.152 h	β^- EC	0.708, 0.604	0.0934 (0.0555-, 0.0637 Hf-X)
^{181}Ta	(99.98799)			
^{182}Ta	114.43 d	β^-	0.524, 0.260, 0.440, 0.592, 0.482, 0.326	0.0678, 1.121, 1.221, 1.189, 0.100, 1.231, 0.222, 0.152, 0.229, 0.264, 0.179, 0.0657, 0.0847 (0.0590-, 0.0678 W-X)

付表1 核種表——223

核種	半減期 (存在度)	壊変 形式	おもなβ線(またはα線) のエネルギー(MeV)	おもな光子のエネルギー (MeV)
^{180}W	(0.12)			
^{181}W	121.2 d	EC		0.00624 (0.0572-, 0.0657 Ta-X)
^{182}W	(26.50)			
^{183}W	(14.31)			
^{184}W	(30.64)			
^{185}W	75.1 d	β^-	0.433	0.125
^{186}W	(28.43)			
^{187}W	23.72 h	β^-	0.627, 1.312, 0.694, 0.540, 0.687	0.686, 0.480, 0.0720, 0.134, 0.618, 0.552 (0.0611-, 0.0693 Re-X)
^{188}W	69.78 d	β^-	0.349	
^{183}Re	70.0 d	EC		0.162, 0.0465, 0.292, 0.110, 0.209, 0.0991, 0.0526, 0.108 (0.0590-, 0.0678 W-X)
^{185}Re	(37.40)			
^{186}Re	3.7183 d	EC β^-	1.070, 0.932	(0.0590-, 0.0678 W-X) 0.137 (0.0626 Os-X)
^{187}Re	4.12×10^{10} y (62.60)	β^-	0.00247	
^{188}Re	17.0040 h	β^-	2.120, 1.965, 1.487	0.15504, 0.633, 0.478 (0.0630-, 0.0714 Os-X)
^{184}Os	(0.02)			
^{185}Os	93.6 d	EC		0.646, 0.875, 0.881, 0.717, 0.592 (0.0608-, 0.0699 Re-X)
^{186}Os	2.0×10^{15} y (1.59)	α	2.761	
^{187}Os	(1.96)			
^{188}Os	(13.24)			
^{189}Os	(16.15)			
^{190}Os	(26.26)			

核　種	半減期 (存在度)	壊変 形式	おもなβ線(またはα線) のエネルギー(MeV)	おもな光子のエネルギー (MeV)
191mOs	13.10 h	IT		0.0744 (0.0626-, 0.0720 Os-X)
191Os	15.4 d	β⁻	0.141	(0.0645-, 0.0101-, 0.0742 Ir-X)
192Os	(40.78)			
193Os	30.11 h	β⁻	1.141, 1.067, 1.002, 0.680, 0.583, 0.960	0.139, 0.460, 0.0730, 0.322, 0.387, 0.557, 0.280 (0.0645-, 0.0101-, 0.0742 Ir-X)
191mIr	4.94 s	IT		0.129 (0.0645-, 0.0101-, 0.0742 Ir-X)
191Ir	(37.3)			
192Ir	73.827 d	EC		0.206, 0.485 (0.0626 Os-X)
		β⁻	0.675, 0.539, 0.259	0.317, 0.468, 0.308, 0.296, 0.604, 0.612, 0.589 (0.0664-, 0.0104-, 0.0764 Pt-X)
193mIr	10.53 d	IT		
193Ir	(62.7)			
194Ir	19.28 h	β⁻	2.247, 1.918, 0.980	0.328, 0.294, 0.645
190Pt	(0.012)			
192Pt	(0.782)			
193mPt	4.33 d	IT		(0.0100-, 0.664-, 0.0764 Pt-X)
193Pt	50 y	EC		(0.00999 Ir-X)
194Pt	(32.86)			
195Pt	(33.78)			
196Pt	(25.21)			
197Pt	19.8915 h	β⁻	0.642, 0.719, 0.450	0.0774, 0.191 (0.0108-, 0.0684 Au-X)
198Pt	(7.356)			
199Pt	30.80 m	β⁻	1.702, 1.159, 0.967, 0.910, 1.385	0.543, 0.494, 0.317, 0.186, 0.192, 0.246 (0.0107-, 0.0684 Au-X)

核 種	半減期 （存在度）	壊変 形式	おもなβ線（またはα線） のエネルギー（MeV）	おもな光子のエネルギー （MeV）
195Au	186.10 d	EC		0.0989 (0.0664-, 0.0103-, 0.0764 Pt-X)
197mAu	7.73 s	IT		0.279, 0.130, 0.202 (0.0110-, 0.0684-, 0.0786 Au-X)
197Au	(100)			
198Au	2.69517 d	β−	0.961	0.412 (0.0703-, 0.0111 Hg-X)
199Au	3.139 d	β−	0.294, 0.244, 0.453	0.158, 0.208, 0.0498 (0.0112-, 0.0703-, 0.0809 Hg-X)
196Hg	(0.15)			
197mHg	23.8 h	EC		(0.0684-, 0.0108-, 0.0786 Au-X)
		IT		0.134 (0.0110-, 0.0703-, 0.0809 Hg-X)
197Hg	64.94 h	EC		0.0774 (0.0684-, 0.0107-, 0.0780 Au-X)
198Hg	(9.97)			
199Hg	(16.87)			
200Hg	(23.10)			
201Hg	(13.18)			
202Hg	(29.86)			
203Hg	46.612 d	β−	0.213	0.279 (0.0724-, 0.0114-, 0.0833 Tl-X)
204Hg	(6.87)			
206Hg	8.15 m	β−	1.307, 1.002, 0.658	0.305, 0.650 (0.0724-, 0.0114-, 0.0833 Tl-X)
200Tl	26.1 h	EC, (β+)	1.066, 1.434	0.368, 1.206, 0.579, 0.828, 1.515, 1.226, 1.363, 1.274, 0.661, 0.886 (0.511β+, 0.0703-, 0.0110-, 0.0809 Hg-X)
201Tl	72.91 h	EC		0.167, 0.135 (0.0703-, 0.0110-, 0.0809 Hg-X)

付表1　核種表

核種	半減期(存在度)	壊変形式	おもなβ線(またはα線)のエネルギー(MeV)	おもな光子のエネルギー(MeV)
²⁰²Tl	12.23 d	EC		0.440 (0.0703-, 0.0110-, 0.0809 Hg-X)
²⁰³Tl	(29.52)			
²⁰⁴Tl	3.78 y	EC / β⁻	0.764	(0.0703 Hg-X)
²⁰⁵Tl	(70.48)			
²⁰⁶Tl	4.200 m	β⁻	1.534	
²⁰⁷Tl	4.77 m	β⁻	1.427	
²⁰⁸Tl	3.053 m	β⁻	1.796, 1.286, 1.519, 1.033	2.615, 0.583, 0.511, 0.861, 0.277 (0.0744-, 0.0117, 0.857 Pb-X)
²⁰⁹Tl	2.161 m	β⁻	1.827	1.567, 0.465, 0.117 (0.0744-, 0.0117-, 0.0857 Pb-X)
²¹⁰Tl	1.30 m	β⁻	4.215, 1.868, 4.394, 2.032, 2.421, 1.611, 1.388	0.800, 0.296, 1.316, 1.210, 1.070, 2.430, 2.360, 0.860, 1.110, 2.010 (0.0120-, 0.074-, 0.0857 Pb-X)
²⁰⁰Pb	21.5 h	EC		0.148, 0.257, 0.236, 0.268, 0.451, 0.142 (0.0724-, 0.0114-, 0.0833 Tl-X)
²⁰¹Pb	9.33 h	EC, (β⁺)		0.331, 0.361, 0.946, 0.908, 0.692, 0.585, 0.767, 0.826, 0.406 (0.0724-, 0.0114-, 0.0833 Tl-X)
²⁰²ᵐPb	3.53 h	IT / EC		0.961, 0.422, 0.787, 0.657 (0.0121-, 0.0744-, 0.0857 Pb-X) / 0.490, 0.460, 0.390, (0.0724-, 0.0114-, 0.0833 Tl-X)

核種	半減期(存在度)	壊変形式	おもなβ線(またはα線)のエネルギー(MeV)	おもな光子のエネルギー(MeV)
^{202}Pb	5.25×10^4 y	EC α	 2.547	(0.0106 Tl-X)
^{203}Pb	51.873 h	EC		0.279 (0.0724-, 0.0114-, 0.0833 Tl-X)
^{204}Pb	(1.4)			
^{206}Pb	(24.1)			
^{207m}Pb	0.806 s	IT		0.570, 1.064 (0.0744-, 0.0117-, 0.0857 Pb-X)
^{207}Pb	(22.1)			
^{208}Pb	(52.4)			
^{209}Pb	3.253 h	β−	0.644	
^{210}Pb	22.20 y	β−, (α)	0.0166, 0.0631	0.0465 (0.0108 Bi-X)
^{211}Pb	36.1 m	β−	1.379, 0.547, 0.974	0.405, 0.832, 0.427
^{212}Pb	10.64 h	β−	0.335, 0.574, 0.159	0.239, 0.300 (0.0765-, 0.0121-, 0.0881 Bi-X)
^{214}Pb	26.8 m	β−	0.671, 0.728, 1.023, 0.184	0.352, 0.295, 0.242, 0.0532, 0.786 (0.0765-, 0.0121-, 0.0881 Bi-X)
^{206}Bi	6.243 d	EC, (β+)		0.803, 0.881, 0.516, 1.719, 0.537, 0.344, 0.184, 0.895, 0.497, 1.098, 0.398, 1.019, 0.620 (0.0744-, 0.0117-, 0.0857 Pb-X)
^{207}Bi	32.9 y	EC, (β+)	0.807	1.770 (0.0744-, 0.0117-, 0.0857 Pb-X)
^{208}Bi	3.68×10^5 y	EC		2.610 (0.0744-, 0.0116-, 0.0857 Pb-X)
^{209}Bi	1.9×10^{19} y (100)	α	3.077	
^{210}Bi	5.012 d	β−, (α)	1.162	
^{211}Bi	2.14 m	α, (β−)	6.623, 6.279	0.351 (0.0724 Tl-X)
^{212}Bi	60.55 m	α β−	6.051, 6.090 2.248, 1.521	0.0399 (0.0113 Tl-X) 0.727, 1.621, 0.785

付表1 核種表

核　種	半減期 （存在度）	壊変 形式	おもなβ線（またはα線） のエネルギー（MeV）	おもな光子のエネルギー （MeV）
^{213}Bi	45.59 m	α β^-	5.870 1.422, 0.982	0.440 (0.0787-, 0.0124 Po-X)
^{214}Bi	19.9 m	$\beta^-, (\alpha)$	3.272, 1.542, 1.508, 1.425, 1.894, 1.068, 1.153	0.609, 1.764, 1.120, 1.238, 2.204, 0.768, 1.378 (0.0787 Po-X)
^{215}Bi	7.6 m	β^-	1.889, 0.783, 0.888, 1.347, 1.911	0.294, 0.271, 1.105, 0.518, 0.777, 1.399 (0.0787-, 0.0124, 0.0906 Po-X)
^{208}Po	2.898 y	α, (EC)	5.115	
^{210}Po	138.376 d	α	5.304	
^{211}Po	0.516 s	α	7.450	
^{213}Po	4.2×10^{-6} s	α	8.377	
^{214}Po	1.643×10^{-4} s	α	7.687	
^{215}Po	1.781×10^{-3} s	α	7.386	
^{216}Po	0.145 s	α	6.778	
^{218}Po	3.10 m	$\alpha, (\beta^-)$	6.002	
^{211}At	7.214 h	α EC	5.867	(0.0787-, 0.0124-, 0.0906 Po-X)
^{220}Rn	55.6 s	α	6.288	
^{222}Rn	3.8235 d	α	5.490	
^{221}Fr	4.9 m	α	6.341, 6.126, 6.243	0.218 (0.0809-, 0.0130 At-X)
^{223}Fr	22.00 m	$\beta^-, (\alpha)$	1.099, 1.070, 0.914	0.501, 0.797, 0.235, 0.0498 (0.141-, 0.0877 Ra-X)
^{223}Ra	11.43 d	α	5.716, 5.607, 5.540, 5.747, 5.435	0.269, 0.154, 0.324, 0.144 (0.0831-, 0.0132-, 0.0958 Rn-X)
^{224}Ra	3.66 d	α	5.685, 5.449	0.241
^{225}Ra	14.9 d	β^-	0.314, 0.354	0.400 (0.0144 Ac-X)

核種	半減期 （存在度）	壊変 形式	おもなβ線（またはα線） のエネルギー（MeV）	おもな光子のエネルギー （MeV）
^{226}Ra	1600 y	α	4.784, 4.601	0.1862
^{228}Ra	5.75 y	β^-	0.0392, 0.0128, 0.0257, 0.0396	0.0162, 0.0152, 0.0135, 0.0155 (0.0144 Ac-X)
^{225}Ac	10.0 d	α	5.830, 5.794, 5.792, 5.732, 5.637	0.0999 (0.0138-, 0.0854 Fr-X)
^{227}Ac	21.772 y	α β^-	 0.0448, 0.0355, 0.0203	(0.0148 Th-X)
^{228}Ac	6.15 h	β^-	1.158, 1.731, 0.596, 2.069, 1.004, 0.974	0.911, 0.969, 0.338, 0.965, 0.463, 0.795, 0.209, 0.270, 1.588 (0.0152-, 0.0925-, 0.107 Th-X)
^{227}Th	18.68 d	α	6.038, 5.978, 5.757, 5.710	0.236, 0.0501, 0.256, 0.330, 0.300, 0.0797, 0.2896, 0.286, 0.0939 (0.0142-, 0.0877-, 0.101 Ra-X)
^{228}Th	1.9116 y	α	5.243, 5.340	0.0844 (0.0144 Ra-X)
^{229}Th	7.34×10^3 y	α	4.846, 4.901, 4.815, 5.053, 4.968, 4.838	0.1935, 0.211, 0.0864, 0.0863, 0.0315, 0.137, 0.156 (0.0141-, 0.0877-, 0.101 Ra-X)
^{230}Th	7.538×10^4 y	α	4.687, 4.621	(0.0144 Ra-X)
^{231}Th	25.52 h	β^-	0.288, 0.305, 0.206, 0.287	0.0256, 0.0842 (0.0152 Pa-X)
^{232}Th	1.405×10^{10} y (100)	α	4.012, 3.950	(0.0144 Ra-X)
^{233}Th	22.3 m	β^-	1.237, 1.244, 1.149	0.0865, 0.0294, 0.459 (0.0153-, 0.0949 Pa-X)
^{234}Th	24.10 d	β^-	0.195, 0.103, 0.102	0.0633, 0.0924, 0.0928 (0.0151 Pa-X)
^{231}Pa	3.276×10^4 y	α	5.015, 4.953, 5.031, 5.061, 4.736	0.0274, 0.300, 0.30265, (0.0144-, 0.0901 Ac-X)

核　種	半減期 （存在度）	壊変 形式	おもなβ線（またはα線） のエネルギー（MeV）	おもな光子のエネルギー （MeV）
^{233}Pa	26.967 d	β^-	0.232, 0.156, 0.250, 0.174, 0.572	0.312, 0.300, 0.341, 0.0868, 0.416, 0.0754, 0.399 (0.0156-, 0.0974-, 0.112 U-X)
^{234m}Pa	1.17 m	β^-, (IT)	2.273, 1.228	
^{234}Pa	6.70 h	β^-	0.4716, 0.642, 0.4721, 0.413, 0.502	0.131, 0.946, 0.883, 0.570, 0.925, 0.927, 0.733, 0.8805 (0.0159-, 0.0974-, 0.112 U-X)
^{232}U	68.9 y	α	5.320, 5.263	(0.0152 Th-X)
^{233}U	1.592×10^5 y	α	4.825, 4.783, 4.729	(0.0150 Th-X)
^{234}U	2.455×10^5 y (0.0054)	α	4.775, 4.723	(0.0152 Th-X)
^{235m}U	26 m	IT		
^{235}U	7.04×10^8 y (0.7204)	α	4.397, 4.366, 4.218, 4.599, 4.326, 4.558	0.186, 0.144, 0.163, 0.109 (0.0150-, 0.0925-, 0.107 Th-X)
^{236}U	2.342×10^7 y	α	4.495, 4.446	(0.0152 Th-X)
^{237}U	6.75 d	β^-	0.237, 0.251	0.0595, 0.208, 0.0263, 0.165 (0.0160-, 0.100-, 0.115 Np-X)
^{238}U	4.468×10^9 y (99.2742)	α, (SF)	4.202, 4.153	(0.0152 Th-X)
^{239}U	23.45 m	β^-	1.189, 1.264, 1.232, 1.146	0.0747, 0.0435 (0.0161 Np-X)
^{237}Np	2.144×10^6 y	α	4.789, 4.772, 4.767, 4.640	0.0294, 0.0865 (0.0153-, 0.0949-, 0.110 Pa-X)
^{238}Np	2.117 d	β^-	0.263, 1.248, 0.222, 0.329	0.984, 1.029, 1.026, 0.9239 (0.0169 Pu-X)
^{239}Np	2.356 d	β^-	0.437, 0.330, 0.392	0.106, 0.278, 0.228, 0.210, 0.334 (0.0166-, 0.103-, 0.118 Pu-X)
^{238}Pu	87.7 y	α	5.499, 5.456	(0.0159 U-X)
^{239}Pu	2.411×10^4 y	α	5.157, 5.144, 5.106	(0.0159 U-X)

核　種	半減期 (存在度)	壊変 形式	おもなβ線(またはα線) のエネルギー(MeV)	おもな光子のエネルギー (MeV)
^{240}Pu	6564 y	α, (SF)	5.168, 5.124	(0.0159 U-X)
^{241}Pu	14.35 y	β⁻, (α)	0.208	
^{242}Pu	3.75×10^5 y	α, (SF)	4.902, 4.858	(0.0159 U-X)
^{244}Pu	8.08×10^7 y	α, (SF)	4.666	
^{241}Am	432.2 y	α	5.486, 5.443, 5.388	0.0595, 0.0263 (0.0161 Np-X)
^{242}Am	16.02 h	EC		(0.0166-, 0.0103-, 0.118 Pu-X)
		β⁻	0.623, 0.665	(0.0179 Cm-X)
^{243}Am	7.37×10^3 y	α	5.276, 5.233, 5.179	0.0747, 0.0435 (0.0161 Np-X)
^{242}Cm	162.8 d	α, (SF)	6.113, 6.069	(0.0169 Pu-X)
^{244}Cm	18.10 y	α, (SF)	5.805, 5.763	(0.0169 Pu-X)
^{246}Cm	4.76×10^3 y	α, (SF)	5.386, 5.342	(0.0169 Pu-X)
^{247}Cm	1.56×10^7 y	α	5.353	
^{248}Cm	3.48×10^5 y	α SF	5.078, 5.035	(0.0169 Pu-X)
^{247}Bk	1.4×10^3 y	α	5.889	
^{251}Cf	9.0×10^2 y	α	6.176	
^{252}Cf	2.645 y	α SF	6.118, 6.075	(0.0179 Cm-X)
^{252}Es	471.7 d	α, (EC)	6.76	
^{257}Fm	100.5 d	α	6.864	
^{258}Md	51.5 d	α, (EC)	7.27	
^{259}No	58 m	α, (EC)	7.9	
^{262}Lr	~4 h	(α, EC, SF)	…	

付表2　原子量表（2017）

（元素の原子量は，質量数12の炭素（^{12}C）を12とし，これに対する相対値とする。但し，この^{12}Cは核および電子が基底状態にある結合していない中性原子を示す。）

多くの元素の原子量は通常の物質中の同位体存在度の変動によって変化する。そのような12の元素については，原子量の変動範囲を[a, b]で示す。この場合，元素Eの原子量A_r(E)は$a ≤ A_r$(E)$≤ b$の範囲にある。ある特定の物質に対してより正確な原子量が知りたい場合には，別途求める必要がある。その他の72元素については，原子量A_r(E)とその不確かさ（括弧内の数値）を示す。不確かさは有効数字の最後の桁に対応する。

原子番号	元素名	元素記号	原子量	脚注	原子番号	元素名	元素記号	原子量	脚注
1	水素	H	[1.00784, 1.00811]	m	60	ネオジム	Nd	144.242(3)	g
2	ヘリウム	He	4.002602(2)	g r	61	プロメチウム*	Pm		
3	リチウム	Li	[6.938, 6.997]	m	62	サマリウム	Sm	150.36(2)	g
4	ベリリウム	Be	9.0121831(5)		63	ユウロピウム	Eu	151.964(1)	g
5	ホウ素	B	[10.806, 10.821]	m	64	ガドリニウム	Gd	157.25(3)	g
6	炭素	C	[12.0096, 12.0116]		65	テルビウム	Tb	158.92535(2)	
7	窒素	N	[14.00643, 14.00728]	m	66	ジスプロシウム	Dy	162.500(1)	g
8	酸素	O	[15.99903, 15.99977]		67	ホルミウム	Ho	164.93033(2)	
9	フッ素	F	18.998403163(6)		68	エルビウム	Er	167.259(3)	
10	ネオン	Ne	20.1797(6)	g m	69	ツリウム	Tm	168.93422(2)	
11	ナトリウム	Na	22.98976928(2)		70	イッテルビウム	Yb	173.045(10)	g
12	マグネシウム	Mg	[24.304, 24.307]		71	ルテチウム	Lu	174.9668(1)	g
13	アルミニウム	Al	26.9815385(7)		72	ハフニウム	Hf	178.49(2)	
14	ケイ素	Si	[28.084, 28.086]		73	タンタル	Ta	180.94788(2)	
15	リン	P	30.973761998(5)		74	タングステン	W	183.84(1)	
16	硫黄	S	[32.059, 32.076]		75	レニウム	Re	186.207(1)	
17	塩素	Cl	[35.446, 35.457]	m	76	オスミウム	Os	190.23(3)	g
18	アルゴン	Ar	39.948(1)	g r	77	イリジウム	Ir	192.217(3)	
19	カリウム	K	39.0983(1)		78	白金	Pt	195.084(9)	
20	カルシウム	Ca	40.078(4)	g	79	金	Au	196.966569(5)	
21	スカンジウム	Sc	44.955908(5)		80	水銀	Hg	200.592(3)	
22	チタン	Ti	47.867(1)		81	タリウム	Tl	[204.382, 204.385]	
23	バナジウム	V	50.9415(1)		82	鉛	Pb	207.2(1)	g r
24	クロム	Cr	51.9961(6)		83	ビスマス*	Bi	208.98040(1)	
25	マンガン	Mn	54.938044(3)		84	ポロニウム*	Po		
26	鉄	Fe	55.845(2)		85	アスタチン*	At		
27	コバルト	Co	58.933194(4)		86	ラドン*	Rn		
28	ニッケル	Ni	58.6934(4)	r	87	フランシウム*	Fr		
29	銅	Cu	63.546(3)	r	88	ラジウム*	Ra		
30	亜鉛	Zn	65.38(2)	r	89	アクチニウム*	Ac		
31	ガリウム	Ga	69.723(1)		90	トリウム*	Th	232.0377(4)	g
32	ゲルマニウム	Ge	72.630(8)		91	プロトアクチニウム*	Pa	231.03588(2)	
33	ヒ素	As	74.921595(6)		92	ウラン*	U	238.02891(3)	g m
34	セレン	Se	78.971(8)	r	93	ネプツニウム*	Np		
35	臭素	Br	[79.901, 79.907]		94	プルトニウム*	Pu		
36	クリプトン	Kr	83.798(2)	g m	95	アメリシウム*	Am		
37	ルビジウム	Rb	85.4678(3)	g	96	キュリウム*	Cm		
38	ストロンチウム	Sr	87.62(1)	g r	97	バークリウム*	Bk		
39	イットリウム	Y	88.90584(2)		98	カリホルニウム*	Cf		
40	ジルコニウム	Zr	91.224(2)	g	99	アインスタイニウム*	Es		
41	ニオブ	Nb	92.90637(2)		100	フェルミウム*	Fm		
42	モリブデン	Mo	95.95(1)	g	101	メンデレビウム*	Md		
43	テクネチウム*	Tc			102	ノーベリウム*	No		
44	ルテニウム	Ru	101.07(2)	g	103	ローレンシウム*	Lr		
45	ロジウム	Rh	102.90550(2)		104	ラザホージウム*	Rf		
46	パラジウム	Pd	106.42(1)	g	105	ドブニウム*	Db		
47	銀	Ag	107.8682(2)	g	106	シーボーギウム*	Sg		
48	カドミウム	Cd	112.414(4)	g	107	ボーリウム*	Bh		
49	インジウム	In	114.818(1)		108	ハッシウム*	Hs		
50	スズ	Sn	118.710(7)	g	109	マイトネリウム*	Mt		
51	アンチモン	Sb	121.760(1)	g	110	ダームスタチウム*	Ds		
52	テルル	Te	127.60(3)	g	111	レントゲニウム*	Rg		
53	ヨウ素	I	126.90447(3)		112	コペルニシウム*	Cn		
54	キセノン	Xe	131.293(6)	g m	113	ニホニウム*	Nh		
55	セシウム	Cs	132.90545196(6)		114	フレロビウム*	Fl		
56	バリウム	Ba	137.327(7)		115	モスコビウム*	Mc		
57	ランタン	La	138.90547(7)	g	116	リバモリウム*	Lv		
58	セリウム	Ce	140.116(1)	g	117	テネシン*	Ts		
59	プラセオジム	Pr	140.90766(2)		118	オガネソン*	Og		

- *：安定同位体のない元素。これらの元素については原子量が示されていないが，ビスマス，トリウム，プロトアクチニウム，ウランは例外で，これらの元素は地球上で固有の同位体組成を示すので原子量が与えられている。
- g：当該元素の同位体組成が通常の物質の示す変動幅を越えるような地質学的試料が知られている。そのような試料中では当該元素の原子量とここの値との差が，表記の不確かさを越えることがある。
- m：不詳の，あるいは不適切な同位体分別を受けたために同位体組成が変動した物質が市販品中に見いだされることがある。そのため，当該元素の原子量が表記の値とかなり異なることがある。
- r：通常の地球上の物質の同位体組成に変動があるために表記の原子量より精度の良い値を与えることができない。表中の原子量および不確かさは通常の物質に適用されるものとする。

©2017 日本化学会　原子量専門委員会

参考文献

核・放射化学一般についての参考書としては，つぎのようなものがある．
1) 木越邦彦『放射化学概説』培風館（1968）.
2) 村上悠紀雄・佐野博敏・鈴木康雄・中原弘道『基礎放射化学』丸善（1981）.
3) 木越邦彦『核化学と放射化学』裳華房（1981）.
4) 斎藤信房監修『同位体と化学』廣川書店（1978）.
5) 古川路明『放射化学』朝倉書店（1994）.
6) G. Friedlander, J. W. Kennedy, E. S. Macias, J. M. Miller, *Nuclear and Radiochemistry*, 3rd ed., Wiley（1981）.
   はじめは *Introduction to Radiochemistry*（1949）というタイトルであったが，1955 年上記のタイトルに改め，1964 年第 2 版が出た．この初版の和訳は，斎藤信房他訳『核化学と放射化学』丸善（1962）として出版されている．
7) このほか Haissinsky, Starik, Carswell, Choppin などによる著書やそれぞれの和訳もあるが省略する．

かなり専門的な参考書としては，
8) 日本化学会／富永健ほか編『核現象と分析化学』（化学総説 29），学会出版センター（1980）.
9) 日本化学会／馬淵久夫編『核・放射線 I, II』（新実験化学講座 7 巻，基礎技術 6），丸善（1975）.
10) 日本化学会／富永健ほか編『核・放射線』（第 4 版実験化学講座 14 巻），丸善（1992）.

また，アイソトープの核的性質，放射線についてのデータを集めたいろいろな核種表などが発行されているが，つぎのものがよく用いられている．
11) C. M. Ledere and V. S. Shirley, eds., *Table of Isotopes*, 7th ed., Wiley（1978）.
    1940 年以来編集されており，世界的に最もよく用いられてきた核種表である．
12) 日本アイソトープ協会編『アイソトープ手帳』改訂 11 版，丸善（2011）；
    National Nuclear Data Center, Brookhaven National Laboratory の Web site: http://www.nndc.bnl.gov/nudat2/reCenter.jsp?z=53&n=81
13) 日本アイソトープ協会編『改訂 3 版アイソトープ便覧』丸善（1984）.

第 3 章の「原子核現象と化学状態」についてさらに詳細には，上記の 8），9）のほか，

つぎのような単行本を参照されるとよい.
14) 佐野博敏『メスバウアー分光学――その化学への応用』講談社 (1972).
15) 佐野博敏『メスバウアー分光学概論』講談社 (1972).
16) 佐野博敏・片田元己『メスバウアー分光学概論』学会出版センター (1997).
17) D. C. Walker／富永健訳『中間子化学入門』紀伊國屋書店 (1986).
18) T. Tominaga and E. Tachikawa, *Modern Hot-Atom Chemistry and Its Applications*, Springer-Verlag (1981).
19) J. A. Merrigan, G. H. Green and S. J. Tao, *Physical Method of Chemistry*, Vol. 1 (A. Weissberger and B. W. Rossiter, eds.), Part III. d, Wiley (1972).

第6章の超ウラン元素についての詳細は,つぎの単行本で述べられている.
20) 中井敏夫・斎藤信房・石森富太郎編『無機化学全書 XVII-3 放射性元素』丸善 (1974).

第7章の参考書としては,つぎのものがある.
21) 日本アイソトープ協会編『ラジオアイソトープ――講義と実習』第3版,丸善 (1975). なお本書は,その後書き改められて『新ラジオアイソトープ――講義と実習』(1989) として刊行された.

第8章の参考書にはいろいろあるが,一般向けの手引きとなるものに,つぎの小冊子があり,さらに分野ごとに検索できる.
22) 日本アイソトープ協会編『アイソトープ・放射線利用入門――最近の進歩を中心に』丸善 (2006).
このほかに,とくに考古学への応用として,つぎのものをあげておく.
23) 馬淵久夫・富永健編『考古学のための化学10章』東京大学出版会 (1981).
24) 馬淵久夫・富永健編『続考古学のための化学10章』東京大学出版会 (1986).
25) 馬淵久夫・富永健編『考古学と化学をむすぶ』東京大学出版会 (2000).
26) 兼岡一郎『年代測定概論』東京大学出版会 (1998).

索　引

[ア行]

INES　182, 187, 191
　　──基準　190
アイソトープ　11, 164
　　──発電器　174
　　──密封線源　175
アインスタイニウム　113
アクチニウム系列　27, 28, 31
アクチノイド　112
アクチバブルトレーサー　137, 154, 175
　　──法　181
アスタチン　111
厚み計　175
アメリシウム　113
RI 蛍光 X 線分析装置　176
$^{40}Ar-^{39}Ar$ 法　169
RBE　73
α 壊変　17, 18
α 線　59, 73
α 粒子　77
泡箱　91
安定核種　16
安定同位体　16, 160, 164, 197
安定な島　114-118
EXAFS　119
イオウ分析計　176
イオン交換法　125
イオン対　61
EC 壊変　18, 33
ECD(電子捕獲型)ガスクロマトグラフ　176
ε 値　79
遺伝的影響　72
イメージング　177-179
陰イオン交換樹脂　125

宇宙線　30
ウラン系列　27, 28, 31
ウラン－トリウム－鉛法　170
ウラン－鉛法　168
ウラン・プルトニウム混合酸化物燃料　190
永続平衡　24-27, 123
液体シンチレーションカウンター　90
液体シンチレーター　91
液滴模型　14, 15, 105
SR　119
SF　105
SOR　119
XANES　119
XAFS　119
X 線　73, 139
　　──吸収端　139
　　──吸収端近傍構造　119
　　──吸収微細構造　119
エッチング　92
Sm－Nd 法　169
NEXAFS　119
FM サイクロトロン　110
MOX　190, 191
LET　47, 68, 69, 92
La－Ce 法　169
La－Ba 法　169
Lu－Hf 法　169
遠心分離法　158
オージェ過程　21, 50
オージェ電子　21, 50
オッペンハイマー・フィリップスの過程　103
オートラジオグラフィー　6, 165, 177
オルトポジトロニウム　42

[カ行]

加圧水型　187
　　——原子炉　185, 188
ガイガー・ミュラーカウンター　84
壊変形式　197
壊変図式　21
壊変定数　23
壊変様式　18
解離エネルギー　151
cow system　130
化学加速器　49
化学効果　163
化学交換法　154
化学線量計　70, 93
化学的トレーサー　165
核医学　6, 47, 56, 178
核異性体　10
　　——化学シフト　39
　　——転移　21, 33, 51
核外軌道電子　9, 33, 138, 150
核化学　4
核拡散防止　191
核γ線共鳴　36
核軍縮　193
核磁気モーメント　39
核種　10
　　——表　197
核スピン　39, 152
確定的影響　72
核燃料　106
　　——サイクル　189
　　——再処理工場　190
　　——廃棄物　8
　　——物質　183
核反応　101, 102
　　——断面積　131
核分裂　102, 105
　　——性核種　184
　　——生成物　106, 123, 126, 182, 188

　　——片　105
核兵器　183, 184, 193
核融合　174, 194
　　——反応　8, 47, 192
　　——炉　191
確率的影響　72
核量子数　16
核力　13
ガスフロー型比例計数管　84
過早爆発　194
加速器　101, 107, 138
　　——質量分析法　173, 174
荷電スペクトル　52
荷電粒子励起X線分析法　138
過渡平衡　24
殻模型　14
カリウム–アルゴン法　168, 169
カリホルニウム　113
換算質量　151, 152
γ線　59, 64
　　——ラジオグラフィー　175
機器放射化分析　133
気体拡散法　156
気体増幅　83
　　——率　83
軌道電子捕獲　18, 33
基本粒子　10
逆希釈法　142
吸収係数　62
吸収線量　69, 73
吸収端近傍X線吸収微細構造　119
Q値　102
吸着　123
吸熱反応　102
キュリー（Ci）　23
キュリウム　113
共沈現象　123
共沈法　122
共鳴吸収　183
局所分析法　6

索　引——237

霧箱　91
緊急停止　185
クォーク　10
空乏層　88
クリアランス制度　189
クリアランスレベル　189
グレイ（Gy）　69, 73
クーロン散乱　63
クーロン障壁　103, 137
クーロン反発力　102
蛍光　71
　——X線　176
　——X線分析法　138, 165
　——共鳴吸収　36
　——収率　139
　——体　89
軽水　185, 187
　——炉　184, 194
計数管　82
計数効率　97
計数値のゆらぎ　97
系列をつくらない天然放射性核種　29
結合エネルギー　13
　——の同位体効果　150
結合の飽和性　15
Ge（Li）半導体検出器　88, 89
研究用原子炉　187
原子核乾板法　91
原子核の安定性　12
原子核の壊変　16
原子核の模型　14
原子爆弾　3, 182
原子・分子スペクトルの同位体効果　152
原子量　11
　——単位　12
　——表　232
原子力　8
　——エネルギー　164
　——発電所　188
原子炉　8, 107, 110, 165, 174, 181

　——格納容器　186, 187
　——スクラム　186
　——建屋　186, 187
減速材　183, 184
減損ウラン　188
コア試料　162
広域X線吸収微細構造　119
工業計測　175
抗原抗体反応　144
考古学　166, 168
恒星における元素の合成　14
高速増殖炉　190, 194
高速中性子　182, 183
高速炉　184
高中性子束同位体製造炉　113
光電効果　64
光電子　64
　——増倍管　89-91
後方散乱　64
　——係数　64
黒鉛炉　183, 193, 194
国際原子力事象評価尺度　182
固体廃棄物　187
固体飛跡法　92
コッククロフト・ウォルトンの装置　108, 111
湖底堆積物　173
コンプトン効果　64, 65
コンプトン散乱　65, 68, 139

[サ行]

サイクロトロン　101, 109, 110, 119, 133, 138, 165, 178
再処理　188
最大エネルギー　95
最大飛程　63, 96
サブストイキオメトリー　142
三重水素　11
3体分裂　105
generator　130

238──索　引

G 値　93
G（Fe^{3+}）値　93
GM 計数管　84
GM 領域　85
しきい値　72, 73, 92
磁気分裂　39
磁気モーメント　153
四極分裂　40
自己拡散　167
自己吸収　139
自然放射能　31
実効線量　74
　──（換算）係数　74
実用原子炉　184
質量吸収係数　62, 64
質量数　10
質量分析計　158
死の灰　182
自発核分裂　105, 194, 197
シーベルト（Sv）　73
重水　184, 187
　──炉　184, 194
重水素　11, 155
　──濃縮　155
商業用発電炉　183, 184
照射線量　69
状態分析　5, 167
消滅核種　112, 114
消滅 γ 線（消滅放射線）　197
蒸留法　154
ジラード・チャルマー効果　48
Si 半導体検出器　87
Si(Li) 半導体検出器　88, 89
シンクロトロン　110, 119
　──放射光　119
人工放射性元素　111
真性半導体　88
シンチグラフィー　165, 177, 179
シンチスキャナー　177
シンチレーション　71
　──検出器　89, 94
シンチレーター　89
水素置換反応　53
水素爆弾　194
水素引き抜き反応　52
スカベンジャー　123
スパイク　141
Spring-8　120
スプール　68
スリーマイル島　187
制御棒　182, 185
静電除去装置　176
青銅器　161
制動放射　63, 137, 139
生物学的効果比　73
正ミュオン　42
絶対年代　172
線エネルギー付与　47, 68, 92
線吸収係数　64
線型加速器　108, 137, 180
線質係数　73
線量計　70
線量限度　75
線量当量　73
線量率　70, 73
増殖率　194
増殖炉　184, 190
組織荷重係数　74
素反応　70
素粒子　10

［タ行］

対称分裂　105
ターゲット核（標的核）　102, 104
多重中性子捕獲　113
多重波高解析器　94
W 値　61, 79
単核種元素　11
炭素 14 年代測定法　168, 171, 172
担体　123

索引―239

タンデム加速器　174
チェルノブイリ原子力発電所　182
チェルノブイリ原子炉事故　187
チェレンコフカウンター　62
チェレンコフ放射　62
地下核（爆発）実験　114, 194
地球化学　163, 166, 168
　――的試料　168
地層処分　190
遅発中性子　106, 182
チャージスペクトロメーター　52
中間子　43, 77, 78
　――化学　43
　――原子　44, 46
中性子　10, 67, 78, 110
　――源　107, 110
　――捕獲反応　104
　――流束　187
中性微子（ニュートリノ）　10, 44
超ウラン元素　111, 112
超重元素　114, 115, 117
超低濃度　129
　――溶液　123
超微細相互作用　152
超微量分析　5
超プルトニウム元素　114
直接過程　104
直接希釈法　141
直流電離箱　81
沈殿法（共沈法）　122
T-D反応　192
低濃縮ウラン　182, 186
低バックグラウンド測定器　96
テクネチウム　111, 178
δ線　60
電解法　156
転換比　190
転換炉　184, 190
電気化学的方法　128
電気的四極モーメント　39, 153

電子　77
　――対生成　64, 65
　――ボルト（eV）　13
電磁的分離法　158
電磁濃縮法　193
天然ウラン　182, 183
天然原子炉　195
天然放射性核種　26, 29
電離　60
　――作用　77
　――箱　79
同位体　11, 121
　――希釈分析　141, 165, 167
　――効果　150, 153, 166, 167
　――交換　145-147
　――交換速度　147
　――交換反応　167
　――交換平衡　146
　――シフト　152, 153, 158, 160
　――組成　12
　――存在度　11, 12
　――の濃縮　154
　――の分離　158
　――の分離濃縮　153
　――誘導体法　143
等価線量　73
統計誤差　97
同時計数回路　43, 178
同重体　11, 17
同中性子体　11
特性X線　19, 139, 176, 197
ドップラーエネルギー　39
トリウム系列　27, 28, 31
トリウム－鉛法　168
トレーサー　150, 154, 163, 164

[ナ行]

内部磁場　40, 45
内部転換　21
　――係数　21, 33

240──索　引

──係数の変化　35
──電子　21
──電子散乱メスバウアー分光法　6, 41
内部被曝　74
2次的電離　60, 85
2次電子　68
2重温度法　155
2重希釈法　142
2段階光電離法　159
ニホニウム　117, 118
ニュートリノ　44, 62, 99
熱拡散法　156
熱中性子　78, 132, 183
　　──放射化分析　132
　　──捕獲　67
　　──炉　183
熱ルミネッセンス　71
　　──法　172
ネプツニウム　112
　　──系列　27, 28
年代測定　31, 160, 163, 164, 169, 173
燃料集合体　188
燃料棒　188

[ハ行]

π中間子　14, 43
爆縮型原爆　194
バークリウム　113
波高解析器　94
破砕反応　30, 104
発熱反応　102
パラポジトロニウム　42
パルス電離箱　81, 94
バーン（b, barn）　103
半減期　23, 33, 197
　　──の変化　35
反射材　183
反跳エネルギー　36, 37, 48, 49, 130
反跳法　130
反跳陽子　67

バンデグラーフの装置　108, 137, 138
半導体検出器　86-88, 94
反応速度同位体効果　152
反応断面積　103
PR ガス　84
PIXE 分析法　138
BNCT　56, 57, 180
非常用炉心冷却系　186
飛跡　61, 91
非対称分裂　105
飛程　60
比電離　61, 63
非破壊検査装置　175
非破壊分析　164
比放射能　48, 141, 168
標識　149
　　──化合物　6, 48, 56
標準偏差　99
比例計数管　83, 94
品種改良　181
フィッショントラック法　172
フィルムバッジ　71
フェザーの（実験）式　63, 96
フェルミウム　113
フォトン・ファクトリー　120
フォールアウト　122, 194
不確定性原理　36
不感時間　86
複合核　104
　　──モデル　103
復水器　185
ブースター型原爆　195
不足当量法　142
沸騰水型原子炉　185, 188
物理的トレーサー　165
部分壊変定数　29, 169
部分半減期　29
プラズマ　193, 194
ブラッグ曲線　61
フランシウム　111

索引——241

フリッケの線量計　71, 93
プルサーマル　191
プルトニウム　112
プロメチウム　111
分解時間　86
分岐壊変　29
分配比　126
分離係数　128
閉殻　115
平均飛程　60
ベクレル（Bq）　23
ベータトロン　110
β壊変（β⁻壊変，β⁺壊変）　17, 18
β線　59, 73
　　——のエネルギースペクトル　62
　　——の吸収曲線　63
　　——の最大エネルギー測定　95
PET　6, 56, 178, 179
ベートマンの式　27
ベビーサイクロトロン　56
ベルゴニー・トリボンドーの法則　73
放射壊変　16
　　——系列　26, 28
放射化学　4
　　——的分析　121, 122
　　——的分離法　122
放射化断面積　131
放射化分析　130, 165, 167
放射光　119
　　——施設　119
放射性医薬品　6
放射性核種　16, 197
放射性元素年代　173
放射性降下物　122, 194
放射性指示薬分析　140
放射性同位元素　16
放射性同位体　16, 163, 164, 197
放射性廃棄物　187, 189
　　——処理施設　187, 189
放射線　16, 67

　　——化学　59, 67, 165, 176
　　——化学反応　70
　　——荷重係数　73
　　——効果　166
　　——重合　176
　　——障害防止法　75
　　——照射による殺菌　181
　　——スペクトロメトリー　94
　　——生物学　59, 177
　　——損傷　92
　　——取扱主任者　75
　　——の検出　77
　　——の生物学的効果　72
　　——量　69
　　——療法　180
放射滴定　140, 167
放射能　16, 163
放射分析　139, 140, 167
放射平衡　24, 122, 130
放射免疫分析　144
放射免疫療法　57, 180
砲身型原爆　193
ホウ素中性子捕捉療法　56, 57, 180
飽和係数　131
ポケット線量計　71, 81
保持担体　123, 124
ポジトロニウム　42
　　——化学　42, 43, 167
ポジトロン　42
捕集剤　123
ホットアトム　48, 57
　　——化学　41, 48
　　——反応　56
ポテンシャル障壁　106, 182

［マ行］

魔法数　16
マンハッタン計画　193
未熟核爆発　194
密度計　175

242——索　引

密封線源　163
μSR　44, 45
ミュオニウム　42, 44
　　——化学　45
　　——スピン回転法　46
ミュオン（μ粒子）　43, 44
　　——X線　46
　　——（触媒）核融合　47
　　——スピン回転法　44, 45
μ中間子　43, 44
ミルキング　130
無担体　105, 124
無反跳核γ線共鳴　37, 38
メスバウアー共鳴　38
メスバウアー効果　38
メスバウアースペクトル　39
メスバウアー発光スペクトル　55
メスバウアー分光学　35
メスバウアー分光法　52, 165, 167
メルトダウン　187
面積質量　62, 64
メンデレビウム　113
モノクローナル抗体　180

[ヤ行]

有効中性子数　182, 184
誘導核分裂　101, 105
遊離基　70
陽イオン交換樹脂　125
陽子　10, 77
　　——シンクロトロン　110
陽電子　17, 77
　　——消滅　42, 65, 178
　　——放射体　178
　　——放出断層検査法　→　PET
溶媒抽出法　124

溶離曲線　126
預託実効線量　73

[ラ行]

LINAC　108
ラジオアイソトープ　163
ラジオイムノアッセイ　144, 165, 176
ラジオグラフィー　165
ラジオコロイド　129
　　——法　129
ラジオレセプターアッセイ　145
ラジカル　70
　　——反応　70
ラド（rad）　69
ラドン　31, 122
粒子トラック法　6
量子力学的トンネル効果　106
臨界　182
　　——状態　191
　　——量　183, 193
ルビジウム－ストロンチウム法　168, 169
励起関数　103
冷却材　185, 191
レーザー同位体分離法　158
レプトン　43
レベル計　175
レム（rem）　73
連鎖反応　182, 194, 195
レントゲン（R）　69
六フッ化ウラン　156
炉心圧力容器　186
ローリッツェン検電器　80

[ワ行]

ワイツゼッカーの質量式　15

著者略歴

富永　健
1935年　東京に生まれる
1958年　東京大学理学部卒業
現　在　東京大学名誉教授，理学博士
主要著書　『考古学のための化学10章』『続 考古学のための化学10章』
　　　　　『考古学と化学をむすぶ』（共編著，1981, 1986, 2000, 東京大学出版会）
　　　　　Modern Hot Atom Chemistry and Its Applications（共著，1981, Springer-Verlag）
　　　　　『フロン──地球を蝕む物質』（共著，1990, 東京大学出版会）

佐野博敏
1928年　下関市に生まれる
1953年　東京大学理学部卒業
現　在　東京都立大学名誉教授・元東京都立大学総長・大妻女子大学名誉学長，理学博士
主要著書　『ラジオアイソトープの使い方（無機編）』（1962, 日刊工業新聞社）
　　　　　『メスバウアー分光学──その化学への応用』（1972, 講談社）
　　　　　『メスバウアー分光学概論』（1972, 講談社）
　　　　　『無機化学』（共著，1974, 実教出版）
　　　　　『基礎放射化学』（共著，1981, 丸善）
　　　　　『メスバウアー分光学概論』（共著，1997, 学会出版センター）

放射化学概論［第4版］

1983年 1 月31日　初　 版第1刷
1999年 8 月 5 日　第 2 版第1刷
2011年11月28日　第 3 版第1刷
2018年 9 月21日　第 4 版第1刷

［検印廃止］

著　者　富永　健　佐野博敏
　　　　とみなが たけし　さ の ひろとし

発行所　一般財団法人　東京大学出版会

代表者　吉見俊哉
153-0041 東京都目黒区駒場 4-5-29
http://www.utp.or.jp/
電話 03-6407-1069　Fax 03-6407-1991
振替 00160-6-59964

印刷所　株式会社理想社
製本所　誠製本株式会社

© 2018 Takeshi Tominaga and Hirotoshi Sano
ISBN 978-4-13-062512-8　Printed in Japan

JCOPY 〈(社)出版者著作権管理機構 委託出版物〉
本書の無断複写は著作権法上での例外を除き禁じられています．複写される場合は，そのつど事前に，(社)出版者著作権管理機構（電話 03-3513-6969, FAX 03-3513-6979, e-mail: info@jcopy.or.jp）の許諾を得てください．

東京大学教養学部化学部会編	化学の基礎77講	B5判 192頁 2500円
友田修司	基礎量子化学	A5判 432頁 4200円
馬淵久夫・富永　健編	考古学と化学をむすぶ	46判 308頁 2400円
ザボ，オストランド 大野公男他訳	新しい量子化学　上	A5判 320頁 4400円
ザボ，オストランド 大野公男他訳	新しい量子化学　下	A5判 280頁 4400円
友田修司	分子軌道法	A5判 320頁 3900円
東京大学教養学部化学教室化学教育研究会編	化学実験　第3版	A5判 216頁 1600円
高塚和夫・田中秀樹	分子熱統計力学	A5判 234頁 2800円
原田義也	生命科学のための基礎化学	A5判 308頁 3400円
高塚和夫	化学結合論入門	A5判 248頁 2600円
村田　滋	有機化学	A5判 256頁 2500円
都築誠二	有機分子の分子間力	A5判 304頁 4200円

ここに表示された価格は本体価格です．御購入の際には消費税が加算されますので御了承下さい．

おもな基本定数

名　称	記　号	値
光速度（真空中）	c	$2.99792458 \times 10^8 \mathrm{m\,s^{-1}}$
電気素量(電子の電荷)	e	$1.6021766208(98) \times 10^{-19} \mathrm{C}$
プランク定数	h	$6.626070040(81) \times 10^{-34} \mathrm{J\,s}$
ボルツマン定数	k	$1.3806452(79) \times 10^{-23} \mathrm{J\,K^{-1}}$
アボガドロ定数	N_A, L	$6.022140857(74) \times 10^{23} \mathrm{mol^{-1}}$
気体定数	$R = kN_A$	$8.3114598(48) \times \mathrm{J\,K^{-1}\,mol^{-1}}$
リュードベリ定数	R_∞	$1.097373156850(65) \times 10^7 \mathrm{m^{-1}}$
ファラデー定数	F	$9.64853289(59) \times 10^4 \mathrm{C\,mol^{-1}}$
電子の静止質量	m_e	$9.1093856(11) \times 10^{-31} \mathrm{kg}$
陽子の静止質量	m_p	$1.672621898(21) \times 10^{-27} \mathrm{kg}$
中性子の静止質量	m_n	$1.674927472(21) \times 10^{-27} \mathrm{kg}$
真空の誘電率	ε_0	$8.854187817\cdots \times 10^{-12} \mathrm{F\,m^{-1}}$
ボーア半径	a_0	$5.2917721067(12) \times 10^{-11} \mathrm{m}$
ボーア磁子	μ_B	$9.274009994(57) \times 10^{-24} \mathrm{J\,T^{-1}}$
核磁子	μ_N	$5.050783699(31) \times 10^{-27} \mathrm{J\,T^{-1}}$
電子の磁気モーメント	μ_e	$-9.28476420(57) \times 10^{-24} \mathrm{J\,T^{-1}}$

数値に付記されたかっこ内の数は，その数値の最後の桁につく標準偏差．

おもな単位

物理量	名　称	記　号	SI単位
原子のサイズ	オングストローム	Å	$10^{-10} \mathrm{m}$ ($=0.1 \mathrm{nm}$)
原子核の面積	バーン	b	$10^{-28} \mathrm{m^2}$
原子の質量	統一原子質量単位	u	$1.660539040(20) \times 10^{-27} \mathrm{kg}$
時　間	恒星年	y	$3.156 \times 10^7 \mathrm{s}$
エネルギー	電子ボルト	eV	$1.6021766208(98) \times 10^{-19} \mathrm{J}$
仕事率	ワット	W	$1 \mathrm{J\,s^{-1}}, 1 \mathrm{VA}$
電　荷	クーロン	C	$1 \mathrm{As}$
放射能	ベクトル	Bq	$1 \mathrm{s^{-1}}$
	キュリー	Ci	$3.7 \times 10^{10} \mathrm{s^{-1}}$
吸収線量	グレイ	Gy	$1 \mathrm{J\,kg^{-1}}$
	ラド	rad	$1 \times 10^{-2} \mathrm{Gy}, 1 \times 10^{-2} \mathrm{J\,kg^{-1}}$
等価線量(線量当量)	シーベルト	Sv	$1 \mathrm{Gy}$(吸収線量)×線質係数
	レム	rem	$1 \times 10^{-2} \mathrm{Sv}$
照射線量*	クーロン/キログラム	C/kg	$1 \mathrm{C\,kg^{-1}}$
	レントゲン	R	$2.58 \times 10^{-4} \mathrm{C\,kg^{-1}}$*

*照射線量は，単位量の空気から放出される電子が空気中で完全に静止するまで電離する陽または陰イオンの片方のみの電荷で定義される．空気の単位量に，SI単位では質量，レントゲンでは体積を採用しているため，標準状態の空気では，1R～$2.58 \times 10^{-4} \mathrm{C\,kg^{-1}}$ と換算されるが，両単位は物理量の次元が異なるため厳密な単位換算ではなく，換算係数は空気の密度に依存する．